Heinz Thien

GEHEIMNISVOLLE TIERWELT CHINAS

LEOPOLD STOCKER VERLAG
GRAZ — STUTTGART

Umschlaggestaltung: Atelier Geyer, Albersdorf
Umschlagdia: China im Bild, Peking

Vorsatz: Original-Scherenschnitte von Großen Pandas oder Bambusbären.

Sie wurden dem Verfasser freundlicherweise von Herrn Chen Binghui zur Verfügung gestellt.

Nachsatz: Original-Scherenschnitt eines Adlers. Vom Autor erstanden auf einer Kunstausstellung in Nanking.

Abbildungen: Photo-Center, Braunschweig (7 Dias)
Bildarchiv Klaus Paysan, Stuttgart (3 Dias)
Die übrigen Abbildungen wurden uns freundlicherweise vom Autor zur Verfügung gestellt.

CIP-Kurztitelaufnahme der Deutschen Bibliothek
Thien, Heinz:
Geheimnisvolle Tierwelt Chinas/Heinz Thien. —
Graz; Stuttgart: Stocker, 1981.
ISBN 3-7020-0376-2

ISBN 3-7020-0376-2

Printed in Austria
Druck: M. Theiss, Wolfsberg

Vorwort

Anfang 1979 erreichte mich die Nachricht, daß die Regierung der Volksrepublik China bereits von 1979 an ausländischen Jägern wieder die Jagd ermöglichen will. Eine Meldung, die bei den europäischen Jägern auf ein großes Echo stieß. Festzuhalten bleibt dabei, daß die meisten der Interessenten nicht vorrangig daran interessiert waren, zu Schuß zu kommen, sondern in erster Linie die noch weitgehend unbekannte chinesische Tierwelt in ihren Lebensräumen kennenlernen wollten. Konkrete Anträge auf Einreisen von Jägern aber wurden in der Folgezeit unerwarteterweise mit dem Hinweis abgelehnt, man sei noch nicht vorbereitet auf den Empfang von ausländischen Jägern. Mitverantwortlich dafür sind möglicherweise die derzeitigen Umwandlungen auf politischem Sektor. Über sie werden wir fast täglich in der Tagespresse informiert. Dessenungeachtet ist damit zu rechnen, daß schon bald die ersten deutschen Jäger chinesische Wildbahnen aufsuchen dürfen, zumal man derzeit gleichzeitig die Öffnung einiger größerer Wildschutzgebiete für Besucher vorbereitet. Das Schutzgebiet Wanglang mit seinen Großen Pandas kann der Ausländer bereits 1981 besuchen. Ich wünsche allen Jägern und allen anderen Naturfreunden, die demnächst chinesische Wildgebiete aufsuchen können, interessante Erlebnisse, dem Jäger Waidmannsheil und natürlich eine gute Zusammenarbeit mit den chinesischen Menschen. Dieses Werk möge hierbei gute Dienste leisten.

Das vorliegende Buch ist das Ergebnis einer vieljährigen Beschäftigung mit der so eindrucksvollen chinesischen Tierwelt, die auf der Welt ohne Beispiel steht. Dennoch nehme ich nicht für mich in Anspruch, daß die Arbeit nicht verbesserungswürdig ist. Diesen Hinweis wird jeder verstehen, der über den mangelhaften Informationsfluß aus China Bescheid weiß. Ich weiß auch, daß es praktisch keine verläßlich zu benutzende westliche Literatur über die chinesische Fauna gibt. Mir selber wurde das vor allem bei der Beschäftigung mit den Fasanen, Wildpferden und Wildkamelen sehr deutlich. Deswegen betritt meine Arbeit absolutes Neuland und kann nur eine allgemeine Übersicht geben. Ich konnte mich tatsächlich nur auf eigene Erfahrungen in China, auf die wenige chinesische Literatur und in weitergehenden Fragen auf den Briefwechsel mit chinesischen Freunden stützen. Literatur über Jagd, Hege, Natur- und Tierschutz in China gibt es bei uns derzeit noch nicht, so daß ich nicht einmal Vergleiche anstellen kann.

Umso erfreulicher ist die Tatsache, daß gerade in letzter Zeit der Informationsfluß aus China heraus stetig, wenn auch schleppend, zunimmt. Beispielsweise wurde erstmals von Wang Huen-pu ganz allgemein über den Naturschutz in China berichtet, und zwar in einem Text in der englischsprachigen Zeitschrift „Parks". Wang Huenpu ist Professor an der Academia Sinica in Peking und Mitarbeiter der IUCN.

Aus China erfuhr ich beim Abfassen dieses Vorwortes, daß es dort nunmehr 64 kleine, mittlere und große Naturschutzgebiete gibt mit einer Gesamtfläche von 17.000 Quadratkilometer. Die meisten davon entstanden in den fünfziger und sechziger Jahren, 16 Schutzgebiete wurden 1978 und 1979 errichtet, im ersten Halbjahr 1980 über zehn weitere. In den kommenden sechs Jahren will man die Zahl der Naturschutzgebiete verdreifachen und über 100 zusätzliche unterschiedlicher Größe einrichten. Beschlossen ist, daß im 200.000 Hektar großen Panda-Schutzgebiet Wolong in der Provinz Szetchuan ein Forschungszentrum für den Großen Panda eingerichtet wird, von dem es in mindestens vier Schutzgebieten noch rund 1000 freilebende Exemplare gibt! Erstmals nehmen die Chinesen hierbei auch die Unterstützung internationaler Organisationen, so vom WWF, an.

In der Volksrepublik China sind derzeit etwa 60 Tierarten völlig geschützt. Das heißt: sie dürfen weder gejagt, gefangen oder sich in anderer Form angeeignet werden. Fast allen diesen geschützten Arten sind seit einigen Jahren großzügige Schutzprojekte und Naturschutzgebiete gewidmet, die nun teils mit ausländischer Hilfe weiter ausgebaut werden. Erst kürzlich verstärkte China die Schutzbemühungen um die seltenen Przewalskipferde, die in China noch in der Inneren Mongolei und in Sinkiang leben. Dort kommen auch wilde Kamele vor, ebenso wildlebende Halbesel. Andere besonders geschützte Tiere neben Pandas, Stumpfnasenaffen und Takin sind: Sambar, Weißlippenhirsch, Amur-Leopard und Sinkiang-Tiger (er ist derzeit verschollen!), Nordost-Tiger, Schneeleopard, der bis ins Innere Chinas hinein vorkommt, Mandschurenkranich, Schwarzhalskranich, Sonnenvogel, Weißschwanzglanzfasan, Flußdelphin, China-Alligator, Kleiner Goldhaar-Panda, Fliegender Fuchs, Krokodileidechse, Bindenwaran, Thar, Schwarzschnabelstorch und andere.

Nach Beendigung der Kulturrevolution und im Verlauf der jetzigen zunehmenden Öffnung nach Westen tat sich auch auf anderen Gebieten vieles, beispielsweise suchte man von China aus den Kontakt mit westlichen Zoologen und Biologen sowie anderen Wissenschaftlern. Eine Entwicklung, die nur zu begrüßen ist, da die Fauna Chinas für uns Westler immer noch so etwas wie ein weißer Fleck auf der Landkarte ist. Die chinesische Tierwelt ist auch heute noch zu einem großen Teil unerforscht, regelmäßig werden hier von den Chinesen gerade in letzter Zeit neue Tierarten oder -unterarten entdeckt, verschollen geglaubte Spezies wiedergefunden. Erst kürzlich entdeckte man in Südchina einen nur einen Zentimeter langen Vogel, der damit wohl der kleinste Vogel überhaupt sein dürfte. Es handelt sich hierbei um einen Nektarvogel, den die Chinesen jetzt Sonnenvogel nennen.

Vielen Tierfreunden werden wenigstens vom Hörensagen die uralten chinesischen Vogelmärkte bekannt sein, die eine lange Tradition haben. Auch sie waren während und einige Zeit nach der Kulturrevolution verpönt. Inzwischen hat man sie wieder eingerichtet. Der bekannte Vogelmarkt in der Hauptstadt Peking wurde schon vor drei Jahren wieder neu etabliert und findet jetzt täglich statt. Der Markt ist frei und nur zeitlichen Beschränkungen unterworfen: von 5.00 bis 11.30 Uhr. An den Wochenenden wird er von bis zu 3000 Besuchern aufgesucht, zumeist Rentnern. Auch ist die Vogelzucht heute in China wieder weitverbreitet. So gibt es allein in der Hauptstadt über 5000 Vogelzüchter.

Insgesamt gesehen ist eine sehr erfreuliche Entwicklung in Gang gekommen, die uns noch viele interessante Überraschungen bringen wird.

Heinz Thien

Allgemeinbetrachtung

Bis auf den heutigen Tag umgibt etwas Geheimnisvolles sowohl die Jagd als auch die Tierwelt in China, dem alten Reich der Mitte. Daran hat sich auch in den letzten Jahren, da sich dieses zeitweilig so verschlossene Land immer mehr dem westlichen Betrachter geöffnet hat, so gut wie nichts geändert. Informationen, die uns erreichten, bezogen sich in der Regel auf die in Peking gemachte Innen- und Außenpolitik, auf Volkskommunen oder Produktionsbrigaden, auf die so vieldiskutierte Akupunktur, waren selbst hierzu teils widersprüchlich. Man vergleiche unter diesem Gesichtspunkt einmal die Allgemeinliteratur deutscher Autoren aus den letzten Jahren, die das Gesehene von ihren teils sehr gegensätzlichen Standpunkten aus kommentierten.

Wurden wir also mit sehr viel Allgemeininformationen bedacht, so erfuhren weder Zoologen, Jäger, Natur- oder Tierfreunde allzuviel über die sie in China interessierenden Dinge. Wer will sich da also darüber wundern, daß man den Bambusbär für bedroht erklärte, den Schwarzschnabelstorch für ausgestorben, ebenso das Wildkamel oder das Urwildpferd, und daß sogar profilierte Zoologen schrieben, daß Tiger und andere Tiere in China keinerlei Schutz genießen? Das ging so weit, daß man den Tier- und Naturschutz in China überhaupt nicht registrierte, während die Chinesen fleißig ein Naturschutzgebiet nach dem anderen und sogar riesige Nationalparks einrichteten (z. B. Tschangbai-Naturschutzpark). Anders gesagt: während in unserer Literatur überall zu lesen ist, daß Kamele und Wildpferde zum Beispiel in China seit langem ausgestorben sind, tummeln sich diese Tiere in extra ausgewiesenen Schutzgebieten bis auf den heutigen Tag in zunehmender Zahl, und zahlreiche seltene chinesische Tiere, die man hierzulande für extrem gefährdet hält, stehen seit langem in China unter absolutem Schutz. Wer aber will sich über diese Kommunikationsschwierigkeiten wundern, solange nicht auch hier der Vorhang gehoben wird? Bemerkenswert ist auch, daß man in der ganzen Welt in zahlreichen Zoos unter erheblichen Mühen das Urwildpferd Equus przewalskii zu retten versucht und das Zuchtbuch in Prag führt, in dieser Sache aber keinerlei Kontakt mit den chinesischen Zoologen unterhält, da doch diese Tierart freilebend heute nur noch in China vorkommt. Nicht einmal die Zuchtbuchführer in Prag haben Kontakte mit den Chinesen. Umsomehr will dieses Buch den Versuch unternehmen, eine enorme Wissenslücke zu schließen und für eine bessere Koordination und Kommunikation zwischen den Verantwortlichen in China und Europa eintreten.

Die Jägerschaft in Mitteleuropa sieht sich heute als verantwortungsbewußter Pfleger der Natur und Tierwelt — eine Sache, die auch ohne jede Einschränkung auf die Jägerschaft in China übertragen werden kann. Hinzu kommt, daß im heutigen Reich der Mitte die chinesische Jagd von großer und noch steigender volkswirtschaftlicher Bedeutung ist, was für unsere Länder in einem solchen Ausmaß nicht mehr zutrifft.

In der Tat findet die Jagd in China heute ungewöhnlich gute Bedingungen vor, von denen europäische Waidmänner nur träumen können, die sie heute nicht einmal mehr in nordamerikanischen oder afrikanischen Revieren antreffen. China scheint heute das Land mit dem vielfältigsten Wildleben überhaupt zu sein, schon von der Artenzahl her.

Wie man mir gegenüber in China erklärte, stellen die Volkskommunen oder Produktionsbrigaden in China für ihre eigenen Reviere berufsmäßige Jägergruppen auf, die für die Jagd, Hege, Ablieferung des Wildbrets, der Felle und Geweihe verantwortlich sind. Diese Entwicklung brachte es mit sich, daß die anderswo beobachtete Funktionärsjägerschaft sich in China nicht entwickeln konnte. Da die Jagdstrecken in China in den letzten zehn Jahren eine bis zu fünfzigprozentige Steigerung erfuhren, vermehrt die Jagd als sogenanntes Nebengewerbe die Kollektiveinkünfte der Volkskommunen und Produktionsbrigaden. Einmal jährlich meistens, in besonderen Fällen auch öfter, tritt der Staat als Käufer auf. Angekauft werden in erster Linie Pelz, Fleisch und pharmazeutische Ausgangsstoffe für die chinesische Medizin, aber auch Trophäen oder Tiere für zoologische Gärten und Parks, gelegentlich auch Exemplare für Wiederansiedlungsmaßnahmen in anderen Gebieten. Ein großer Teil der Wildausbeute aber bleibt in den meisten Fällen direkt im Ort, in den Kommuneläden. An erster Stelle in der Jagdausbeute stehen Reh, verschiedene Hirscharten, Wildschwein, Fasanen, Wildenten und -gänse, Wiesel, Otter, Nerz und Antilopen. Wo Wildvorkommen im Bestand, sei es durch ökologische Umformungen oder direkte menschliche Eingriffe, gefährdet sind, wird es über einen notwendigen Zeitraum hinweg geschont. Dabei werden gelegentlich auch die Bestände durch Zuchtversuche und Zuführung gefördert und überwacht. Alle diese Aufgaben fallen in der Regel dem chinesischen Jäger zu. Eine wichtige Arbeit kommt dem Jäger beim Artenschutz zu, wenn er beispielsweise die Bestände der Wölfe zum Schutz von Antilopen, Wildpferden und Kamelen in Innerchina kurzhalten muß oder den Bambusbär in Szetchuan vor dem Rotwolf schützt. Besonders bemerkenswert ist auch die Zusammenarbeit der chinesischen Jäger mit den dortigen Zoologen und anderen Wissenschaftlern.

Die besten und ertragreichsten Wildreviere Chinas befinden sich in Nord-, Nordost-, Süd-, Südwest- und fast ganz Westchina. Zu nennen sind hier die wildreichen Provinzen Sinkiang, Tibet, Tschinghai, Szetchuan, Yünnan, Kweitschou, Hunan, Schensi, Kansu, Innere Mongolei, Ninghsia, Kwangsi, Liaoning, Kirin und Heilungkiang.

Jäger, die bereits einige der Reviere in der Mongolischen Volksrepublik aus eigenem Augenschein kennen, werden in China ähnliche Verhältnisse vor allem in Nordost-Sinkiang, Nord-Kansu, Nord-Ninghsia und in fast der gesamten Inneren Mongolei vorfinden.

Die wichtigsten jagdbaren Tiere in China sind:

Rothirsche, Damhirsche, Sikahirsche, Wapiti, Rehe, Wildschweine, Blauschafe und andere Wildschafe, Antilopen und Gazellen, verschiedene Wildziegen, Moschustiere, Muntjak, Serau, Saiga, Steinbock und andere.

Rotwölfe, Grauwölfe, Füchse, Wüstenfüchse, Schwarzbären, Kragenbären und andere Bären, verschiedene Wildkatzen, Schleichkatzen, Dachse, Otter, Marderhunde, Zobel, Bengalkatzen, verschiedene Tiger, Große Zibetkatze, Zibetkätzchen und andere.

Verschiedene Wildenten, verschiedene Schwäne und Gänse, verschiedene Rauhfußhühner, Wildtauben, Jagdfasanen, Gold-, Silber- und Amherstfasanen, Königsfasanen, Ohrfasanen, Wachteln, Rebhühner, Raben, Krähen, Dohlen, Adler, Geier, verschiedene Möwen, verschiedene Reiher, Trappen, verschiedene Watvögel und Kormorane, Indochinesische Ährenträgerpfauen, Tragopane und andere.

Absolut geschützte Tiere in China (die wichtigsten):

Bambusbär oder Großer Panda, Kleiner Panda und Goldhaariger Kleiner Panda, Takin und Gold-Takin, Urwildpferde Equus przewalskii, Wildkamele, Wildyak, Nordost-Tiger bzw. Sibirischer Tiger, Sinkiang-Tiger, Weißschwanz-Glanzfasan, Yangtse-Alligator bzw. China-Alligator, Yangtse-Delphin bzw. China-Delphin, Mandschurenkranich, Schwarzschnabelstorch, Asiatischer Elefant, Weißlippenhirsch, Goldhaariger Affe, Rotgesichtsmakak, Nashornvogel, Wildrinder, Gibbon, Zwergböckchen, Faulaffe, Riesensalamander, Krokodileidechse und andere Echsen.

Hervorragend mit Hasen besetzte Reviere befinden sich in Ost-,

Nord- und Westchina. In der dichtbesiedelten ostchinesischen Landschaft von der Provinz Schantung bis zum südlichen Kwangtung trifft man auf den Chinesischen Hasen, in Heilungkiang, Kirin, Innere Mongolei, rund um Peking, Hopeh und Sinkiang auf den Tolaihasen, im zentralen Sinkiang auch auf den Jarkandhasen. In Tibet, Süd-Sinkiang bis Szetchuan wird auf den Tibetischen Wollhasen gejagt, in Yünnan auf den Siamhasen und südöstlich der tibetischen Hauptstadt Lhasa in geringerem Maße auf den Nordindischen Hasen.

Dem Jagdgast, der eine interessante Landschaft erleben will und gleichzeitig die Möglichkeit sucht, größeres Wild wie Antilopen, Saigas, Bären, Wölfe, Hirsche, Sibirische Steinböcke zu erlegen, sei ein Besuch der Tiänschan-Gebirgskette (Himmelsgebirge) empfohlen. Die Tiänschan-Gebirgskette zieht sich 2000 Kilometer lang und 300 Kilometer breit durch das Gebiet Sinkiang in Nordwestchina, ein Bruchschollengebirge mit unzähligen Schluchten, Tälern, Becken, Dutzenden von hohen Gipfeln und Gebirgsknoten, wobei der höchste Punkt mit 7435,3 Metern der Tomur ist. Das Gebirge bietet abwechslungsreiche Landschaften mit riesigen Wäldern, tiefen und flachen Seen, Gletschern und Halbwüstengelände, so daß sich bis in die heutige Zeit eine fast beispiellose Artenvielfalt der Tiere halten konnte. Besonders zahlreich sollen hier die Sibirischen Steinböcke, Himalaja-Murmeltiere, Argali-Schafe mit riesigen Schnecken, Hirsche und auch Wölfe sein. In diesem Gebiet gibt es auch den Schneeleoparden.

Das wildvogelreichste Gebiet ist Hsischuanbanna in der südlichen Provinz Yünnan, etwa 25.000 Quadratkilometer groß. Es ist ein urwaldähnliches Gelände mit Bergbächen, Flußtälern, riesigen uralten Bäumen, Schling- und Lianengewächsen. Neben zahlreichen Fasanenarten kommen hier auch Pfauen vor, das Bankivahuhn (die noch wildlebende Stammform unseres Haushuhnes), Pfauenfasan, Nashornvögel, Sonnenvögel. In diesem kleinen, 25.000 Quadratkilometer großen tropischen Regenwaldgebiet sind über 400 Vogelarten registriert, also fast so viele wie in ganz Europa!!! Das Hsischuanbanna soll jetzt auf 200.000 Hektar vergrößert werden.

Aber auch die Vielfalt der Säugetiere ist bemerkenswert, denn es kommen u. a. Asiatische Elefanten, Wildrinder, Gibbon, Zwergböckchen, Faulaffen, Zibetkatzen und Zibetkätzchen, Tiger und Leoparden, Bären, Hirsche, Muntjak und Otter vor. Daneben sind über 100 Fischarten vorhanden und zahlreiche Lurche und Reptilien (Bindenwarane und so weiter).

Eines der watvogelreichsten Gebiete Chinas ist der Tschinghaisee in der zentralchinesischen Provinz Tschinghai. Während sich im See eine größere Vogelinsel befindet, die unter Naturschutz steht, sind die Jagd und der Fischfang im und auf dem See sowie in der näheren und weiteren Umgebung des Sees, der über drei Kilometer hoch liegt und 38 Meter tief ist, erlaubt. Häufig sind hier am Tschinghaisee vor allem Kormorane, Sprenkelkopf-Wildgans und andere Wildgänse, verschiedene Wildenten, Schwäne, Möwen, verschiedene Reiher, Dommeln, Weihen, Adler usw. beheimatet.

Die stärksten Rehe, Hirsche und Wildschweine findet der Jäger in den Provinzen Sinkiang, Tschinghai, Innere Mongolei, Kansu, Kirin und Heilungkiang, also in Nord-, Nordost- und Nordwestchina.

Die meisten Jäger sind Nicht-Chinesen

Obwohl die nationalen Minderheiten nur etwa sechs bis sieben Prozent der Gesamtbevölkerung Chinas (über eine Milliarde) ausmachen, stellen sie den größten Anteil der chinesischen Jägerschaft. Die Erklärung ist einfach: die größten Reviere und die besten Wild-Ressourcen befinden sich in China nicht im von den Han-Chinesen (die eigentlichen Chinesen, die sich seit der Han-Epoche so nennen) bewohnten Osten Chinas, sondern vor allem im Norden, Nordosten, Westen und Südwesten. Diese Teile Chinas aber sind in erster Linie von den etwa 50 verschiedenen nationalen Minderheiten bewohnt, obwohl hier in den letzten beiden Jahrzehnten ein starker Zuzug von Han-Chinesen zu beobachten war. Viele dieser nationalen Minderheitsgruppen und -völker lebten noch bis in die Neuzeit hauptsächlich von der Jagd, dem Fischfang oder der Herdenwirtschaft, teils auch heute noch, wie zum Beispiel die Oluntschun oder die Owenken. Die wichtigsten Volksstämme der nationalen Minderheiten in China sind: Mongolen, Hui, Tibeter, Uighuren, Miao, Chuang, Puyi, Koreaner, Mandschu, Tung, Yao, Pai, Tuchia, Hani, Kasachen, Tai, Li, Lisu, Wa, Sheh, Kaoshan, Lahu, Shui, Tunghsiang, Nahsi, Chingpo, Khalkhas, Tu, Tahur, Mulao, Chiang, Pulang, Sala, Maonan, Kelao, Sibo, Achang, Pumi, Tajik, Nu, Usbeken, Russen, Owenken, Penglung, Paoan, Yuku, Ching, Tartaren, Tulung, Oluntschun, Hoche, Monba und Loba.

Diese Völker konzentrieren sich vor allem in den Provinzen Sinkiang, Tibet, Tschinghai, Kansu, Innere Mongolei, Szetchuan, Yünnan, Kwangsi, Ninghsia, Kirin und Heilungkiang.

Unter ihnen befinden sich einige Stämme bzw. Völker, die schon sehr früh in der Geschichte eine hochentwickelte Form der waidgerechten Jagd entwickelt hatten und bei der Ausbeutung der Schätze der Natur auf die Aufrechterhaltung der Reserven besonderen Wert legten, andere aber, die das jagten, was ihnen vor den Bogen oder in die Falle geriet, ja, die sogar ganze Waldzüge abbrannten, um bei der Jagd erfolgreicher zu sein. Einen guten Ruf als erfolgreiche und waidgerechte Jäger haben bis heute in China die Oluntschun, die zu den zahlenmäßig kleinsten Nationalitäten Chinas gehören. Ihre Jagdreviere befinden sich in den großen Kiefernwäldern des Großen Hsingan im Nordosten Chinas, wo sie heute noch zu Pferde und mit Bogen auf Wasserrehe, Rehe, Rothirsche, Axis, Schwarzbären, Wildschweine, Hasen, Füchse oder Elche jagen. In besonderem Maße aber beschäftigen sie sich auch mit dem Schutz bedrohter Arten, so zum Beispiel der Hege der letzten Bestände des großen Nordost-Tigers oder seltener Leoparden (Amur-Leopard).

Daß sie mit Pfeil und Bogen auf die Jagd gehen, hat weniger damit zu tun, daß ihnen moderne Gewehre fehlen, denn diese werden ihnen vom Staat zur Verfügung gestellt, sondern mehr mit dem Festhalten an alten Traditionen. Aber mancher Oluntschun hat sich heute schon an das Schultern einer schwereren Büchse gewöhnt, so daß die alte Bogenjagd auch hier wohl bald der Vergangenheit angehört. Noch vor knapp 30 Jahren schien das kleine Völkchen der Oluntschun selber dem Aussterben nahe, wohl weil die Kriegswirren die Wildbestände arg reduziert hatten, die Oluntschun aber keinerlei Beziehung zu Ackerbau und Viehzucht hatten. Sie waren nun einmal ein Jägervolk, das nicht „aus seiner Haut heraus konnte", Wilde, die auch von den japanischen Besatzern nicht mit Wohlwollen und nur als Störfaktor betrachtet wurden. Immer tiefer flüchteten die Oluntschun sich mit ihren Zelten aus Birkenrinde in die Berge, legten Hunderte von Kilometern von einem Ende zum anderen des Großen Hsingan zurück. 1950 waren die Oluntschun noch etwa 2000 Köpfe stark. Gleichzeitig gab es vom großen Nordost-Tiger im Hsingan vielleicht gerade noch ein Dutzend Exemplare ... Trotz dieser für das kleine Völkchen so bedenklichen Situation konnten die Vertreter der Zentralregierung in Peking die Oluntschun nur mit großen Mühen dazu bewegen, weitgehend seßhaft zu werden und neben der Jagd auch die Viehzucht und den Ackerbau in größerem Maßstab zu betreiben. Es gelang erst Mitte der sechziger Jahre, wohl auch deshalb, weil man ihnen ihre uralten Jagdrechte nicht beschnitt, sie ferner zur Gatterzucht von Ren, Elch und Hirsch anleitete und staatlicherseits Wildbret und Geweihe zu guten Preisen abkaufte. Vor allem die Bestände des Wapitis waren in dieser Gegend so stark dezimiert, daß nur noch selten einer dieser Hirsche erlegt werden konnte. Die Oluntschun fingen deswegen aus eigenem Antrieb einige der wenigen Exemplare ein und begannen auch mit der Gatterzucht von Wapitis, die sich bereits nach wenigen Jahren als sehr erfolgreich erwies, so daß auch mit Hilfe dieser Gatterzuchten die Wildbahnen wieder aufgefrischt werden konnten. Heute ist die Jagd auch für die Oluntschun schon fast so etwas wie ein Nebengewerbe geworden, da sie inzwischen immer mehr in landwirtschaftliche Bereiche vorstießen und sich nun neben der Viehwirtschaft auch schon der Geflügelzucht und der Bienenhaltung widmen. Jedoch, sie sind Jäger geblieben, wie ihre Väter: ihre alten Pferderassen wurden sogar mit Pferden aus anderen Gebieten leistungsverbessert, so daß ein leichtes, zähes und kräftiges Bergpony entstand, wie es für die Jagd nicht besser sein kann. In jedem Jahr zu Beginn einer neuen Jagdsaison erhalten die Oluntschun von den Behörden neue Gewehre und ausreichend Munition, damit sie sich optimal der Jagd widmen können. Regelmäßig finden Lehrgänge zu den Themen Jagd und Naturschutz, Schutz und Nutzung von Flora und Fauna statt.

Andere Völker, die hier in der unmittelbaren Nähe der Oluntschun leben, sind Mandschu, Mongolen, Tahur und die Owenken.

Weniger einfach hatten es die Chinesen mit der „Zivilisierung" eines anderen Jägervolkes, das noch auf der Steinzeitstufe stand, mit den Kutsung. Dieses 3000-Seelen-Volk, das in den unzugänglichsten Stellen des Ailao-Gebirge hauste, lebte ausschließlich von Wild und wildwachsenden Früchten, kleidete sich oberflächlich mit Pelzen und übernachtete in Palmhütten oder einfach unter Felsvorsprüngen, gelegentlich auch in Höhlen. Erst im Jahre 1957 holten die Behörden die meisten der Kutsung aus den Bergen heraus und siedelten sie in 31 Dörfern am Fuße der Berge an. Eine zwingende Notwendigkeit, wollte man den Schutz und die Hege des freilebenden Wildes, dem die Kutsung zweifelsohne nachstellten, wo sie nur konnten, einigermaßen gewährleisten.

Das mit der Ansiedlung in Dörfern schien den wilden Jägern jedoch nicht so recht zu passen, da sie bald wieder Pfeil und Bogen schulterten und in die Wälder zurückkehrten. Von nun an versteckten sie sich vor jedem, der nur annähernd wie ein Chinese aussah, drückten sich immer tiefer in die Bergwälder hinein. Erst 1966 schaffte man es ein zweites Mal, die Steinzeitjäger ins Tal zu holen, jedenfalls die meisten. Inzwischen gewöhnte man sie auch an zeitgemäßere Jagdmethoden, beließ ihnen gewisse Jagdrechte und klärte sie über die Notwendigkeit des Schutzes bedrohter seltener Arten sowie über die Hege des übrigen Wildes auf.

Die Owenken-Jäger, die am Nordhang des Großen Hsingan-Gebirges an der Nordostgrenze Chinas leben, sind ebenfalls ein traditionelles Jägervolk. Ihre Kopfzahl beträgt wahrscheinlich weniger als 1000. Besonders bekannt sind die Owenken-Jäger, die verstreut in kleineren Siedlungen leben, für die Zähmung von Rentieren und Elchen und ihre Kenntnis der medizinischen Heilkräuter, die sie in der freien Natur sammeln und an den Staat verkaufen. Sie stellen in Nordchina aber auch die besten Pelztierjäger und waren früher dafür bekannt, daß sie den Kampf mit dem Tiger nur mit dem Messer bewaffnet aufnahmen. Heute betreiben auch sie neben der Jagd in der freien Natur Hirsch- und Rehwildzucht in großen Gattern.

Wilderei

Wilderei im großen Maßstab, wie sie aus Afrikas Reservaten bekannt ist, Wilderei zum Zwecke des Fleischverkaufs an Gaststätten, wie in Mitteleuropa heute noch üblich, ist aus China nicht bekannt. Solcherart Gesetzlose hätten es im heutigen China auch schwer, ihre Beute an den Mann zu bringen. Das bedeutet natürlich nicht, daß Wilderei in China nicht vorkommt. Sie kommt vor, wie wir mittlerweile von den sogenannten Wandzeitungen her wissen. Solche Wilderer in China aber lassen ihr Diebesgut ausschließlich im eigenen Kochtopf verschwinden. Auch ist es wohl noch nicht ganz gelungen, alle Berg- und Wüstenbewohner zu waidgerechtem Verhalten zu veranlassen, obwohl die Angehörigen der beruflichen Jägergruppen streng auf die Jagd- und Naturschutzbestimmungen achten und ihre Reihen sauber halten. Eine diesbezügliche totale Kontrolle scheint in einem so riesigen Land wie China jedoch fast unmöglich. Ertappte Wilderer werden in China allerdings hart bestraft, unter Entzug der benutzten Waffen. Viele der Freischützen ohne Jagderlaubnis können das natürlich noch nicht so ganz verstehen, da im alten

China jeder das Recht hatte, freilebendes Wild zu töten, wenn es auf seinem Feld Schaden anrichtete. Heute steht die Verhütung solchen Wildschadens in China den beruflichen Jägergruppen zu. Und zuständig dafür sind wiederum die Berufsjäger der eigenen Volkskommune oder Produktionsbrigade, so daß der Wildbreterlös in die Taschen der Bauern gerät. Das war früher zu Zeiten des Kaisers und der späteren Besatzungen anders. Da konnte der Bauer das geschossene Wild in den seltensten Fällen behalten, er mußte es vielmehr dem Mandarin, Gutsbesitzer oder anderen Herren abgeben. Bekannt sind Fälle, daß durch Wild geschädigte Bauern, die einen Fasan oder ein Wildschwein sozusagen als Entschädigung schossen und selber verzehrten, hart bestraft und sogar getötet wurden. Der Gutsbesitzer oder Mandarin, der unumstrittener Herr über Leben und Tod seiner Untergebenen war, berief sich hierbei gar auf die alten chinesischen Gesetze, die noch weit bis in dieses Jahrhundert herein Gültigkeit besaßen. So wurde ein Fasanendieb das erste Mal dadurch bestraft, daß der linke Arm und beim zweiten Mal der rechte mit glühendem Eisen verbrannt wurde. Kam das Verbrechen ein drittes Mal vor, wurde der Wilderer vor ein Strafgericht geführt. Da bewaffneter Diebstahl im alten China mit der Todesstrafe geahndet wurde, mußte so mancher Fasanenschütze seine Missetat auch mit dem Leben bezahlen.

Etwas anders verhielt es sich, wenn Raubtiere, wie z. B. Tiger, Bären oder Wölfe, zu einer Bedrohung wurden. Jedermann wurde dann angehalten, sich an der Jagd auf das Tier zu beteiligen, oft sogar dazu gezwungen. Erlegte oder fing ein Chinese einen Tiger, so konnte es sein, daß er dafür sogar gut belohnt wurde. Die Trophäe war jedoch Eigentum des Herrn und mußte abgeliefert werden. Tat der Schütze dies nicht, so wurde so lange gesucht, bis man das Objekt fand. Daß Verdächtige gefoltert worden sind, ist bekannt. Für die Geständigen waren in unseren Augen unmenschliche Strafen die Folge. Bekannt sind aber auch Fälle, geschildert von ehemaligen Missionaren, daß Schützen für ein freiwillig abgeliefertes Tigerfell mit einer Flasche Rotwein „belohnt" worden sind.

Unter der japanischen Besetzung hatte besonders der chinesische Nordosten und später dann auch der gesamte Osten unter der Wilderei

Oben: Der Mandschurenkranich, einer der seltenen Vögel dieser Welt. Die Chinesen richteten ihm in Nordchina ein riesiges Schutzgebiet ein.

Links unten: Der Jungfernkranich kommt in China als Überwinterer vor.

Rechts unten: Der Saruskranich, ein Überwinterer in China, ist der größte Kranich.

zu leiden. Japanische Soldaten schossen einfach auf alles, was ihnen vor die Flinte kam — und ließen das Wildbret oft genug einfach verderben, weil sie nichts damit anzufangen wußten. Eine waidgerechte Jagd gab es in China zu diesen Zeiten nicht, so daß an vielen Stellen Nord- und Ostchinas Anfang der fünfziger Jahre das Wild, ja sogar Hunde und Katzen, fast völlig ausgerottet waren. Ein Jagdrecht für den chinesischen Jäger gibt es überhaupt erst seit Anfang der fünfziger Jahre. Vorher hatten ein solches Recht nur Feudalherren oder (bis Ende der vierziger Jahre) die Besatzungstruppen.

Die chinesische Presse zur Jagd

Bis zum heutigen Tag gibt es in der Volksrepublik China bedauerlicherweise noch keine Zeitschrift, die sich ausschließlich mit Themen der Jagd beschäftigt, obwohl China ein breites Spektrum anderer Fachzeitschriften vorweisen kann, beispielsweise Imkerzeitschriften. Dennoch wird das Thema Jagd vergleichsweise ausführlich in der übrigen Presse behandelt. Die vorhandene Lücke, die möglicherweise in absehbarer Zeit durch die Gründung einer Jagdzeitschrift gefüllt wird, stopfen zunächst die Tageszeitungen in den Großstädten und Provinzen, Illustrierte, Broschüren, Taschenbücher und die eigenen zahlreichen Zeitschriften und Zeitungen der nationalen Minderheiten. Ferner wird schon das chinesische Kind in reich illustrierten Kinderbüchern, die für einen oder mehrere Groschen zu kaufen sind, mit dem Wesen der notwendigen Jagd, mit der Notwendigkeit der Erhaltung der Ressourcen, dem Tier- und Naturschutz vertraut gemacht. Für ein Entwicklungsland wohl ein absolutes Novum, jedenfalls in der gehandhabten Größenordnung. In den Zeitschriften für nationale Minderheiten, die in der Regel von diesen selber redigiert werden, in verschiedenen Landes-

Oben: Der größte Tiger der Erde, der Sibirische Tiger, lebt im nördlichsten China. Er steht dort unter strengem Schutz.

Unten: In Tibet werfen heute große Teile der Bevölkerung noch ihre Leichen den Geiern und anderen Aasvögeln zum Fraß vor – aus praktischen und religiösen Gründen. In fast ganz China sind die verschiedensten Geierarten gut verbreitet. An manchen Stellen haben sie, wie in Tibet, noch die Rolle der Gesundheitspolizei zu erfüllen. Unser Bild zeigt einen Mönchsgeier.

sprachen wie Tibetisch, Mongolisch, Uighurisch usw. herauskommen, gibt es mit farbigen Bildern illustrierte Berichte über Jagd, Hege, Natur- und Tierschutz, die den einheimischen Jäger beraten sollen. Aber auch in den dortigen Tageszeitungen finden sich fachliche Abhandlungen, die teils oder überwiegend von Jägern selber geschrieben sind, die hier manchmal als sogenannte „Barfuß-Journalisten", wie man sie in China nennt, tätig werden, vergleichbar mit den freien Mitarbeitern bei unserer Jagdpresse. Inhaltlich berichten die Artikel über die Erfahrungen der einzelnen Jäger bei ihrer Arbeit, regen zum Schutz seltener Tiere, zur Hegearbeit und zur Bekämpfung von Wildschädlingen an. Es wird beispielsweise dazu aufgefordert, daß die Produktionsbrigaden oder Volkskommunen als sogenannte „Nebengewerbe" Hirschzuchten oder Pelzfarmen einrichten, damit die freie Wildbahn nicht übermäßig strapaziert wird und animierte Jäger und Bauern, die in der freien Natur zu tun haben, zum Sammeln von Kräutern zur Herstellung traditioneller chinesischer Medizin. Kritik wird vor allem dort laut, wo unüberlegt seltene Tiere erlegt wurden, was gelegentlich vorkommt, augenscheinlich aber immer seltener. Auch warnen chinesische Jäger und Naturschützer vor Biotopveränderungen und -gefährdungen durch Industrieansiedlungen und dergleichen mehr. Gerade in letzter Zeit wurde derartige Kritik verstärkt an die Öffentlichkeit getragen, wobei zu sagen ist, daß man noch vor wenigen Jahren solche auch aus dem Westen bekannte Probleme ganz einfach verneinte. Kritik am Jäger, wie wir sie gelegentlich kennen, ist in China nicht zu beobachten. Man ist sich klar darüber, daß der Jäger bei der Schutz- und Hegearbeit nicht wegzudenken ist, daß ihm als Praktiker hier an der Basis die wichtigste Aufgabe bei der Aufrechterhaltung der chinesischen Ressourcen zukommt. Kein chinesischer Zoologe käme auf den Gedanken, einen Jäger bevormunden zu wollen. Man sieht einander vielmehr als gleichberechtigte Partner, was in allen Publikationen stark zum Ausdruck kommt. So findet also auch keine Expedition von Wissenschaftlern in Wildgebiete ohne die Beteiligung von Jägern statt. Insgesamt gesehen vermittelt die chinesische Presse der Bevölkerung ein durchaus positives Bild von der chinesischen Jagd.

Mit der Kritik an der Strapazierung der Wildressourcen im Ausland wird in der chinesischen Presse allerdings nicht gespart. Besonders fiel mir hier ein umfangreicher Bericht über die Abschußzahlen im Nachbarland Mongolische Volksrepublik auf, wahrscheinlich, weil sich die dortigen Abschüsse auch im chinesischen Grenzland bemerkbar machen.

Jagdgegner

Gegner der Jagd auf wilde Tiere gab es in China bis in die heutige Zeit, zumeist aus religiösen Gründen. Man versucht heute behutsam, diese Völker auf den wirtschaftlichen Nutzen der Wildbestände hinzuweisen und davon zu überzeugen, daß die Wildressourcen in den Dienst der Menschen gestellt werden müssen, wie man auch andere Volksstämme darüber belehrt, daß nicht jedes Tier dazu da ist, erlegt zu werden. Auf der einen Seite muß man also den einheimischen Minderheiten, die aus religiösen Gründen gegen jede Jagd sind, klar machen, daß die Bejagung großer Wildherden notwendig ist, auf der anderen Seite vielen beibringen, daß seltene Tiere unter allen Umständen geschützt werden müssen. Bekannt ist die jagdfeindliche Einstellung verschiedener tibetischer Stämme, über die schon Sven Hedin berichtete. Hedins Expeditionsmitglieder hatten um die Jahrhundertwende in Tibet einige Rebhühner geschossen, was zur Folge hatte, daß sofort zwei Tibeter auf den Plan traten und gegen diesen Nihilismus protestierten: „Niemand anders als Europäer schössen Rebhühner . . .“ In einem anderen Fall berichtete Hedin von einem Antilopenjäger, der festgenommen wurde und Prügel erhielt. Zeitweise war es in Tibet strikt verboten, etwas anderes als Yaks und Schafe zu schießen! Gleiches ist vom Fischfang zu berichten, der zeitweilig — ebenfalls aus religiösen Gründen — verboten war. Man hatte Angst vor dem Fischgott.

Jagd- und Tiermalerei

Ähnlich wie bei uns in Mitteleuropa ist auch im heutigen China die Jagd- und Tiermalerei in allen ihren Formen hochentwickelt und in der Bevölkerung außerordentlich beliebt. Davon abgesehen, daß diese Art der Kunst eine uralte Tradition in China vorweist, sorgt seit vielen Jahren auch das Kulturministerium mit dafür, daß sich die künstlerische Vielfalt ständig weiterentwickelt und das kulturelle Erbe, angesammelt in Tausenden von Jahren durch zahlreiche Volksmaler und Künstler, nicht verlorengeht. Wie bei uns immer wieder neue sehr gute Maler aus den Kreisen der Jägerschaft selber hervorgehen, ist dies auch in China der Fall. Andererseits gehen in der Stadt lebende Künstler oft Tausende von Kilometern weit ins Landesinnere, um die Arbeit der Jäger, Bauern und Hirten hautnah kennenzulernen und dann wirklichkeitsnahe Werke zu schaffen. „Malerei im traditionellen chinesischen Stil" ist die populärste Richtung in diesem Eine-Milliarde-Volk, in dem Bauern, Schüler, Jäger, Hirten, Hausfrauen oder auch Fabrikarbeiter zum Malen angehalten werden. Sie malen Dinge, die sie täglich um sich haben: Landschaften, die Arbeit auf dem Felde, den Hühnerhof, das Rothirschgatter, den Schuß auf den Bären oder Tiger, die Fütterung von Wild, das Leben der Vögel in freier Natur und vieles andere mehr. Wie seit Jahrtausenden steht dabei die Landschafts- und Tiermalerei ganz vorne an in der Beliebtheit bei den Chinesen. Die Natur, das heißt, die Beschäftigung mit ihr in allen nur erdenklichen künstlerischen Formen, ist für den Chinesen schon fast eine Leidenschaft, die man mit der allergrößten Liebe pflegt.

Die traditionelle Malerei benutzt die Strichzeichnung als Grundlage. Die verschiedenen Eigenschaften und Stimmungen der gemalten Objekte werden durch die Tönung der Tuschlinien ausgedrückt — stark oder gedämpft, mit reiner oder verwässerter Tusche — und durch die Art, in der die Linien gezogen sind, ob kraftvoll oder zart, mit einem schnellen oder langsamen Pinselstrich. Farbe und Tuschschattierungen sind weitere Hilfsmittel. Der Maler drückt Struktur und Einzigartigkeit des Objektes in seiner Malerei aus, indem er den Einfluß des äußeren Lichtes ausschaltet und die verschiedenen ursprünglichen Farbschattierungen des Gegenstandes betont. Deshalb untersucht und studiert der Maler, bevor er sein Motiv zu umreißen beginnt, den Gegenstand lange Zeit, um eine vollständige Durchdringung des Sujets zu erreichen. Während des Malens gibt er Figuren, Vögel, Tiere, Berge und Ströme naturgetreu wieder, ohne sie unbedingt vor sich zu haben. Hsü Bei-hung (1895 bis 1953) ist mit Sicherheit der bekannteste Pferdemaler in der Geschichte überhaupt! Seine Pferdebilder zieren als Kopien unzählige Wohnungen in aller Welt, sie sind bei uns auch seit vielen Jahren schon in fast jedem Kaufhaus zu erstehen. Ja, in jedem Jahr wird in den verschiedensten Ländern der Welt eine unübersehbare Zahl von Kunstkalendern herausgegeben, die allein seine Pferdemotive zeigen. Es gibt seine Bilder auf Wandtellern, Briefmarken, auf Streichholzetiketten, auf Teppichen, ja Bettüberzügen oder als großformatige Poster . . . Hsü Bei-hung studierte die Anatomie des Pferdes genauestens und machte mehr als tausend Skizzen, um diese Tiere naturgetreu malen zu können. Die von ihm gemalten Pferde machen, sofern es sich nicht um oft kitschige Nachahmungen anderer „Künstler“ handelt, einen unvergeßlichen Eindruck. Blumen- und Tierbilder traten im Reich der Mitte zuerst im 2. Jahrhundert unserer Zeitrechnung auf und waren zunächst Ornamente, die zum Beispiel das berühmte Dunhuang-Wandgemälde aus dem 7. Jahrhundert umrahmten. Diese Art der Malerei erreichte erst im 10. Jahrhundert einen hohen Entwicklungsgrad. Das erste Bild dieser Art, Huang Tjiuans „Kostbare Vögel“, befindet sich heute im Palastmuseum in Peking. Im 10. Jahrhundert geschaffen, erfaßt es zart die Lebhaftigkeit von zehn Insekten- und Vogelarten. Obwohl die Liebe der Chinesen zur Natur und zum Tier dazu führten, daß die verschiedensten Tierarten immer wieder auf hervorragenden Gemälden auftauchten, kann man doch davon sprechen, daß der Große Panda mit Abstand das beliebteste Tiermotiv in der heutigen chinesischen Tiermalerei ist. Es folgen dann Mandschurenkranich, Reiher, Pfauen, verschiedene Fasanen, Tiger, Leoparden, Hühner und Enten sowie Goldhaarige Affen. Ein bekannter Maler von Großen Pandabären ist Wu Dsue-jen. Seine Panda-Bilder zieren in neuerer Zeit bereits Titelseiten chinesischer Zeitschriften, hervorragend aufgemachte Briefmarken und Kalender aus China sowie viele andere Dinge, die alle aufzuführen mehrere Druckseiten beanspruchen würden. Bekanntester Maler von Hühnern und Fasanenarten ist heute Teng Chao-kuei. Bei den Malern jagdlicher Szenen hat derzeit noch keiner den Bekanntheitsgrad der vorgenannten erreicht, wobei allerdings zu sagen ist, daß man Teng und Hsü sowie Wu dazurechnen muß, da auch sie sich sehr gut mit der Gestaltung von Jagdszenen auskennen, wie einige ihrer Werke bewiesen haben. Die Ursache dafür, daß (bisher) noch keiner der eigentlichen Jagdmaler solche Bekanntheitsgrade erreicht hat, ist meines Erachtens darin zu suchen, daß diese Maler in der Regel Hobbymaler, bei einigen würden wir „Naive“ sagen, sind, die in erster Linie ihrem Hauptberuf Jäger, Bauer oder Hirte nachgehen, nur in der Freizeit mit der Malerei beschäftigt sind. Die Situation ist in etwa also mit der bei uns vergleichbar, obwohl wir ja bekanntlich einige Jagdmaler haben, die dies hauptberuflich machen. Solche Künstler gibt es in China zwar auch, doch sind diese fast immer in Mal-Werkstätten angestellt, wo sie ein Gehalt erhalten, das etwa mit dem eines Angestellten vergleichbar ist. Deren Bilder werden also nicht extra bezahlt. Von Künstlern, die ihr Wohl und Wehe in finanzieller Hinsicht ganz der Kunst anvertrauen, also nur vom privaten Verkauf ihrer Bilder leben, war bisher aus China nichts bekannt. Inzwischen gibt es aber auch solche.

Die Chinesen kennen viele traditionelle Schulen der Kunst, aber man kann im allgemeinen von zwei Stilarten sprechen. Eine davon ist „Gungbi“ (feine Pinselarbeit, charakterisiert durch peinlich genaue Beachtung der Details und eine ausgefeilte Technik), und die andere heißt „Hsiäyi“ (Ideenschreiben, eine besondere Art von kühnem schwingenden Strich, gewissermaßen freihändiges expressionistisches Pinselwerk). Viele Maler verkörpern heute beide Stilrichtungen, um ein Werk zu schaffen, das einen eigenen individuellen Stil hat. Es ist sicher nicht unrichtig, daß es auch in China zu Anfang der fünfziger Jahre Strömungen gegeben hat, die sich dafür aussprachen, vorgefertigte Kunst z. B. aus der UdSSR zunehmend zu übernehmen. Diese unerfreuliche Entwicklung wurde jedoch bald gestoppt und gehört eigentlich ganz der Vergangenheit an. Heute trifft der Satz des Historikers Durant (frei übersetzt) wieder zu: „Die Malerei in China ist das Höchste, was die Menschheit je auf diesem Gebiet erreicht hat!“

Jede Kunstakademie hat eine Abteilung für traditionelle chinesische Malerei. Die Studenten üben sich hier darin, lebende Objekte in verschiedenen Stilarten zu zeichnen und gute alte Werke zu kopieren. Wie selbstverständlich werden hier auch Zeichnungen im westlichen Stil studiert, man macht sich das Ausländische für die Weiterentwicklung zunutze. Dies ist eine Sache, die recht neu in China ist und zeitweilig auf heftigen Widerstand in einigen Kreisen geriet. Die wichtigsten Akademien dieser Art für traditionelle chinesische Malerei befinden sich in Peking, Schanghai, Nanking und Guangdschou.

Da ich in China zahlreiche Kunstausstellungen besuchen durfte und auch eine ganze Reihe von Kunstwerkstätten, in denen angestellte Künstler arbeiten, kennenlernte, bekam ich einen ziemlich guten Überblick über den derzeitigen Stand der Jagdmalerei und auch über das Leben der dort tätigen Künstler. Besonders beeindruckt haben mich dabei Werke, die immer wieder den Bambusbären in den unterschiedlichsten Lebenssituationen zeigten, aber auch solche Motive: „Jagd zu Pferd mit Pfeil und Bogen auf den Rotwolf“, „Tigerjagd im Norden“, „Pirsch auf den Schneeleoparden“, „Fütterung der Hirsche“ und dergleichen mehr. Ich kann nur jedem Jäger, der einmal die Gelegenheit zu einem Besuch Chinas erhält, raten, daß er dann dort solche Ausstellungen betritt. Als Tip sei noch zu vermerken, daß man einige solcher Bilder gelegentlich kaufen kann. Auch in den vielen chinesischen Antiquitätenläden sind noch hervorragende Bilder und Bildrollen zu ergattern. Tip für Reisende: In Tientsin und Schanghai gibt es gute Läden.

Begrünt das Vaterland!

In wohl keinem Land der Erde wird die Aufforstung und die Wiederaufforstung derzeit so konsequent vorangetrieben wie heute in China. Allein in der Hauptstadt Peking pflanzte man im Frühjahr 1979 mehr als 13 Millionen Bäume, in Nanking waren es zur gleichen Zeit 1,5 Millionen (im Verlauf von knapp 20 Jahren 32 Millionen!), und aus zahlreichen anderen Städten, Provinzen werden ähnliche Zahlen gemeldet. Erst kürzlich ging die Meldung durch die westliche Presse, daß China wieder einmal eine „große Mauer" baue, diesmal eine „grüne Mauer", bestehend aus unzähligen Bäumen, die Schutzwall gegen den Wüstensand für das dahinterliegende Acker- und Weideland sein sollen. Die amtliche chinesische Nachrichtenagentur teilte dazu mit, diese große grune Mauer werde mehrere tausend Kilometer lang sein und elf große Provinzen durchqueren. Aufgabe des breiten Waldgürtels sei es, die Wüsten- und Löß-Hochebenen im Nordosten bis zum Gebiet Sinkiang im Westen vom fruchtbaren Land zu trennen.

Hinter der grünen Waldmauer sollen 58 Verwaltungsbezirke Getreide anbauen und 33 Bezirke verstärkte Viehzucht betreiben, ferner sei an eine Neuansiedlung verschiedener jagdbarer Wildtiere gedacht, so von Wildschweinen, Rehen, Hirschen und Fasanen, um die neuentstandenen Wälder zu bevölkern! Insgesamt werde das neuentstandene Waldgelände 5,3 Millionen Hektar Land bedecken und im Jahre 1985 fertig angepflanzt sein. Erwähnenswert dabei ist, daß man daneben im Jahre 1979 bereits zehn(!) Millionen Hektar Ödland und baumlose Berghänge von der Luft aus mit Hilfe von Flugzeugen besät hat.

Erinnert man sich an die katastrophale Situation der Wälder in China nach den Bürgerkriegswirren, ist es kein Wunder, daß schon die erste Regierung der Volksrepublik 1949 den Schutz der Wälder und die konsequente Aufforstung in die Verfassung aufnahm: „Die Volksregierungen haben den Wald zu schützen und die Forstwirtschaft planmäßig zu entwickeln!“ Offensichtlich klappte das aber in den Anfangsjahren nicht so „planmäßig“, wie das die Väter der Verfassung sich auf dem Papier gedacht hatten, so daß ein Mao sich genötigt sah zu Aufrufen wie: „Begrünt das Vaterland!“ und andere mehr. Und seit 1979 gibt es in China auch einen „Tag des Baumes“ sowie eine „Woche des Waldes“, wobei dann die gesamte Bevölkerung aufgerufen wird, Bäume zu pflanzen. Aber schon in den vergangenen Jahren gingen Arbeiter, Bauern, Studenten, Schüler, Professoren, Künstler und Hausfrauen, angeleitet von Jägern und Forstleuten, mit Setzlingen hinaus, pflanzten Bäume auf kahle Berge, an Straßenrändern, Bahnlinien und auf die Bürgersteige der Großstädte. Gemeinsam gingen Land- und Stadtbewohner an den Wüstenrand und trieben das Grün in den gelben Sand vor, Kinder sammelten in Ermangelung ausreichender Pflanzen Samen. In den Städten legte man in erster Linie Wert auf Obstbäume, die so doppelt genutzt werden: zum Umweltschutz und als Obstlieferant.

China besitzt heute rund 2800 Arten von Bäumen, wovon etwa 1000 Sorten von gutem, wirtschaftlichem Nutzwert sind. Die Waldgebiete des Nordens und Nordostens sind heute wieder die wichtigsten Forstbasen, obwohl gerade sie unter dem Krieg mit den Japanern heftig gelitten hatten. Im Großen Hsingan, in dem die Wachstumsperiode nur etwa drei Monate umfaßt, gedeihen auf großen Flächen Lärche, Weißbirke und zuweilen auch die Sandkiefernart Pinus sylvestris var. mongolica — alle Arten wichtiges Baumaterial für die Chinesen. Aus der Rinde der Lärche läßt sich zudem Tannin gewinnen. Im Kleinen Hsingan und in dem zu China gehörenden Teil des Tschingbai dauert die Wachstumsperiode über vier Monate. Dort sind auch zahlreiche Niederschläge zu verzeichnen, so daß sich außer hochwertigen Korea-Kiefern noch die verschiedensten Tannen- und Fichtenarten dort finden. Zwischen den Korea-Kiefern wachsen als Mischwald verschiedene Baumarten wie Mandschurische Esche, Linde und Mandschurische Walnuß. Diese sommergrünen Laubbäume der gemäßigten Zone sind gute Nutzhölzer für dir Herstellung von Wagen, Möbeln und Schiffen. Sommergrüne Laubbäume gedeihen in besonderem Maße am Mittel- und Unterlauf des Gelben Flusses, wo sich die frostfreie Periode über mehr als sechs Monate erstreckt und der Winter kalt und trocken, der Sommer heiß und niederschlagsreich ist. Die früheren Urwälder sind hier zwar durch die vielen Kriege zerstört worden (Reste in fast unzugänglichen Berggegenden), doch haben die Aufforstungsmaßnahmen das Bild auch hier mittlerweile wieder gewandelt. Hervorzuheben sind hier: Eiche, Chinesische Kiefer und Morgenländischer Lebensbaum. Südlich der Tjinling-Kette bis zum Nanling-Gebirgssystem sind vorrangig folgende Waldgebiete zu erwähnen: die in den Bergen südlich des Huai-Flusses und am Mittel- und Unterlauf des Yangtsekiang, im Berggebiet rund um das Szetchuan-Becken, im Hügelland südlich des Yangtsekiang, in den Bergen der Provinzen Tschekiang und Fukien, im Nanling-Gebirge und im Hochland von Yünnan-Kueitschou. In diesen Regionen herrschen warmes Klima und reichliche Niederschläge, so daß sich subtropische Wälder in großer Mannigfaltigkeit ausdehnen können. Charakteristisch ist dort der Kampferbaum. Auch Mischwälder von wechselgrünen bzw. immergrünen Laubbäumen sind im Nordteil dieses Waldes zu finden. Da dieser Teil Chinas während der Quartärformation nur in geringem Maße durch Vergletscherung beeinflußt wurde, hat sich dort ziemlich vollständig subtropische Flora und Fauna (siehe die Kapitel über den Bambusbären und Takin, usw.) erhalten. Zahlreiche spezifisch chinesische Baumarten sind dort zu finden:

Ginkgo, Chinesische Goldlärche und Spießtanne, Masson-Kiefer, Pfeilbambus und verschiedene chinesische Bambusarten, Tungölbaum und Talgbaum, usw.

Die Masson Kiefer liefert ein gutes Nutzholz und Brennholz, zeichnet sich als wichtiger Holzlieferant aus.

Südlich des Nanling-Gebirgssystems sollte man folgende Waldgebiete hervorheben: Süd-Kuangsi, Süd-Kuangtung, Südwest-Yünnan, die Insel Hainan. Diese Regionen liegen im Monsungebiet, wo zu jeder Jahreszeit warmes Klima herrscht und Winter und Frühling deutlich als Trockensaison differenziert sind. Die dortigen Wälder sind hauptsächlich tropische Mischwälder. Nur in einigen weniger bergigen Gegenden, wie z. B. auf dem Djiänfengling auf der Insel Hainan und in einem Teil der Provinz Yünnan ermöglichen die besonderen topografischen Gegebenheiten und gleichmäßige Niederschläge die Existenz von typischen tropischen immergrünen Regenwäldern mit ihrem üppigen Wuchs vieler Baumarten. Unter den hochwertigen Bäumen sind hier zu nennen:

Kautschuk, Kokos, Kaffeebaum, Betelnußpalme und Ölpalme.

In Westchina ist das Klima trocken, nur im Tiänschan und Tjiliän-Gebirge sind stellenweise üppige Fichtenwälder zu finden. Im Altai gedeihen Fichten, Tannen und Lärchen. Im Südostteil von Tschinghai-Tibet, in Nordwest-Szetchuan, in Nord-Yünnan und Südost-Tibet ist das Klima verhältnismäßig mild und feucht. Hier erstrecken sich Hochgebirgs-Nadelwälder über große Flächen, mit guten Beständen an

Fichten, Tannen und chinesischen Hemlocktannen sowie hochwertigen Laubbäumen. Dieser Landesteil ist auch eines der wichtigsten Naturwaldgebiete Chinas. Die Provinz Heilungkiang in Nordostchina wird seit jeher als die „grüne Schatzkammer“ Chinas bezeichnet. Über 100 Baumarten gedeihen dort sehr gut, darunter die Korea-Kiefer. Um dieses Gebiet besser zu nutzen, wurden dort in den letzten Jahren insgesamt über 8000 Kilometer Waldeisenbahnlinien und rund 13.000 Kilometer Waldstraßen angelegt. Die Arbeit im Forst ist teil- oder vollmechanisiert. Die dortige Holzproduktion macht allein über 40 Prozent der Gesamtproduktion des Landes aus! Hier werden in ungleichaltrigen Beständen die alten und ausgewachsenen Bäume gefällt, die jungen Bäume und die mittleren Alters läßt man stehen, ebenso uralte Veteranen, die unter staatlichem Baumschutz stehen und registriert sind. In Wäldern von meist jungen und gleichaltrigen Bäumen fällt man zuerst die verwachsenen und läßt die normal gewachsenen stehen. So werden die Wälder gelichtet und das Wachstum der Bäume gefördert. Einige Urwälder werden, wie im Naturschutz-Kapitel erwähnt, überhaupt nicht berührt. In den vorgenannten Gebieten wurden auch „Waldbrigaden“ gebildet, die neben der rationellen Fällung das Pflanzen von Bäumen in großem Ausmaß betreiben sowie Sekundärwälder pflegen und bewirtschaften. Jährlich organisieren diese Brigaden Hunderttausende von Menschen, die sich dann an der Aufforstung kräftig beteiligen. „Holzplantagen“, wie unsere Fichtenmonokulturen, sind in China weitgehend unbekannt, da solche den Chinesen auch für eine positive Klimaveränderung nicht geeignet erscheinen. Gerade hier im Norden bis zum Nordwesten muß aber der Wald in erster Linie zu Klimaverbesserung und zum Schutz vor dem aus dem Nordwesten herantreibenden Wüstensand herhalten. Schon deswegen legen die Forstverantwortlichen also Wert auf einen naturnahen Mischwald, der außerordentlich vielgestaltig sein soll, denn gleichzeitig soll sich ja hier auch die Nutzwildwelt und die übrige Tierwelt wohl fühlen und entwickeln können. In neuen Forstgebieten entstehen deshalb in Zusammenarbeit mit den einheimischen Jägern und Wissenschaftlern neue Lebensräume für das Wild, vor allem für Rehe, Hirsche, Wildschweine und Fasane. Überall in diesen Gebieten bestehen Aufzuchtstationen, von denen aus das Wild in die neuentstandene freie Natur entlassen wird. Von zukunftsträchtiger Bedeutung sind für die chinesische Wirtschaft nicht zuletzt die zahlreichen Wüsten und Halbwüstengebiete, deren Sand in den vergangenen Jahrhunderten alljährlich immer mehr fruchtbares chinesisches Land zerstörte.

Dies nimmt man nunmehr seit gut 20 Jahren nicht mehr als unabwendbares Naturereignis hin. Mit allen zur Verfügung stehenden Kräften wird das Grün vom Wüstenrand her und von den Oasen aus in den gelben oder roten Sand vorgetrieben, verbunden mit beispielslosen Bewässerungsaktionen. Allein im Gebiet der Inneren Mongolei wurde so bereits fast eine Million Hektar Wüstensand unter Kontrolle gebracht. Um die landwirtschaftlichen Flächen zu schützen, zieht man Zäune aus Schilf, bedeckt Dünen mit guter Erde, die oft hunderte Kilometer herantransportiert werden mußte, pflanzt Büsche und Bäume. Chinesische Wissenschaftler haben festgestellt, daß im trockenen Sand der größten Wüste Chinas, der Taklamakan-Wüste, jährlich rund 38,5 Milliarden Kubikmeter Wasser versickern, die aus rund 40 Flüssen zugeführt werden! Eine unvorstellbare Menge Wasser, die man sich jetzt ebenfalls nutzbar machen will.

Der Umwandlung der Wüsten in üppige Wälder und damit der Schaffung neuer Lebensräume für die Tierwelt und auch für die über eine Milliarde Chinesen kommt entgegen, daß man festgestellt hat, daß es eine ganze Reihe auf Wüstensand lebensfähige Pflanzen und Bäume gibt, darunter in erster Linie die Pappelart Populas euphratica, die bis zu zehn Meter hoch wird und ein- bis zweihundert Jahre leben kann.

Chinesische Naturschutzgebiete

Über die Naturschutzgebiete in der Volksrepublik China weiß man selbst in Fachkreisen bei uns in Mitteleuropa nur allzuwenig. Oft ist man sich dabei nicht einmal einig, ob es solche Einrichtungen im Reich der Mitte überhaupt gibt. Nun, es gibt sie tatsächlich in allen Landesteilen, wie auch aus einigen anderen Kapiteln in diesem Buch hervorgeht. Die meisten dieser Schutzgebiete existieren schon seit vielen Jahren, und in den letzten Jahren kamen weitere hinzu. Beispielsweise gibt es für alle seltenen Tiere, die besonderer Fürsorge bedürfen, besonders ausgewiesene Schutzgebiete: Großer Panda (allein zehn), Gold-Takin, Przewalski-Urwildpferd, Wildkamel, Mandschurenkranich, Nordost-Tiger usw. Wie auch bei uns, gibt es in China kleinere und größere Schutzgebiete, wobei die ganz großen, wie z. B. das Tschangbai-Schutzgebiet, mit den großen Nationalparks in Afrika zu vergleichen sind.

Zunächst will ich auf die Naturschutzgebiete Yitschun und Wanglang eingehen, die repräsentativ für den chinesischen praktischen Naturschutz sind. Das Yitschun-Naturschutzgebiet in Nordchina im Kleinen Hsingan-Gebirge wurde 1958 vom Staat zum Schutzgebiet erklärt und dient in erster Linie der Flora, das Wanglang-Schutzgebiet dagegen vorrangig dem Schutz einiger seltener spezifisch chinesischer Tierarten. Das Yitschun-NSG ist 18.000 Hektar groß und bietet in seiner völligen Unberührtheit großartige Möglichkeiten für wissenschaftliche Forschungen. Man sieht hier Höhen in üppiges Grün gekleidet, unter den Füßen raschelt ein dicker roter Teppich aus Fichtennadeln. Inmitten turmhoher Rotfichten befinden sich aber auch Tannen und andere Fichtenarten, die hier für den hohen chinesischen Norden typisch sind. Zahlreiche mehrhundertjährige Riesen sind darunter. Über hölzerne Stufen, die eigens für Besucher angelegt wurden, erreicht man die Gipfel, von denen aus die welligen Höhen des Kleinen Hsingan-Gebirges weit übersehen werden können. Ein mit der Leitung im Naturschutzgebiet beauftragter Fachmann erklärt den Besuchern, daß Spezialisten in der Bodenkunde, Zoologen und Botaniker aus allen Landesteilen oft hierher kommen, um Studien zu treiben und das Schutzgebiet zudem ein Hauptproduzent für Rotfichtensamen ist, der dann in anderen Landesteilen ausgesät wird. In der nahen Stadt Yitschun gibt es eine Samenstation und Kühlanlagen, in denen der Fichtensamen sieben Jahre lang aufbewahrt werden kann.

In dieser Samenstation werden auch Mittel zur biologischen Bekämpfung schädlicher Nagetiere erprobt. Die Ungeziefervertilgungsstation richtet alljährlich Ausbildungskurse für Techniker ein und läßt Spezialisten aus dem forstwirtschaftlichen Forschungsinstitut Vorlesungen halten. Ein Naturschutzgebiet also, das nicht nur vorhandene Flora und Fauna schützt, sondern auch der Aufforstung und dem Tierschutz in anderen Landesteilen gute Dienste leistet.

Das wichtigste Gebiet für die Erhaltung spezifisch chinesischer Tierarten, die in Freiheit nur noch in China leben, ist das große Wanglang-Schutzgebiet, wie eingangs schon erwähnt. Es befindet sich etwa 500 Kilometer nördlich von Tschengtu im Nordwesten des Kreises Pingwu in der Provinz Szetchuan, die für ihre seltene und zum Teil noch unerforschte Tierwelt weltweit bekannt ist. Die von Schnee gekrönten Berge ragen dort steil in den Himmel, und Urwälder verdecken hier das Tageslicht im Unterholz. Die niedrigstgelegene Gegend, das Tal des Weißroß-Flusses, liegt mehr als 2400 Meter über dem Meeresspiegel. Im

Winter ist es dort bitterkalt, im Sommer wird es nicht sonderlich heiß. In diesen Bergen tummeln sich viele wildlebende Arten: Chinesische Glanzfasanen und Jagdfasanen, Sonnenvögel, Serau und Blauschafe, Bambusratten und verschiedenste Hühnervögel, Hirsche, Bären und Wildkatzen. Den größten Schatz dieses Naturschutzgebietes bildet allerdings der Bambusbär oder Große Panda bzw. Riesenpanda (siehe auch Kapitel „Der schwarzweiße Bambusbär"). Ferner gibt es dort den nur in China vorkommenden Goldhaarigen Affen (Rhinopithecus roxellanae), um den die Chinesen schon seit Jahrtausenden die ungewöhnlichsten Sagen spinnen. Das Leben dieses interessanten Affen spielt sich vorwiegend in Bäumen ab. Nur wenn sie Hunger oder Durst verspüren, lassen sie sich auf die Erde herab. Mit Vorliebe verzehren sie Bambussprossen, wenn diese noch sehr zart sind, geben sich aber auch mit anderen Pflanzen zufrieden. Ihr Lebensraum sind Laubwälder mit dichten Rhododendrongebüschen in 2500 bis 3000 Meter Höhe, wo die meiste Zeit des Jahres Schnee liegt. Deswegen werden sie manchmal auch „Schneeaffen" genannt. Die Goldhaarigen Affen sind kälteunempfindlicher als andere Affenarten und leben in Trupps zusammen, die bis zu hundert Exemplare betragen können. Soweit unsere Kenntnis reicht, werden diese riesigen Gruppen von einem einzigen alten Männchen angeführt. Auch ihr Fortpflanzungsverhalten haben sie der Kälte angepaßt. Das heißt: die Jungen kommen grundsätzlich im Frühjahr zur Welt, nach einer Tragzeit von nur fünf Monaten. Da man früher in China glaubte, daß das Fell, das sehr lang wird und sogar Hand- und Fußrücken bedeckt, das beste Vorbeugungsmittel gegen Rheuma ist, führte man in den vergangenen Jahrhunderten heftige Jagden auf diese schönen Tiere durch. Auch wurde das Fleisch gelegentlich mit Genuß verzehrt. Doch seine oft heute auch noch unzugängliche Heimat, die er mit dem Großen Panda teilt, hat ihn wohl vor dem Aussterben bewahrt. Seine Bestände sind gesichert und schon lange nicht mehr allein auf das Wanglang-Schutzgebiet beschränkt. Hinzu kommt, daß es auch von seiner Art in vielen chinesischen Zoos gute Zuchtgruppen gibt. Leider aber findet man sie noch nicht in deutschen oder anderen europäischen Tierparks.

Nennt man das Wanglang-Schutzgebiet, muß auch der Takin, das hier größte Tier, erwähnt werden, das bis zu 500 Kilogramm schwer werden kann und außerhalb Chinas als „Gold-Takin" nicht anzutreffen ist. Sein lateinischer Name: Budorcas taxicolor. Der Gold-Takin hat eine so sonderbare Gestalt, daß Tierkenner sich sogar darüber streiten, mit wem er verwandt sein könnte. Schließlich hat er den Körper eines Rindes, den

Kopf eines Gnus — vereinfacht beschrieben. Ist das Tier jetzt eine Rindergemse oder Gnuziege? Die Körperlänge beträgt meist 150 Zentimeter, und die Farbe reicht von einem gelblichen Graubraun bis zu goldfarbenem Gelb (Gold-Takin). Im Berliner Zoo ist ein normal gefärbter Takin zu sehen. Sein Lebensraum besteht aus dichtem Buschholz und Bambusdschungel. Und er geht sogar über die steilsten Klippen bis weit über die Baumgrenze. Trotz seines plumpen Aussehens ist er also ein gewandter Kletterer und auch ein ausdauernder Läufer, wenn er geschickt mit gesenktem Haupt die Felsregionen durchstreift. Bullen und Kühe grasen gemeinsam, wobei ein älterer Bulle die Herde führt. Geweidet wird saftiges Grün in den Tälern, aber auch schmackhafte Kräuter in den Sümpfen. Ein junger Takin kann nach der Geburt sofort laufen, wie man mir in China erklärte.

Von westlichen Zoologen ist eine Takin-Geburt noch nie gesehen und auch nie beschrieben worden. Üppig wächst im Wanglang der Pfeilbambus (Sinarundinaria nitida) und der Fichtenwald. Pfeilbambus kann hier sogar eine Höhe von 3,5 Metern erreichen! An Nahrung fehlt es also vor allem dem Bambusbären nicht, denn es gibt außer Pfeilbambus auch fleischliche Nahrung für diesen Allesfresser im Übermaß, so in erster Linie unzählige Kleinvögel, Schlangen, Echsen, Bambusratten und Insekten. Einziger natürlicher Feind der schützenswerten Tiere ist hier der Rotwolf (Rothund), der aber von den einheimischen Jägern streng kurzgehalten wird. Natürlich aber soll auch er nicht ausgerottet werden.

Ein weiteres und neueres Schutzgebiet, auf das ich hier eingehen will, ist das im Gaoligung-Gebirge in der Provinz Yünnan in Südchina. Dort sind die wissenschaftlichen Untersuchungen zur Festlegung der endgültigen Reservatsgrenzen derzeit noch im Gange. Beteiligt an diesen Forschungen sind neben den beruflichen Jägergruppen erfahrene Jagdveteranen, Wissenschaftler vom Zoologischen Institut der Provinz Yünnan, Zoologen aus Peking, Vogelforscher und Bauern. Das Gaoligung-Gebirge befindet sich an der Grenze zwischen China und Birma im Nordwesten von Yünnan und gehört zur sogenannten Hengduan-Kette, die nordsüdlich verläuft. Von den Tälern bis ins Hochgebirge zeigen Klima und Vegetation je nach Höhenlage deutliche Unterschiede. Die Täler, in denen Blumen in üppiger Pracht gedeihen, befinden sich in der subtropischen Zone, die von Nadelhölzern und Laubbäumen bedeckten Berghänge haben ein kalt-gemäßigtes Klima. Die Bergkämme sind eis- und schneegekrönt. Diese verschiedenen Bedingungen bieten natürlich den verschiedensten Tierarten eine geeignete

Umwelt. Zugleich wird die Hengduan-Kette mit ihrem nordsüdlichen Verlauf zur Tierpassage zwischen Süden und Norden, stellt kein Hindernis für die Fauna dar, wie die anderen westöstlich verlaufenden Gebirgszüge. Viele Tiere der Tropen und Subtropen gelangen den Fuß der Hengduan-Kette entlang nach Norden, während die Tiere aus der kalten und gemäßigten Zone die Bergkämme entlang ihren Bewegungsraum nach Süden verlegen können. Das Gaoligung-Gebirge weist daher eine unglaublich reiche Tierwelt auf, aus südlichen und nördlichen Arten gemischt. Immer schon hat diese Besonderheit die Aufmerksamkeit der Zoologen aus aller Welt erregt. Dennoch: die geschichtliche Entwicklung in unserer Zeit brachte es mit sich, daß gerade dieses Gebiet immer noch als „weißer Fleck" von unseren Zoologen im Westen betrachtet wird. Westliche Jäger sind während der britischen Kolonialzeit ebenfalls nur äußerst selten bis hierher gelangt. Stark verbreitete Arten in diesem Gebiet sind vor allem: Kleine Pandas, Leopardenkatzen, Leoparden, Tiger, Hirsche, Wildschweine, Rhesusaffen, verschiedene Schlangen, anderswo ausgestorbene Frösche und Lurche, Adler, Falken, Beos, verschiedene Sonnenvögel und zahlreiche Fasanenarten, verschiedene Wildtauben.

Eines der größten chinesischen Naturschutzgebiete, einem Nationalpark ähnlich, ist das Tschangbai-Naturschutzgebiet. Es ist weit über 2200 Quadratkilometer groß! Es wurde im Jahre 1960 im Tschangbai-Gebirge, das sich durch die Provinzen Liaoning, Kirin und Heilungkiang im Norden Chinas zieht, eingerichtet. Es wird zentral von einem fachkundigen Gremium verwaltet und von Zoologen, Botanikern, Jägern und Ornithologen betreut. Der ganze riesige Bezirk ist in zwei Teile gegliedert: den allgemeinen Schutzpark und in den absoluten Naturschutzpark. In letzterem ist jeder Eingriff strikt verboten. Laut chinesischer Naturschutzparkverordnung dürfen dort weder Tiere, Pflanzen, Sträucher noch Bäume „berührt" werden. Wissenschaftliche Verwaltung und eine Reihe von Schutzmaßnahmen sichern die Erhaltung der natürlichen Umwelt und des ökologischen Gleichgewichtes. Die Bodenbeschaffenheit, die geomorphologischen Erscheinungen, das Klima, der Boden, die Verteilung von Flora und Fauna tragen typische Merkmale einer Gebirgslandschaft, was, wie die dort tätigen Chinesen sagen, wiederum der Erforschung des Ursprungs und der Entwicklung der Arten und dem Studium der Geographie, Klimatologie, Bodenkunde, Zoologie, Botanik, Ökologie und Geologie zugute komme.

Der Hauptgipfel des Tschangbai unweit der chinesisch-koreanischen

Grenze ist der schneebedeckte Vulkan Weißkopfberg. Das Gebirge entstand am Ende des Tertiärs vor rund einer Million Jahren, vorher gab es hier eine Tundrenlandschaft. Das Tschangbai-Gebirge ist heute eines der wichtigsten Waldgebiete Chinas, ein scheinbar grenzenloses Waldgebiet mit rund 1500 verschiedenen Pflanzenarten, wozu auch die Koreanische Kiefer, Koreanische Lärche, die Mandschurische Tanne und die Japanische Rote Kiefer gehören. Einige der hier wachsenden Bäume werden mehr als 30 Meter und höher, und es gibt zahlreiche mehr als tausendjährige Veteranen. Verbreitet ist hier auch der wildwachsende Ginseng, Rhododendron, Blauheide, Alpenmohn, Alpenfahnwicke. Allein über 300 Wirbeltierarten leben in diesem Gebiet, darunter der Mandschurische Tiger in seiner größten Form, Leoparden, Schwarz- und Kragenbären, kapitale Rothirsche und Sikahirsche, starke Rehe, Moschustiere, Eichhörnchen, Füchse, Zobel, Enoks, Elche, Großtrappen, seltene Singvögel, Adler, Bussarde, Falken, Fischotter, Wölfe, Wildkatzen usw. Erwähnenswert sind aber auch die Enten- und Fasanenvorkommen, die enorm sind.

Das bekannteste Naturschutzgebiet für Watvögel in China ist die sogenannte Vogelinsel im Tschinghaisee in der Provinz Tschinghai in Zentralchina. Sie ist aber nur eines von zahlreichen im ganzen Lande verstreuten Naturschutzgebieten für die Vogelwelt, insbesondere die Watvogelwelt. Der Tschinghaisee, in dem sich die naturgeschützte Watvogelinsel befindet, ist der größte Binnensee Chinas. Unübersehbar sind auf der Vogelinsel die riesigen Komorankolonien, niemand wird sich zutrauen, die hier rastenden und brütenden Möwen, unter anderem die Tibet-Lachmöwe, verschiedener Arten zu zählen. Aber es kommen daneben auch Störche vor, verschiedene Reiherarten, Gänse, Enten und natürlich eine ganze Palette von Greifvögeln bis hin zum Adler. In der Umgebung des Sees leben verschiedene Fasanen und andere Hühnervögel, die größtenteils bejagt werden dürfen.

Oben: Der Kleine Panda wird auch Katzenbär genannt. Seine goldhaarige und größere Form kommt nur in China vor.

Unten: Erstaunt ist man, daß in Südchina, in der Provinz Yünnan, noch wilde Asiatische Elefanten leben. Sie genießen den Schutz der Gesetze.

Zoologische Gärten im heutigen China

Kenner nennen den Pekinger Zoo die „größte Sehenswürdigkeit Chinas", worüber man natürlich geteilter Meinung sein kann. Tatsache ist, daß der Pekinger Zoo, der in seiner jetzigen sehr weitläufigen Gestalt erst 1950 auf dem Gelände des Tierparks der letzten Kaiserin eingerichtet wurde, der größte Zoo Chinas und vom materiellen Wert her wohl der teuerste der Welt ist. Mehrere amerikanische Zoologen beschrieben ihn zudem noch als den „schönsten Zoo der Welt". Da ich den Pekinger Zoo, neben anderen in China, längere Zeit besuchen konnte und zahlreiche andere Zoos in vielen Ländern kenne (nicht alle!), möchte ich mich aber gerne der Meinung der Amerikaner anschließen. Verwunderlich ist die Schönheit des Pekinger Zoos eigentlich nicht, gilt doch China als das Land mit der reichsten Erfahrung im Bau zoologischer Gärten, die es dort seit mindestens 1150 vor Christus gibt, wahrscheinlich seit mehr als 4000 Jahren. Der erste bekannte chinesische Tiergarten während der Tschu-Dynastie wurde „Park der Intelligenz" genannt und soll noch bis zum vierten Jahrhundert nach Christus existiert haben. Die größte und beliebteste Sehenswürdigkeit im Pekinger Zoo stellen ohne Zweifel die Bambusbären oder Großen Pandas dar, deren Anlagen ständig dicht von Menschenmassen umdrängt sind. Man hat Mühe, jedenfalls als „Normalchinese", sich nach vorn zu arbeiten. Dankenswerterweise aber machen die chinesischen Tierfreunde wie auf Kommando jedem hinzukommenden Ausländer sofort höflich Platz und lassen ihn ohne Murren in die vorderste Reihe. Ja, sie drängen ihn geradezu dazu. Auch sie sind offenbar erpicht darauf, dem ausländischen Gast ihren wertvollsten Schatz aus allernächster Nähe zu präsentieren. Da auch ich ohne Schwierigkeiten vorgelassen wurde, war ich froh, hier meine ersten Panda-Aufnahmen machen zu können.

Die meisten dieser Zoobesucher, die die Pandafamilien und Einzelpandas bei ihren lustigen Spielchen betrachten, teils stundenlang, waren Kinder. Sie kommen, solange sie nicht größer als 120 Zentimeter sind, kostenlos in die chinesischen Tierparks hinein, weswegen am Eingang extra eine Meßlatte befestigt ist. Sicherlich auch ein Novum in der Zoo-Welt . . . Die Erwachsenen zahlen für den Eintritt umgerechnet acht

Der Weißschwanz-Glanzfasan, der hier erstmals in einem westlichen Buch dargestellt wird, wird in China von Naturfreunden und Jägern geschützt.

Pfennig. Auch ich konnte mich nur schwer von den Panda-Anlagen trennen, kann man einen solchen Anblick doch bis heute in keinem anderen Zoo der Welt genießen, denn Bambusbären-Nachwuchs konnte bislang außerhalb Chinas noch nirgendwo aufgezogen werden (bei den japanischen Pandas, auf die man so viel Hoffnung gesetzt hatte, starb Anfang September 1979 das Weibchen mit einem fast ausgewachsenen Fötus im Leib, später auch das Männchen). Unweit der Bambusbären-Anlage trifft der Besucher auf die kleinen Pandas oder Katzenbären. Die hier gezeigten Exemplare unterscheiden sich allerdings sehr deutlich von denen, die wir aus europäischen Zoos kennen, denn sie sind wesentlich größer und haben ein beispiellos goldschimmerndes Fell. Der Unterschied ist wohl darin begründet, daß die Tiere in Europa aus Nepal oder Nordindien stammen. Die Pekinger Katzenbären sollen nach der Auskunft, die mir Direktor Du Chung-tsang erteilte, aus dem Wanglang stammen und eine besondere Unterart sein. Dieser Riese unter den Kleinen Pandas kommt offenbar nur in diesem kleinen Gebiet in der Provinz Szetchuan vor, und er ist streng geschützt. Die übrigen sonst in China weitverbreiteten Kleinen Pandas, die auch im Pekinger Zoo gezeigt werden, ähneln denen, die wir aus unseren Zoos kennen. Andere Raritäten, die bisher noch in keinem Zoo außerhalb Chinas zu bestaunen sind, fielen ebenfalls auf. So gibt es wilde Trampeltiere oder zweihöckrige Wildkamele, Tiere also, die unsere Zoologen lange Zeit für ausgestorben hielten. Die in Peking gezeigten Wildkamele stammen aus Sinkiang, wo sie heute noch freilebend vorkommen. Ferner findet man eine große Herde der Tibetischen Wildesel, die Kiangs, die in Peking regelmäßig Nachwuchs haben. Sie sind ebenfalls oft Gegenstand des nicht böse gemeinten Neides vieler Zoodirektoren aus aller Welt. Weiter sieht man die nur in Szetchuan vorkommenden Goldhaarigen Affen, Mandschurische Tiger, Korea-Tiger, China-Tiger, Hunan-Tiger, Schneeleoparden, Nordchinesische Leoparden, China-Leoparden, Nebelparder, Zibetkatzen, Zibetkätzchen, Bengalkatzen, asiatische (in Südchina eingefangen!) und afrikanische Elefanten, verschiedene Störche sowie unzählige Vögel, Fasanen, Bankivahühner, Schwarzbären und China-Alligator. Alles kann hier wirklich nicht aufgeführt werden, zumal in Peking auch viele Tiere aus anderen Kontinenten gezeigt werden. Vergessen aber sollte ich nicht die Wildyaks, die es meines Wissens in keinem anderen Zoo der Welt zu sehen gibt. In Peking grasen friedlich gleich mehrere Exemplare den Boden ab. Die Wildyaks gibt es nach jüngsten chinesischen Expeditionsberichten noch in einigen Gebieten Tibets. Sie unterscheiden sich von den zahmen Exemplaren dadurch, daß die langen Bauchhaare fehlen. Unter den Hirschen fallen in Peking besonders die noch vor zehn Jahren sehr seltenen Weißlippenhirsche auf, die heute dank enormer Schutzmaßnahmen wieder in Herden Innerchina durchziehen und mancherorts in Gatterzuchten wirtschaftlich genutzt werden. Dennoch sind sie im Verhältnis zu den anderen Hirschen immer noch selten und in europäischen Zoos nicht zu sehen. Außerdem gibt es seit einigen Jahren im Pekinger Zoo auch wieder Davidshirsche zu sehen, die die Chinesen aus England bezogen haben. Jeder Leser wird von der Tatsache wissen, daß diese typisch chinesische Hirschart, die ich an anderer Stelle in diesem Buch beschreibe, in China völlig ausgestorben war und nur in England überleben konnte. Heute kann man sie auch in vielen europäischen Zoos sehen. Die Chinesen planen, diese Hirschart nach guten Nachzuchterfolgen wieder in die freie Wildbahn auszusetzen. Und welcher Besucher Chinas weiß schon, daß es im Norden auch Elche und Rentiere gibt? Im Pekinger Zoo erfährt er es, wenn man ihm gleichzeitig einige der Exemplare zeigt. Neben den zahlreichen Rothirschen, die es in diesem Zoo gibt, fallen noch Sikas, Mandschurische Wapiti und Axishirsche auf, ebenso ungewöhnlich stark entwickelte Rehe, die die europäischen wie Zwerge erscheinen lassen.

Andere Tiere des Pekinger Zoos, die zumindest im Ausland selten gezeigt werden, sind: Moschustiere, Wasserrehe, Schopfhirsche, Schweinshirsche, Tibet-Antilopen, Saigas, Mandschurenkraniche, Nonnenkraniche, Schwarzhalskraniche, Graukraniche, Südchinesische Schakale, Marderhunde, Chinesische Füchse, Rotwölfe, Tschango-Wolf, chinesische Schwarzstörche und die verschiedensten chinesischen Singvögel. Eine wahre Pracht! Die insgesamt weit über 2000 Tiere des Pekinger Zoos werden von über 350 Personen betreut, meist weiblichen Geschlechtes. Der Beruf des Tierpflegers lockt die chinesischen Damen offenbar in ganz besonderem Maße an. Daß der Pekinger Zoo über keine Gras- und Rasenfläche verfügt, wie es Anfang der fünfziger Jahre einmal in einem Bericht stand, an den ich mich erinnere, ist zumindest heute nicht mehr zutreffend. Das Gras in diesem Zoo wächst vortrefflich, wie ich sehen konnte. Vermerken muß ich noch, daß der Pekinger Zoo täglich von durchschnittlich 40.000 Personen besucht wird, während Feiertagen sollen es sogar 70.000 sein! Aber auch die übrigen chinesischen Zoos, besonders die in Nanking, Sudschou, Wuhan, Schanghai, Tschungking, Kanton, Tsingtau, Harbin und Hangtschou können sich sehen lassen, sind einen Besuch wert, wenn es Sie, lieber Leser, einmal gelegentlich einer Chinareise in diese Städte verschlagen sollte. Nehmen sie einen guten Bestimmungsführer mit, denn Sie werden mit Sicherheit hier und da die eine oder andere Tierart entdecken, die Sie zuvor noch nie gesehen haben, dann eventuell nicht richtig einordnen können. Besonders interessant sind diese Zoos für den Zoologen, der sich für nur lokal verbreitete Arten interessiert, die natürlich nicht alle im Pekinger Zoo gezeigt werden können. Von der gärtnerischen Gestaltung her dürfte der Tierpark in Nanking, der sich in einem See auf einer exotisch anmutenden Insel befindet, der zweitschönste Zoo Chinas sein. Am Eingang schon wird man von einem mehr als mannshohen Pfau, aus einer lebenden Hecke herausgeschnitten, begrüßt. Sodann weiß man nicht, was man mehr bewundern soll, die unglaubliche Vielfalt der hier gezeigten Fasanenarten (weit mehr als in Peking) oder die allesamt im traditionellen Stil errichteten Käfige. Nur dem Großen Panda dürfte es in seinem Käfig wohl zu eng sein. Am Schanghaier Zoo ist erwähnenswert, daß er den Schwarzschnabelstorch beherbergt, den man noch bis 1977 auf dem Festland für ausgestorben hielt. Auch er soll noch freilebend in Nordostchina vorkommen. Der Schanghaier Zoo, der erst vor wenigen Jahren großzügig ausgebaut worden ist, dient in China vorrangig der Förderung des Nachwuchses seltener Arten, denen man hervorragende Bedingungen schafft. Auch ist der Zoo in Schanghai für seine Gruppe tanzender Mandschurenkraniche bekannt, die einen herrlichen Balztanz beginnen, sobald ihr Pfleger auf einer Trommel herumhämmert . . . 1979 gelang es hier erstmals einen Großen Panda zu dressieren, erstmals in der Geschichte überhaupt. Der betreffende Bambusbär mit Namen Wei Wei, den der Chinese Lu Xingqi abgerichtet hat, kann hoch auf einem Tisch einen bunten Eimer mit den Füßen jonglieren, Schaukelpferd reiten und andere Kunststücke mehr. Auch läßt er sich willig auf einem umgebauten Kinderwagen von einem abgerichteten Schäferhund durch die Manege ziehen, während er eine Trompete bläst . . .

Insgesamt gibt es in China heute über 50 größere Tierparks, wovon die meisten nach 1955 entstanden. Daneben gibt es eine Unzahl kleinerer Tierparkanlagen, meist in den sogenannten traditionellen Parks, ebenso Aquarien und Terrarien. Kontakte zwischen deutschen und chinesischen Zoologen bestehen derzeit nicht einmal in schriftlicher Form, was erst kürzlich ein bekannter Zoodirektor mir gegenüber sehr nachhaltig bedauerte. Auch ich hoffe, daß sich dies im Interesse des wissenschaftlichen Erfahrungsaustausches sehr bald ändern wird, wie so vieles andere im Zusammenhang mit China sich ja in letzter Zeit erfreulich positiv veränderte. Erwähnt sei da die erst vor wenigen Wochen bekanntgegebene Öffnung chinesischer Reviere für ausländische Jäger.

Akupunktur-Anästhesie auch bei Tieren

Die Behandlungsmethode der verschiedensten Krankheiten durch Akupunktur machte in den letzten Jahren im Westen zahlreiche Schlagzeilen. In der jüngsten Zeit gingen sogar viele westliche Ärzte und Wissenschaftler nach Peking oder Schanghai, um sich an Ort und Stelle von der Wirksamkeit dieser uralten chinesischen Heil- und Behandlungsmethode zu überzeugen. In den mitteleuropäischen Ländern gibt es heute schon zahlreiche Ärzte, die sich auf die Behandlung mit Hilfe der Akupunktur und auch der Akupressur verstehen, nachdem 1976 und 1977 die ersten westlichen Ärzte in China ausgebildet werden konnten. Ich selber konnte die Wirkung der Akupunktur am eigenen Körper erleben, als mir eine Mittelohrentzündung zu schaffen machte. Eine der sogenannten „Barfüßigen Ärztinnen“ befreite mich in der Pekinger Altstadt innerhalb von wenigen Minuten von den starken Schmerzen, indem sie einige vorher heiß gemachte Akupunktur-Nadeln ins Ohrläppchen und hinter das Ohr ins Fleisch drückte und abwechselnd langsam drehte. Als Ergänzung verpaßte sie mir eine örtliche Massage. Bis heute habe ich keinerlei Beschwerden mehr gehabt, obwohl ich vorher jahrelang darunter gelitten hatte. Sie können sich also vorstellen, daß ich sehr viel von Akupunktur halte . . .

Seit einigen Jahren verwendet man nun in China die Akupunktur auch bei der Behandlung von Tieren, was der Akupunktur-Forschung in verschiedenen Bereichen sicherlich sehr entgegenkommt. In einem Fall konnte so sogar eine Pferdestute gerettet werden, die mit einem Darmverschluß eingeliefert worden und im siebten Monat trächtig war. Nach der Operation mit Hilfe der Akupunktur konnte das Pferd aufstehen und Wasser zu sich nehmen. Die Geburt verlief später ebenfalls ohne Komplikationen.

Wild in der chinesischen Küche

Blättert man unsere „China-Kochbücher“ durch, von denen im Westen in den letzten Jahren eine ganze Reihe erschienen sind, so findet man darin nicht viel über die Zubereitung von Wild in der chinesischen Küche. Dennoch spielt auch heute Wild auf chinesischen Speisekarten in den dortigen Restaurants eine nicht geringe Rolle. Das ist zumindest seit Marco Polos Zeiten immer schon so gewesen. Und heute sind gerade die Pekinger und Schanghaier Restaurants für die prachtvolle Zubereitung des Wildbrets bekannt. Aus alter Zeit ist bekannt, daß der Kaiser Kanhi, der als besonderer Feinschmecker galt, gerne die Zungen und Schwänze von Hirschen aß. Beliebt ist heute auch bei Ausländern die Art, wie die mongolischen Minderheiten Wildfleisch zubereiten. Das Wildbret wird gegrillt oder halb durchgebraten. Als Beilagen verwendet man grünes Pfeffergemüse, Zwiebeln, Porree, Tomaten, Pfeffersoße, Reisweinsoße, Garnelenfett, Sojabohnenpaste und Öl. Dazu gibt es Reiswein. Andere Spezialitäten sind zum Beispiel gedämpftes Wildgeflügel in kaltem Reiswein oder gebratene Wildtaube mit Leber von anderen Tieren, Wildschweinbraten mit Walnüssen oder gedämpfte Mandarinente und auch „Phönix im Nest“ aus verschiedenen Wildvogelarten. Beliebteste Wildgeflügelarten auf dem chinesischen Speisezettel sind Fasan, Truthahn, Ente und Gans. Sehr gut versteht man sich auch auf die Zubereitung von Wildschwein, Reh oder Hirsch.

Die chinesische Küche, die von keiner anderen an Vielseitigkeit übertroffen wird, kennt fast 90.000 Gerichte, wovon ein Gutteil auf spezielle Wildgerichte fällt.

Tierfilme aus China

In China gedrehte und von chinesischen Filmern hergestellte Tier- oder Naturfilme sind bisher in Mitteleuropa, das heißt im deutschsprachigen Raum, noch nicht gezeigt worden. In den Kinos oder im Fernsehen gab es bislang aus chinesischer Herstellung nur politische oder allgemeininformierende Streifen oder Filme über Peking-Opern usw.

Obwohl es in China bereits seit Jahren eine Reihe Natur- und Tierbücher in chinesischer Sprache gibt, steckt der Naturfilm noch in den Kinderschuhen. Einige wenige Naturfilme aber sind in den letzten Jahren gedreht worden. Einer dieser Tierfilme erhielt vor kurzem auf dem Internationalen Festival populärwissenschaftlicher Filme sogar einen Ehrenpreis. Dabei handelte es sich um den Titel „Das Wiesel", in dem gezeigt wird, daß man bis in die heutige Zeit das Wiesel in China noch als ein schädliches Tier betrachtete, das Hühner raubt. Ziel des Filmes ist es, auch den Nutzwert dieser Tierart zu zeigen, wobei man sehen kann, wie das Wiesel in Mauselöcher eindringt und Mäuse fängt. Der Film mit ungewöhnlich guten Aufnahmen stellt klar, daß das Wiesel sich zu fast 80 Prozent von Mäusen ernährt und die restlichen 20 Prozent mit Lurchen, Insekten, Kleinvögeln, Fischen und Schlangen deckt. Nur selten greife es Federvieh an, denn anhand von 5000 untersuchten Wieselmägen sei festgestellt worden, daß nur zwei davon Hühnerfleisch enthielten! Auch lasse sich das Fell zu schönen Mänteln und Pelzen verarbeiten, aus dem Haar mache man Schreibpinsel und Bürsten zum Reinigen von Präzisionsinstrumenten oder falsche Wimpern. Man kann sich also schon jetzt auf chinesische Filme über Pandabären, Wildkamele, Urwildpferde, den Weißschwanzglanzfasan oder große Tiger freuen, vielleicht sogar in den Schutzgebieten dieser herrlichen Tiere gedreht. Da die deutschen Fernsehgewaltigen in den vergangenen Jahren schon einige von Chinesen gedrehte Filme einkaufen konnten, sollte es ihnen doch eigentlich keine Schwierigkeiten bereiten, auch den einen oder anderen Tierfilm aus Peking mitzubringen.

Jäger, Natur- und Tierfreunde sowie Zoologen würden wohl keinen dieser Filme versäumen und es den Fernsehverantwortlichen danken.

Zahlreich sind inzwischen auch die Zeichentrickfilme mit chinesischen Tieren als Darsteller. Eine Spitzenposition hat hier der Bambusbär.

Der Jäger vom Drachenknochenhügel und der Säbelzahntiger

Über das Leben der jagenden Völker und die Wildbestände im vorgeschichtlichen Reich der Mitte gibt es in der westlichen Literatur nur wenige Zeilen zu lesen, teils auch widersprüchliche. Das ist sicherlich nicht zuletzt auch darauf zurückzuführen, daß westliche Archäologen immer nur etappenweise Gelegenheit zu intensiveren Forschungen oder Ausgrabungen hatten. Die innenpolitische Situation im Verlauf dieses Jahrhunderts ließ kontinuierliche Forschungen von westlicher Seite nicht zu. Nur so ist zum Beispiel zu erklären, daß selbst profilierte Autoren den dickknochigen Riesenhirsch mit einem Elch verwechselten oder den Wasserbüffel als zum Süden gehörig bezeichneten. Die nunmehr seit 25 Jahren systematisch betriebene Forschungsarbeit der chinesischen Archäologen präsentiert jetzt gewiß ein verläßlicheres Bild, zumal die Arbeiten gleichzeitig an den verschiedensten Orten innerhalb der chinesischen Grenzen durchgeführt werden. Für den Jagdforscher lassen sich hier interessante Fäden von der Gegenwart in die tiefe Vergangenheit spinnen, zumal es bis in die heutige Zeit in China noch Völker gegeben hat, die wie seit Jahrtausenden ausschließlich von der Jagdbeute lebten, sich in Felle kleideten und ihre Frauen und Kinder zum Beeren- und Kräutersammeln in die Wälder schickten. Dies in unmittelbarer Nachbarschaft zu einer der ältesten und hochentwickeltesten Kulturen dieser Erde . . . Namentlich seien hier nur die Kutsung oder auch die Oluntschun genannt, auf die ich an anderer Stelle in diesem Buch näher eingegangen bin. In der Tierwelt gelten die Bambusbären und der Takin als lebende Fossile, die seit Urzeiten ihr Aussehen kaum verändert haben.

Besonders gut erforscht ist das Leben des sogenannten „Peking-Menschen", der vor ca. 400.000 bis 500.000 Jahren (im Mittleren Pleistozän) in der Umgebung von Peking auf Sikahirsch, Sanmen-Pferde, Antilopen, Nashörner, Höhlenbären, Elefanten, Bambusbären und Wildschweine jagte. Er selber war freilich auch ein Gejagter, Beute für den gewaltigen damals vorkommenden Säbelzahntiger oder den großen Jagdleoparden und auch andere Raubtiere. Wenn der „Jäger vom

Drachenknochenhügel“ (so genannt, da man die aufschlußreichsten Funde am gleichnamigen Hügel 48 Kilometer westlich von Peking gemacht hatte!) einmal eine neue Wohnung oder ein Vorratslager in einer Höhle einrichten wollte, konnte es ihm durchaus passieren, daß ihn die Tatzen eines riesigen Höhlenbären unsanft packten und ihm alsbald das Leben ausgehaucht wurde. Er war ein Gehetzter, eine relativ leichte Beute für so mancherlei Großraubtier, was ihn mit der Zeit dazu veranlaßte, nie allein, sondern immer nur in Horden auf Pirsch zu gehen. Wie sah dieser typische Jäger, der als einer unserer Ahnen gilt, nun aus? Das Studium der Versteinerungen des Pekinger Affenmenschen läßt erkennen, daß seine Gliedmaßen und sein Rumpf im großen ganzen denen des heutigen Menschen glichen und daß er bereits aufrecht gehen konnte. Sein Gehirn war jedoch um ein Drittel kleiner als das des heutigen Menschen, er hatte tiefliegende Schädelknochen, dicke Überaugenwülste, Mund und Gesicht waren vorstehend. Vom Kinn gab es nur eine geringe Spur. Mit anderen Worten: er hatte schon einen menschlichen Körper, aber den Kopf eines Affen, wenn auch menschliche Züge nicht zu übersehen waren. Ein halbes Jahrhundert lang nach dem Fund des Java-Affen-Menschen blieb die Frage wissenschaftlich umstritten, ob der Pekinger Affenmensch nun eigentlich Mensch oder Affe war. Erst das in den letzten zwei Jahrzehnten gefundene reichhaltige Material am Drachenknochenhügel und die Entdeckung der Vielzahl der von ihm hergestellten Steinwerkzeuge und -waffen erbrachte den Beweis, daß auch der sogenannte Peking-Mensch (Homo erectus pekinensis) zur Gattung Mensch zu rechnen sei. Einer der ältesten mit Jagdwaffen jagenden Menschen war gefunden! Wie aber kam es, daß der Affenmensch körperlich dem Menschen ähnelt, sein Kopf aber dem des Affen glich? Der Grund dafür ist, daß sich im langen Entwicklungsprozeß vom Affen zum Menschen die Gliedmaßen früher und schneller differenzieren als der Kopf, daß der Kopf sich erst durch die Arbeit der Hand und nach der Differenzierung von Händen und Füßen rasch entwickelte und diese Entwicklung wiederum die Geschicklichkeit der Hand begünstigte.

Aus den geologischen und topographischen Untersuchungen in der Umgebung des Drachenknochenhügels unweit der heutigen Ortschaft Dschoukoudiän sowie aus den in der Höhle des Peking-Menschen gefundenen Tier- und Pflanzenfossilien läßt sich die damalige Umwelt des Jägers leicht rekonstruieren: Nordwestlich lag welliges Hügelland mit dichten Wäldern, in denen Säbelzahntiger, Elefanten mit geraden(!) Stoßzähnen, Wildschweine, Sikahirsche und Nashörner lebten, südöstlich erstreckte sich weithin Grasland, auf dem sich Sanmen-Pferde, Antilopen und dickknochige Riesenhirsche in großen Herden tummelten. In den umliegenden Höhlen, die dem Jäger vom Drachenknochenhügel ebenfalls als Behausung dienten, gab es Höhlenbären, Hyänen und Dachse, in den Flüssen und Sümpfen fand man Wasserbüffel, Otter und Riesenbiber. Überhaupt schienen die meisten der vorkommenden Tiere die Goliath-Ausgaben heute lebender Arten zu sein. Die natürliche Umgebung lieferte dem Fleischjäger also genügend Nahrung, war aber auch oft genug eine tödliche Gefahr. Wie war es dem Jäger, der selber Jagdbeute war, überhaupt möglich, sich in einer solchen Umgebung zu behaupten? Die Zehntausende hier gefundenen Steinwerkzeuge beweisen, daß er sich im Kampf gegen die Natur bereits einer Vielzahl solcher Werkzeuge auf verschiedene Art herzurichten wußte! Auch wurde das Fleisch des Wildes aller Wahrscheinlichkeit nach nicht roh gegessen, denn in den Höhlen fanden sich bereits eindeutig erkennbare Feuerstellen und Aschehaufen bis zu einer Höhe von sechs Metern.

Im oberen Teil des Drachenknochenhügels wurden später in einer Höhle dann auch Überreste einer viel später lebenden (vor ca. 10.000 Jahren) Höhlenmenschenart gefunden, deren Jagdausübung noch viel weiter entwickelt war, die schon die Kunst des Angelns kannten, Tierknochen als Schmuck trugen und Felle zu Kleidungsstücken zusammennähten. Dieser Jäger entpuppte sich eindeutig als Angehöriger der gelben Urrasse.

Auch über die Zeit, bevor der Jäger vom Drachenknochenhügel durch seine Reviere streifte, weiß man heute zunehmend genau Bescheid. So bildete Sinkiang, im Inneren Asiens gelegen, schon vor 240 Millionen Jahren ein wichtiges Zentrum des Ursprungs und der Ausbreitung einer ganzen Reihe von Wirbeltieren! Eine Expeditionsgruppe des Instituts für Paläanthropologie und die Paläontologie der Wirbeltiere der Chinesischen Akademie der Wissenschaften entdeckte hier südlich und nördlich der Tiänschan-Gebirgskette zahlreiche wertvolle Wirbeltierfossilien, die in den letzten Jahren von Peking aus immer wieder Schlagzeilen in der Weltpresse machten und Aufsehen in der Fachwelt erregten. Die Schichten aus der Trias bei Huangschandjiä am Nordfuße des Tiänschan bezeugten die Existenz von Lurchen und Kriechtieren. Am Nordrand des Dsungarei-Beckens fanden die Wissenschaftler Fossilien der dsungarischen Flugechse Dsungaripterus und eine Vielfalt von Dinosauriern, Krokodilen und Schildkröten. Gefunden wurde hier auch ein fünf Meter hohes Riesennashorn, das vor 32 Millionen Jahren gelebt hatte, außerdem 230 Millionen Jahre alte Reptilien, 240 Millionen Jahre alte Urknochenfische und 100 Millionen Jahre alte Dinosaurier. Im Frühjahr 1973 wurde im Kreis Hödschui in der Provinz Kansu das fossile Skelett eines prähistorischen Elefanten entdeckt, das vier Meter hoch und acht Meter lang war. Das ganze Skelett ist vom Schädel bis zu den Zehen, von der Wirbelsäule bis zu den Gliedern einzigartig erhalten und damit das vollständigst erhaltene Elefantenfossil dieser Art. Es ist heute in China ausgestellt und ging als „Huangho-Stegodon" in die Geschichte ein. Weit größer als die heute lebenden Elefanten lebte der Huangho-Stegodon vor zwei Millionen Jahren. An dieser Fundstelle wurden im Verlauf der weitergehenden Arbeiten dann auch Fossilien anderer Wirbeltiere freigelegt, so von Straußen, Wildkamelen, Wildpferden und Antilopen. Weiter fand man Fossilien des Großen Pandas beiderseits des Yangtsekiang, was beweist, daß der Panda einst in China sehr weit verbreitet war. Der Bambusbär war bereits ein Zeitgenosse des Stegodons.

Chinesische Tiere, die bei uns „heimisch" wurden

Außer einer Reihe von Fasanen und Hühnervögeln, die bei uns heimisch wurden, sei es in freier Wildbahn oder in Gattern oder Volieren bei Liebhabern, gibt es auch noch eine Reihe anderer Tiere, die früher nur in China vorkamen, dann aber auch bei uns eingeführt wurden. Ein allen Tierfreunden wohl bekannter Vogel ist die sogenannte Chinesische Nachtigall, eine Sonnenvogelart aus dem Reich der Mitte, die man heute in fast jeder Zoohandlung einkaufen kann. Weniger beliebt ist der Marderhund, auch Enok genannt, der ohne fremde Hilfe, nachdem man ihn in der Sowjetunion zwecks Pelzgewinnung ausgesetzt hatte, bei uns zuzog und jetzt manche Reviere unsicher macht. Dieses fuchsgroße, hundeartige Raubwild wurde früher vor dem Kriege auch bei uns als „Seefuchs" gehandelt, wie sich vielleicht ältere Leser erinnern werden. Seine eigentliche Heimat ist das nordöstliche China bis Sibirien, Korea und Japan, wohin er gelangte, als es noch eine Landverbindung gab. Wegen seines wertvollen Pelzes setzte man ihn im europäischen Rußland aus, wo er auch bald zur Plage wurde und einen gehörigen Wandertrieb an den Tag legte. Inzwischen gelangte er bereits nach Finnland, Schweden, Norwegen, Ungarn, Polen, ČSSR, Deutschland und bis Holland. Im westlichen Niedersachsen, im Emsland, wurde er schon wenige Jahre nach dem Zweiten Weltkrieg festgestellt. Hierzulande ernährt er sich hauptsächlich von Fröschen, Fischen, Mäusen, Kerbtieren und Wildobst, vergreift sich aber auch an Jungwild, Eiern und vor allem Jungvögeln von Bodenbrütern! Aus diesem Grund wird er vom Jäger verfolgt. Daß er offenbar nicht auszurotten ist, liegt möglicherweise an den ständigen Zuwanderungen aus dem Osten, auch soll er sich hierzulande sehr gut vermehren. Die Kopfstärke der Würfe beträgt in der Regel zehn bis 15 Junge.

Ein anderer unliebsamer Zuwanderer aus dem alten China ist die Ratte in allen ihren Formen. In der Gefolgschaft von Menschen ist sie wahrscheinlich zunächst in den Mittelmeerraum vorgedrungen und dann nach Mitteleuropa, um sogar Amerika und alle übrigen neuentdeckten Kontinente, ja selbst die kleinsten Inseln zu besiedeln. Gegen sie war kein Kraut gewachsen. Die Wanderratte, die heute bei uns im Binnenland häufiger vorkommt, hatte sich den Hunnen und Mongolen bei deren Westwanderungen und Kriegszügen angeschlossen und dabei entdeckt, daß es sich auch in Europa ganz gut leben läßt...

Ein anderer Neubürger unserer Fauna, der ebenfalls aus China stammt, ist die Wollhandkrabbe, den Anglern und Fischern unter den Lesern sicher wohlbekannt. Sie wurde mit Schiffen von Ostasien nach Europa verschleppt. 1912 tauchte sie erstmals in der Aller in Niedersachsen auf. In Weser, Elbe und einigen Nebenflüssen kam es in der Folgezeit zu einer massenhaften Vermehrung. Allein in der Weser wurden noch in den dreißiger Jahren in einem einzigen Jahr 3,5 Millionen Tonnen gefangen. Obwohl die Wollhandkrabben in den Flußmündungen laichen, wandern sie in der Jugend flußaufwärts und haben sogar schon die ČSSR erreicht. Ihr in der letzten Zeit zu beobachtender Rückgang ist auf unsere verschmutzten Flüsse zurückzuführen. Welcher Tierfreund kennt nicht den drolligen Pekinesen, den man auch Peking-Palasthund nennt. Geheimnisvolles Dunkel verhüllt seine Entwicklung bzw. Zucht, jedoch nicht seine Herkunft. Nachdem im Oktober 1860 Engländer und Franzosen in Peking einmarschiert waren, fanden sie im Kaiserlichen Palast fünf Exemplare dieser kleinen Hündchen, die einer

Tante des Kaisers gehört hatten, die kurz zuvor Selbstmord beging. Die Engländer schafften die Tiere nach London, wo bald eine blühende Zucht entstand und 1898 mit Unterstützung des chinesischen Gesandten erstmals der Standard dieser Rasse in Europa aufgestellt wurde. Die erste Nachricht über den Pekinesen finden wir in China zu Beginn unserer Zeitrechnung. Er wird dort als sehr klein, kurzbeinig, mit Haarfülle an Schwanz und Ohren beschrieben. 500 Jahre später rühmen die Chinesen seine Intelligenz, was dann zur Folge hatte, daß Zucht und Haltung ein Vorrecht der Kaiser wurde, die diesen Hund sogar neben sich begraben ließen. Heute ist der kleine Pekinese in Europa eine sehr beliebte Kleinhunderasse. Man rühmt seinen Mut, seine Entschlossenheit gegenüber Fremden, die Anhänglichkeit an den Besitzer und die Tatsache, daß er kein Kläffer ist. Mehrere andere Hunderassen kamen später auch aus Tibet zu uns.

Unseren Feinschmeckern und Geflügelzüchtern ist neben der Mandarinente, die in China wild lebt, auch die Peking-Ente ein Begriff, die zu Beginn des Jahres 1870 in den USA eingeführt wurde. Erst 1877 kam sie nach Deutschland. In China ist die Peking-Ente heute ein wichtiges Wirtschaftsgeflügel, denn alleine in der Umgebung von Peking bestehen über 30 Entenfarmen, in denen alljährlich weit über zwei Millionen Peking-Enten herangezüchtet werden. Auf chinesische Art wird diese Ente geräuchert, geschmort, rotgesimmert, weißgesimmert, gedämpft oder ausgebacken.

Chinesische Fasanen in europäischen Revieren

Schon immer, seit man von diesen Vögeln in Ostasien weiß, hat es Waidmänner und Vogelliebhaber gereizt, einige der in China vorkommenden Arten auch in Mitteleuropa auszusetzen und jagdlich zu nutzen. An Versuchen dieser Art hat es in der Vergangenheit nie gefehlt, doch mußten die meisten scheitern, da die eingeführten Tiere zwar wetterfest waren und sich auch ans mitteleuropäische Klima gewöhnten, doch in anderer Weise nicht mit ihrer neuen Umgebung klarkamen. Oft scheiterte der Versuch auch schon, wenn zu wenig an der Zahl ausgesetzt wurden oder Wilderer dem Jagdherrn das Fasanen-Hobby mißgönnten und bald für das Verschwinden der exotischen Fasanen sorgten. Oft aber hielten sich die Fasanen nicht an die Reviergrenzen, wanderten teils weit ab und teilten sich, was der Vermehrung ebenfalls nicht zugute kam.

Nur der sogenannte Jagdfasan wurde bei uns heimisch, der allerdings heute allgemein keine reinblütige Rasse darstellt. Das Vorkommen des Halsringes weist auf eine Einkreuzung des Chinesischen Ringfasans hin, obwohl unser „heimischer" Fasan vom Kolchischen Fasan, der ringlos ist, abstammt. Der Kolchische Fasan hat sich aber vermutlich auch von Zentralchina bzw. Westchina aus in westlicher Richtung ausgebreitet. Nach Europa kam dieser Kolchische Fasan über Griechenland nach Italien, von dort aus brachten ihn die Römer ins Rheinland. Noch um 800 hielt Kaiser Karl den Fasan zusammen mit Pfauen auf seinen Meierhöfen, wie vielen Lesern bekannt sein wird. Zu dieser Zeit mag der Kolchische Fasan noch reinrassig gewesen sein. Um 1250 wird der auch Edelfasan genannte Jagdfasan in der Gegend von Colmar schon als „gemeiner Vogel" genannt und hundert Jahre später in Urkunden von Hessen und Bayern aufgeführt. Die erste Fasanerie wurde in Deutschland 1460 bei Ingolstadt gegründet und um 1500 wurden in Sachsen gut 200 Fasanen in die freie Wildbahn ausgesetzt. Letztere vermehrten sich schnell und gewöhnten sich bald an die neuen Umweltbedingungen. Aus noch unbekannten Gründen hatten die Jäger den bis vor über 150 Jahren noch reinrassig vorkommenden Kolchischen Fasan mit zahlreichen anderen Arten gekreuzt, so mit dem Mongolischen Ringfasan, dem Chinesischen Ringfasan (kam 1740 erstmals nach England) und einigen anderen, teils auch ringlosen, chinesischen Rassen. Alle diese vermischten sich, so daß in freier Wildbahn bei uns kaum reinrassige Tiere existieren. Dennoch hat sich der Akklimatisierungsversuch mit diesem Edelfasan bestens bewährt, auch wenn heute Fachleute gelegentlich dieses „Fasanenmischwerk" kritisieren, vor allem den weißen Halsring, der es dem Raubwild allzu leicht machen soll. Dazu schreibt man dem Jagdfasan sogar eine besondere Nützlichkeit zu, da er in seinen ersten Lebensmonaten fast ausschließlich von schädlichen Insekten lebt. Akklimatisierungsversuche mit anderen Fasanenarten, die Reisende aus China mitbrachten, waren von weit weniger Erfolg gekrönt, wie man zum Beispiel von den Versuchen mit Silberfasanen und Königsfasanen weiß. Der erste Königsfasan kam 1831 nach Europa, doch stellte sich ein Zuchterfolg erst 30 Jahre später ein. In der Folgezeit überraschten die

Züchter mit guten Zuchtergebnisen, so daß man auch diesen großen Fasan in Europas freie Natur aussetzen wollte. In Deutschland mißlang dies gründlich, während in England noch heute eine Anzahl dieser Vögel in freier Wildbahn vorkommt. Bei ausgesetzten Silberfasanen blieb ebenfalls der gewünschte Erfolg aus, obwohl dies bei diesem Vogel in China unter den unterschiedlichsten Bedingungen klappte. Völlig zum Scheitern verurteilt waren Versuche mit Gold- und Diamantfasanen, die eine leichte Beute des Raubwildes wurden. Möglich, daß man die eine oder andere Fasanenart aus China heute in Mitteleuropa mit Erfolg einbürgern könnte, zumal nicht wenige der Arten im Reich der Mitte unter vergleichbaren Bedingungen leben, doch ginge dies wahrscheinlich zu Lasten unserer übrigen Hühnervögel. So wird der Jäger die meisten der chinesischen Fasanenvögel auch weiterhin den Volierenzüchtern überlassen und sich auf den Kolchischen Edelfasan beschränken. Einen Amherst, Ohrfasan, Silber- oder Goldfasan in freier Wildbahn zu erlegen, dazu wird er sich der Mühe einer Reise nach China unterziehen müssen, was ja jetzt erfreulicherweise wieder möglich geworden ist.

Das Tier in chinesischen Mythen und Märchen

Derjenige, der sich einmal mit der chinesischen Mythologie und der Märchenwelt im Reich der Mitte befaßt hat, weiß wie sehr der Chinese und hier besonders die im Reich der Mitte lebenden nationalen Minderheiten schon seit Jahrtausenden eine enge Verbindung zum Tier hatten. Es gibt zahlreiche Märchen, die sich zum Beispiel mit Beziehungen zwischen Mensch und Tier beschäftigen.

Auf einfache Art wird hier erklärt, warum Affen rote Ringe um die Augen haben und ein nacktes Hinterteil besitzen. So hatte einmal eine junge Chinesin einen Affen geheiratet, den sie aber wieder loswerden wollte. Mit List und Tücke war es ihr dann im Verein mit ihrer Mutter gelungen, den Affenmann abzuschieben, der dann weinend jammerte: „Affenweib, Affenweib, es ist unnatürlich, deine Kinder im Stich zu lassen...!" Hierbei bekamen seine Augen von dem vielen Weinen rote

Ränder — und weil er so lange dort wartend saß, wurde mit der Zeit seine Sitzfläche kahl ... In den chinesischen Märchen ist der Fuchs, ebenso wie bei uns, ein recht unliebsam listiges Wesen, doch gibt es auch ein Märchen, das den Fuchs verständnisvoller behandelt, so die „Geschichte vom Bauern, der mit einem Fuchs Freundschaft schloß". Kraniche treten immer als Symbole für Glück, langes Leben und literarische Eleganz auf und Pfauen als Sinnbild der Schönheit und Würde sowie als Wohltäter der Menschheit. Der Rote Vogel oder Phönix symbolisierte den Süden Chinas und wurde später wie ein Fasan dargestellt. Pferde stellte man als Schutz gegen Dämonen vor die Gräber und Tiger verehrte man in China als Sinnbild des Westens und des Westlichen Paradieses. Der Tiger flößte jedoch auch Furcht ein, da man glaubte, daß die Seele des Menschen, den er verschlungen hatte, sein Sklave wurde und fortan andere Menschen zu töten suchte. Der Ochse, ursprünglich eine Astralgottheit, mußte durch eigenes Verschulden auf der erbärmlichen Erde bleiben und fortan dem chinesischen Bauern beim Pflügen helfen. Der Jäger ist ganz besonders häufig im Zusammenhang mit Tiererzählungen bei den nationalen Minderheiten anzutreffen, immer als guter, rechtschaffener Mann, der ein Herz für alle Tiere und die Schönheiten der Natur hat. So ist von den Tai ein besonders schönes Jägermärchen unter dem Titel „Pfauen-Mädchen-Märchen" bekannt.

Der Yeti

Ich will es in diesem Buch nicht versäumen, auch mit einigen wenigen Sätzen auf den geheimnisvollen Yeti einzugehen, den viele Leser wohl aus Kreuzworträtseln und immer wieder sich wiederholenden Zeitungsberichten kennen. Gesehen hat ihn wohl wirklich noch niemand! Aber schließlich gibt es ernstzunehmende Zeitgenossen, die an ihn glauben, ja, die schon regelrechte Treibjagden auf ihn veranstaltet haben. Manche halten ihn für ein bisher noch nicht identifiziertes Tier, andere wollen in

Oben: Das besonders kapitale Sibirische Reh kommt auch in Nordchina in großer Zahl vor.

Unten: Axishirsche gibt es im tropischen Südchina.

ihm einen Menschen sehen. Der größte Teil der Leser dieses Buches wird wohl nicht an ihn glauben wollen, da fast alle Geschichten über den Yeti sich bald als Seifenblasen entpuppt haben. Die Yeti-Gläubigen werfen ins Gefecht, daß man früher zunächst auch nicht an den Orang-Utan oder den Gorilla glauben wollte. Nun ja, in einem nepalesischen Kloster wird auf jeden Fall schon lange ein angeblicher Skalp des Yeti aufbewahrt, in dem englische Fachleute und Wissenschaftler allerdings ein Ziegenfell erkannt haben wollen. Trotzdem taucht der Yeti oder „Schreckliche Schneemensch", wie man ihn im Himalaja nennt, von Zeit zu Zeit in der Weltpresse auf. Irgendwo habe ich auch gelesen, daß der chinesische Professor Koo Wai-ioo vom Historischen Institut in Peking den Yeti gesehen haben will — und daß es im Himalaja Bauern gibt, die sich einen Yeti als „Hausdiener" halten und ihn Sklavendienste ausführen lassen. Mag sein, daß ich auf dem Holzwege bin, wenn ich nicht so recht an dieses über drei Meter hohe Ungeheuer glauben will, zumal ein holländischer Gelehrter von 1860 bis 1861 unter einer Yeti-Horde gelebt haben will, was er dann auch mit dem Leben bezahlte. Aufzeichnungen über diesen Vorgang befinden sich tatsächlich in holländischen Archiven. Auch Colonel Howard, der Leiter der Mont-Everest-Expedition im Jahre 1921, fand Yeti-Spuren auf einem Gletscher und löste damit damals eine Sensation aus. Die daraufhin einsetzenden Kesseltreiben brachten jedoch allesamt keine Erfolge. Niemand bekam den geheimnisvollen Schneemenschen oder -gorilla zu Gesicht! Etwas geheimnisvoller als das oben genannte Ziegenfell scheint ein Skelett zu sein, das sich in einem weiteren Kloster befindet, wo auch eine Hand des Yeti aufbewahrt wird. Die Wissenschaft konnte in diesen Fällen noch zu keiner endgültigen Diagnose kommen bzw. gab das klobige Skelett ohne Ergebnis wieder ans tibetische Kloster zurück.

Die Mönche und die meisten Einheimischen sind sich aber sicher, daß der Yeti lebt und sein Unwesen in den Tälern und Schluchten dieses unübersichtlichen Gebietes treibt. In Tibet und Nepal gibt es daher auch zahlreiche Beschreibungen, Zeichnungen und sogar Fotos, die ein gorillaähnliches Wesen zeigen, dies allerdings mehr als undeutlich. In der chinesischen Literatur konnte ich keinen Hinweis auf den Yeti finden.

Oben: Trampeltiere bzw. Wildkamele, die Sven Hedin so anschaulich beschrieb, gibt es wildlebend in der chinesischen Provinz Sinkiang. Dort wurde vor einigen Jahren ein Schutzgebiet für diese letzten wilden Kamele der Erde errichtet. Unser Bild zeigt ein Trampeltier im Zoo.

Unten: Der Muntjak, eine kleine und in China weitverbreitete Hirschform.

Wie die Leser der Jagdzeitschriften wissen, hat der Yeti inzwischen auch ein neuweltliches Gegenstück, sozusagen einen Bruder in Amerika, bekommen. Dort soll der „Bigfoot" (Großfuß) in den weiten und einsamen Waldungen entlang der US-Nordwestküste sein Unwesen treiben und bereits gefilmt worden sein. Der ehemalige Tigerjäger Peter Byrne folgte den Spuren des Bigfoot etwa 13 Kilometer entlang eines schneebedeckten Bergrückens gut 20 Kilometer tief in die Wälder und ist sich sicher, einem etwa fünf Zentner schweren Lebewesen gefolgt zu sein ... Dieses Gebiet, das einigen europäischen Waidmännern sicherlich ein Begriff ist, ist menschenarm und hervorragend für jagdliche Zwecke geeignet. Vielleicht findet einmal ein deutscher, österreichischer oder schweizerischer Gastjäger die Fährte, wenn er dort seinen Jagdurlaub macht. Der Jäger Peter Byrne, The Dallas, Oregon, bittet alle Jagdkollegen, ihm die Beobachtungen sofort zu melden ...

Die größte Fasanenvielfalt

Es gibt in China nicht nur mehr Vogelarten als in jedem anderen Land der Erde (allein 1166 Arten, ohne Unterarten), sondern auch die größte Fasanenvielfalt. So manche Art oder Rasse dieses Federwildes hat sich von chinesischem Boden aus bis weit in die Nachbarländer hinein verbreitet oder wurde durch den Menschen in alle Welt verpflanzt, beispielsweise hat der Chinesische Ringfasan (Phasanius colchicus torquatus) oft zur Blutauffrischung des bei uns heimisch gewordenen Jagdfasans beigetragen. Ohnehin ist heute die Wissenschaft der Meinung, daß das Entstehungszentrum der Jagdfasanen mit ziemlicher Sicherheit in Mittelchina gelegen haben muß.

Fasanen- und Vogelvielfalt in China, dem Land, das vom Norden bis zum Süden genauso wie vom Osten bis zum Westen jeweils mehr als 4500 Kilometer mißt, sind aber trotz europäischer Bemühungen bis in die vierziger Jahre und chinesischer Anstrengungen danach noch lange nicht ausreichend erforscht. Alljährlich werden neue Arten oder Unterarten entdeckt, die vorher noch niemand beschrieben hat, erfahren die von früheren westlichen Forschern festgelegten Verbreitungsgrenzen durch die forschenden Chinesen Korrekturen. Kein Wunder also, daß zahlreiche Wissenschaftler, Ornithologen, Tierschützer und nicht zuletzt die Jäger aus aller Welt ein stets waches Auge auf das „Reich der Mitte" richten und alle Vorgänge dort, soweit sie im Westen bekannt werden, aufmerksam verfolgen. Umsomehr wird der Leser es begrüßen, daß hier an dieser Stelle erstmals in einem deutschsprachigen Buch eine vollständige Übersicht der in China heute vorkommenden Fasanenartigen und ein vollständiger Überblick über das Federwild des chinesischen Jägers vorgestellt werden kann.

Den größten Anteil an der Federwildausbeute haben in China zweifelsfrei die mit unserem Colchicus bzw. *Jagdfasan* verwandten Formen, die dort nicht extra eingeführt werden mußten, sondern seit Menschengedenken überall in China, außer in weiten Teilen Tibets und der Inneren Mongolei in Nordchina, verbreitet sind (auch auf der im südchinesischen Meer liegenden großen Insel Hainan gibt es keine Colchicus-Fasanen). Von den 34 aus Asien bekannten Jagdfasan-Rassen leben allein 19 auf chinesischem Territorium!

Der zahlenmäßig und geographisch weitverbreiteste davon ist der in ganz Ost- und Südchina vorkommende *Chinesische Ringfasan* (Phasanius colchicus torquatus), der zu den graubürzeligen Jagdfasanen gehört und über einen nicht ganz geschlossenen weißen Halsring verfügt sowie über starken Purpurschimmer an Hals und Kopf. Er ist der Fasan, der seit dem 19. Jahrhundert immer wieder in Mitteleuropa in den schon seit dem Mittelalter bei uns vorhandenen ringlosen Kaukasusfasan eingekreuzt worden ist. (Diese Entwicklung ist heute ein häufiger Streitpunkt vieler Jagdwissenschaftler.) In den chinesischen Reisanbaugebieten, die dieser lebhafte und scheue Fasan zu seinen beliebtesten Biotopen zählt, ist er verständlicherweise von den chinesischen Bauern nicht gerne gesehen, wird vor Ort deswegen (so gut es geht) auch sehr kurzgehalten, was ihn veranlaßte, verstärkt unberührte Schilf- und Feuchtgebiete aufzusuchen, aber auch mit Wald und Gestrüpp bewachsene Hügel. Im subtropischen Hunan, der Heimat Mao Tsetungs, sah ich diesen farbig wirkenden Vogel mehrfach aber auch in höheren Lagen, jedoch niemals weit entfernt von wasserführenden Flüssen oder dichtem Waldwuchs. Da das Schilf, in dem er sich versteckt, meist bis zu fünf Meter hoch wird, ist eine einigermaßen effiziente Jagd auf ihn durch die chinesischen Jäger meist erst möglich, wenn es im Winter abgeerntet ist. Bekannt ist vom Chinesischen Ringfasan seine große Fruchtbarkeit in den Monaten April, Mai und Juni, die regional zu überstarken Besatzvermehrungen führt. Bei solchen Entwicklungen sind dann die Hähne meist so in der Überzahl, daß sie brütende Hennen stören, Gelege zerstören und sogar ihre eigenen Jungen töten. Auch wurde von chinesischen Jägern festgestellt, daß der Chinesische Ringfasan, der ausgewachsen übrigens eine Länge von 90 Zentimeter hat, in raubtierarmen Gegenden auf dem Boden nächtigt, dort wo Füchse, Marder und andere Raubtiere aber verbreitet sind, nachts stets aufbaumt. Während die Henne des Torquatus weitgehend der Colchicus-Henne gleicht, nur das Braun ihrer Oberseite ist lebhafter rot, kann der Hahn sich als farbenfroh bezeichnen. Sein Oberkopf ist grau-bronze-grün mit darunter verlaufendem breiten rahmweißen Überaugenstreif bis über die metallisch grünblauen Federohren hinaus. Der übrige Kopf und Hals sind bläulich-grün mit starkem Purpurschimmer. Der auffällige weiße Halsring ist an den Seiten breit, nach hinten und vorn zu schmaler werdend und vorn stets unterbrochen. Die Mantelfedern sind bräunlichgelb gesäumt mit blauschwarzer Umrandung. An den Federspitzen findet sich ein blauschwarzer Schaftfleck. Die Schulterfedern sind breit rotbraun umrandet, die kleinen Flügeldecken bläulichgrau. Während die mittleren und großen Flügeldecken im Zentrum grau und an den Seiten rötlich kastanienbraun sind, sind die Hand- und Armschwingen hell erdbraun, weiß-isabellenfarbig gebändert. Der Bürzel und die Oberschwanzdecken zeigen sich hell bläulichgrau mit violettem Schimmer, der mittlere Hinterrücken ist grünlich, die hintere Oberschwanzdecke gelbgrünlich, beiderseits mit großen, lebhaft rostgelben Flecken. Hellolivgelb mit breiten, in der Mitte schwarzen, zu den Seiten hin kastanienbraun übergehenden Querbändern sind die Schwanzfedern. Die zerschlissenen Federsäume sind hell rötlich-violett, Kropf und Vorderbrust zeigen sich feurig rot bis purpurrot, an den Seiten goldig braun umrandet und schmal schwarz gesäumt (Spitze mit länglich dreieckigem schwarzen Schaftfleck). Die Körperseiten sieht man strohgelb, die Unterkörpermitte schwarz. Der Schnabel ist hellgelb, die Iris besonders dunkelbraun, hellgrau sind die Ständer. Die übrigen Rassen des Jagdfasans, die sich in China so unterschiedliche Biotope wie Flachland oder Gebirge bis 3000 Meter Höhe, Urwald, Sumpf, Wüstenoasen oder Kulturlandschaften erobert haben, sind der auch bei uns bekannte Mongolische Fasan (Phasanius colchicus mongolicus) in Nordwestchina, der Satschu-Fasan (Phasanius colchicus satscheuensis) in seiner Nachbarschaft, der Sohokhoto-Fasan (Phasanius colchicus sohokhotensis) in einem kleinen Gebiet nahe der mongolischen Grenze, der Mandschurische Ringfasan (Phasanius colchicus pallasi), der über zehn Prozent des gesamten chinesischen Territoriums im Norden für sich in Anspruch nimmt, der Sungpan-Fasan (Phasanius colchicus süeschanensis) in Zentralchina bis zum Tibetischen Hochplateau.

Weiters der Kweitschou-Fasan (Phasanius colchicus decollatus) in östlicher Nachbarschaft dazu, der Formosa-Ringfasan (Phasanius colchicus formosanus), der nur auf der Insel Taiwan (heutige Republick China) lebt, der Yarkand-Fasan (Phasanius colchicus shawii), der im Westen an der Grenze zur Sowjetunion vorkommt, der Tsaidam-Fasan (Phasanius colchicus vlangalii) nördlich des Marco-Polo-Gebirges, der Alaschan-Fasan (Phasanius colchicus alaschanicus) südlich der Grenze zur Mongolischen Volksrepublik direkt am Gelben Fluß, der Korea-Ringfasan (Phasanius colchicus karpowi) mit einem relativ großen Verbreitungsgebiet rund um das Gelbe Meer bis Korea und bis zur Hauptstadt Peking. Erwähnenswert an diesem letztgenannten Fasan ist, daß er über ein noch breiteres Halsband verfügt als der Chinesische Ringfasan und Mantel- und Flankengefieder mehr goldgelb gefiedert sind. Weitere Jagdfasanen sind der Stone-Fasan (Phasanius colchicus elegans), ohne Halsband, im gesamten gebirgigen Südwesten Chinas bis zu den Grenzen von Indien, Burma und Vietnam, der Tonkin-Ringfasan (Phasanius colchicus takatsukasae) im tropischen Yünnan, der Tarim-Fasan (Phasanius colchicus tarimensis) im wüstenartigen Tarim-Becken, wo übrigens in den letzten Jahren ganz gezielt großangelegte Ansiedlungsmaßnahmen nicht nur mit Fasanen, sondern auch mit Rothirschen, Wildschweinen und Rehen vorgenommen wurden. Nördlich und südlich des Oberlaufs des Gelben Flusses in Zentralchina im Gebiet der alten Seidenstraße lebt der Strauch-Fasan (Phasanius colchicus strauchi) in einem über 1000 Kilometer langen und gut 200 Kilometer breiten Verbreitungsgebiet. Über ein recht kleines Verbreitungsgebiet, das zudem noch sehr lückenhaft ist, verfügt in der Gegend südwestlich der Mongolischen Volksrepublik der Gobi-Ringfasan (Phasanius colchicus edzinensis). Wiederum ein erheblich größeres Gebiet kann der Schansi-Fasan (Phasanius colchicus kianguensis) nördlich und südlich der Großen Mauer und westlich der Hauptstadt Peking für sich in Anspruch nehmen. Der Rothschild-Fasan (Phasanius colchicus rothschildi) kommt nur in einem kleinen Gebiet in Höhen bis zu 3000 Meter an der Grenze zu Vietnam vor.

Aufstellung der in China vorkommenden Colchicus-Fasanen:

1)	Mongolischer Fasan	(Phasanius colchicus mongolicus, BRANDT)
2)	Satschu-Fasan	(Ph. c. satscheuensis, PLESKE)
3)	Sohokhoto-Fasan	(Ph. c. sohokhotensis, BUTURLIN)
4)	Mandschurischer Ringfasan	(Ph. c. pallasi, ROTHSCHILD)
5)	Sungpan-Fasan	(Ph. c. süehschanensis, BIANCHI)
6)	Kweitschou-Fasan	(Ph. c. decollatus, SWINHOE)
7)	Formosa-Ringfasan	(Ph. c. formosanus, ELLIOT)
8)	Yarkand-Fasan	(Ph. c. shawii, ELLIOT)
9)	Tsaidam-Fasan	(Ph. c. vlangalii, PRZEWALSKII)
10)	Alaschan-Fasan	(Ph. c. alaschanicus, ALPHERCHY und BIANCHI)
11)	Korea-Ringfasan	(Ph. c. karpowi, BUTURLIN)
12)	Stone-Fasan	(Ph. c. elegans, ELLIOT)
13)	Tonkin-Ringfasan	(Ph. c. takatsukasae, DELACOUR)
14)	Tarim-Fasan	(Ph. c. tarimensis, PLESKE)
15)	Strauch-Fasan	(Ph. c. strauchi, PRZEWALSKII)
16)	Gobi-Ringfasan	(Ph. c. edzinensis, SUSHKIN)
17)	Schansi-Fasan	(Ph. c. kiangsuensis, BUTURLIN)
18)	Rothschild-Fasan	(Ph. c. rothschildi, LA TOUCHE)
19)	Chinesischer Ringfasan	(Ph. c. torquatus, GMELIN)

Insgesamt gesehen kommen die Colchicus-Rassen des Jagdfasans überall in China vor, außer Tibet und Hainan. Weitgehend colchicus-frei ist auch die chinesische Provinz Innere Mongolei, die im nördlichen Teil für ihre enormen Rothirsch-Bestände dagegen bekannt ist.

In manchen Gebieten Chinas, so in verschiedenen Gebirgen Zentralchinas und rund um das dichtbesiedelte Industrierevier „Rotes Becken" macht der *Goldfasan* (Chrysolophus pictus), der uns ein sehr bekannter und beliebter Volierenvogel ist, dem Jagdfasan den Spitzenplatz streitig. Dieser herrlich farbige Kragenfasan, der schon in älteren lateinischen Gedichten als der berühmte Wundervogel „Phönix" bezeichnet wurde, auch Altmeister Brehm nannte ihn einen „Prachtvogel" in seinem „Illustrirten Thierleben" (noch heute sieht man auch den modernen chinesischen Phönix-Darstellungen durchaus an, daß der Goldfasan Pate gestanden haben könnte), wird regelmäßig bejagt, dies mit Schuß und Falle. Nicht nur sein Fleisch wird zu leckeren Gerichten verarbeitet, auch seine Eier nimmt man mit Genuß. Dabei ist eine Ausrottung jedoch nicht zu befürchten, zumal seine Gelegestärken in Freiheit bis zu 16 Eier betragen und sein angestammtes Verbreitungsgebiet so groß wie das ehemalige Deutsche Reich ist, vom Gelben Fluß im Norden bis zum Perlfluß im Süden. Entgegen der in unserer Fachliteratur gelegentlich verbreiteten Meinung grenzt das Gebiet des Goldfasans direkt an das des mit ihm verwandten Lady-Amherst-Fasans, auch Diamant-Fasan genannt, an. Da H. S. Raethel unter anderem in Grzimeks Tierleben schreibt (wird immer wieder als gültige Meinung nachgedruckt!), daß es zwischen den Verbreitungsgebieten dieser beiden Kragenfasanen einen breiten und hohen Gebirgsgürtel gibt, was von jeher schon immer zu den verschiedensten Spekulationen in der Fachliteratur führte, zumal dann in Freiheit ja wohl keine Vermischungen dieser Fasanen vorkommen dürften, sei an dieser Stelle darauf hingewiesen, daß die Verbreitungsgebiete sich südlich des Yangtsekiangs überschneiden, und zwar im Provinzdreieck Szetchuan/Kweitschou/Yünnan. Erstaunen muß dabei nach Kenntnis der chinesischen Verbreitungsangaben (Prof. Cheng, Peking) auch, daß in unseren Büchern eine Kukunor-Provinz angegeben wird. Gemeint ist damit wohl der Kukunor-See oder Tschinghai-See nördlich des Gelben Flusses beziehungsweise die Provinz Tschinghai. Nördlich dieses großen chinesischen Wasserlaufes aber gibt es vermutlich weder Gold- noch Amherst-Fasan! Auch die übrigen Grenzangaben unserer Verbreitungskarten für diese beiden Fasanen stimmen in keiner Weise mit denen der Chinesen überein. Zutreffend ist lediglich, daß der Goldfasan Biotope bis zu 2500 Meter Höhe belebt, der Amherst-Fasan dagegen noch weit höhere Lagen bevorzugt. Beide aber lieben felsiges Gelände mit dichtem Buschwerk oder Gestrüpp und Bambus. Während der Goldfasan bei den Han-Chinesen, den eigentlichen Chinesen (alle anderen sind nationale Minderheiten), in Zentral- und Südchina als Wildbret sehr geschätzt ist, finden den Amherst die nationalen Minderheiten, die den größten Teil der chinesischen Jägerschaft stellen, sehr schmackhaft. Die Balz beim Goldfasan ist in der Tat ein eindrucksvolles Schauspiel. Mit gesträubter Haube, zur Henne hin gespreiztem Federkragen, der Hals und Schnabel verdeckt, umtanzt der Hahn sie mit hohen Sätzen, wobei er dann urplötzlich wieder herumfährt und das gleiche Schauspiel an der anderen Seite wiederholt. Dabei läßt er dann noch ein scharfes Zischen ertönen und einen metallisch klingenden Doppelruf, der an das Wetzen einer Sense erinnert. In China kann man in den Gegenden, in denen der prächtige Goldfasan vorkommt, während der warmen Frühlingstage in den frühen Morgenstunden diesen Ruf überall von den Bergen her hören. Die eigentliche Brutzeit ist im April und Mai. Die Küken schlüpfen nach 23 Tagen, nach drei Monaten sind sie selbständig. Allerdings erhält der junge Hahn sein Prachtkleid erst zu Ende seines zweiten Lebenjahres. Der *Amherst-Fasan* oder *Diamant-Fasan* (Chrysolophus amherstiae), der wie der Goldfasan, sein Verwandter, felsiges Gelände mit dichtem Buschwerk oder Gestrüpp und Bambus liebt, bevorzugt aber größere Höhen. Insgesamt gesehen spielt sich die Balz ähnlich wie beim beschriebenen Goldfasan ab, jedoch unterscheidet sich der Amherst vom Goldfasan vor allem dadurch, daß seine Federn nicht so hart und verschlissen sind. Auch unterscheiden sie sich farblich, worauf aber hier nicht näher eingegangen werden braucht, da beide Arten aufgrund ihrer vielfachen Volierenhaltung weitgehend bekannt sind. In Freiheit schließen sich die Amherstfasanen während der schneereichen Winter zu Gesellschaften von bis zu 30 oder wenig mehr Exemplaren zusammen. Ist der Schnee in den Bergen sehr hoch, weichen sie in Täler aus. Beide, Amherst- und Goldfasan, sind in China ein begehrtes Wildbret, werden aber auch lebend für die Ziergeflügelhaltung auf den dortigen Märkten gehandelt. Man sieht sie dort in kleinen Bambuskäfigen angeboten, die eckig, rund oder flaschenförmig aussehen.

Der nach unserer Meinung seltenste chinesische Fasan ist der *Weiß-schwanz-Glanzfasan* (Lophophorus sclateri), von dem bisher nur ein einziges Exemplar (1870) in den Westen gelangte, im Londoner Zoo dann aber nicht einmal zwei Jahre überlebte. Von diesem Fasan, der die Phantasie vieler in Westen beflügelte, gibt es hierzulande nicht einmal ein Foto, so daß auch in der Fachliteratur nur mangelhafte Zeichnungen und Gemälde vorgestellt werden können. Meines Wissens ist das in diesem Buch abgebildete Foto das erste im Westen veröffentlichte Lichtbild dieser Art. Auch in China ist man sich dieses etwa 68 Zentimeter lang werdenden Schatzes bewußt, so daß man ihn schon vor Jahren unter staatlichen Schutz stellte. Er darf auch dort nur mit staatlicher Sondergenehmigung zu wissenschaftlichen Zwecken eingefangen oder erlegt werden. Die vorsichtigen Vögel, die stets eine Wache aufstellen, leben in Südost-Tibet bis Yünnan, wo sie Höhenlagen bis zu über 4000(!) Meter und buschbestandenes Gelände oberhalb der Baumgrenzen bevorzugen. Die Chinesen trafen sie bisher nur in sehr kleinen Gesellschaften an, was die Beobachtungen von früheren westlichen Forschern und Jägern bestätigt. Der Hahn dieser Art ist am Oberkopf golden glänzend moosgrün gefärbt. Die Oberkopffedern sind stark gekräuselt. Allerdings fehlt ein Schopf, wie ihn der gelbschwänzige Glanzfasan aufweisen kann. Der

Hinterhals ist grün bronzefarben, kupfern schillernd, der Nacken, Vorderrücken sowie die Schultern und die größeren Armdecken dunkel metallischgrün mit Purpurschimmer. Am Flügelbug leuchten die kleinen Oberflügeldecken grünmetallisch und purpurblau. Der Bürzel und die Oberschwanzdecken sind schneeweiß, die Schwingen schwarz, innerste Armschwingen metallisch grünbläulich glänzend. Die Schwanzfedern sind kastanienfarben und haben breite schneeweiße Spitzen. Die gesamte Unterseite ist schwarz, am Vorhals aber blau schimmernd. Der Schnabel ist orangegelb bis hornfarben, die Iris dunkelbraun, das Auge in einen blauen Ring nackter Haut eingefaßt. Grünlichbraun sind die Ständer und Zehen. Bei der Henne sind Zügel und Kehle weiß, der übrige Kopf und der Nacken braunschwarz, der Rücken dunkelbraun, die Flügel rötlich, der Schwanz schwarz mit weißen Querstreifen. Bürzel und Oberschwanzdecken sind blaßgrau, schmal und unregelmäßig dunkel gebändert. Die Unterseite ist olivbräunlich. Noch ein Geheimnis ist das Aussehen der Küken, ebenso das der Eier, die noch niemand eindeutig identifizierte. Brüten sollen diese interessanten Vögel aber in Höhen unter 3500 Meter im Mai in der Rhododendronzone. Sind die Jungvögel selbständig, ziehen sie mit ihren Eltern in höhergelegene Zonen. Bei Aufregung stößt der Hahn einen sehr rauhen Ton aus, der an einen Pfau erinnert, der Balzruf ist ein schriller Pfiff, der sehr haufig ausgestoßen wird.

Neben diesem seltensten Glanzfasan gibt es in China noch zwei weitere Glanzfasanen. Zuerst wäre da der *Himalaja-Glanzfasan* oder auch Gelbschwänzige Glanzfasan (Lophophorus impejanus) zu nennen, der im südlichen Tibet in Höhen bis zu 4000 Meter lebt. Diese Fasanen werden etwa 70 Zentimeter lang (Hennen: 64 Zentimeter) und bewohnen mit Vorliebe Eichen-, Birken-, Kiefern- und Rhododendronwälder. Wie die übrigen Glanzfasanen sind auch sie sehr wetterhart, verlassen die hohen Lagen also nur bei extrem hohem Schnee, gehen aber fast nie tiefer als 1000 Meter. Obwohl diese Art nicht ganz so selten ist wie die vorgenannte, steht auch sie unter Schutz. Die nach Europa gelegentlich eingeführten Exemplare stammten meist aus Indien. In ihrer Heimat findet man die gelbschwänzigen Glanzfasanen im Winter zu Flügen bis 30 Stück vereint. Ende März bis in den April hinein beginnen die stolzen Hähne mit der Balz, lassen weithin ein schrilles Pfeifen hören und umschreiten die Henne mit zögernden Schritten in immer enger werdenden Kreisen. Das geschieht stets in Seitenstellung, wobei der der Henne zugekehrte Flügel bis zur Erde herabhängt und der Hals lang nach vorne ausgestreckt und der Schnabel gegen die Brust gedrückt wird. Dabei zeigt der aufgerichtete Federschopf zitternde Bewegungen. Nach sich steigender Erregung geht der Hahn bald der Henne gegenüber in Frontalstellung, spreizt den Schwanz fächerförmig und läßt nun beide Flügel bis zum Boden herunterhängen. Den Kopf beugt er sodann bis zum Boden. Diese Prahlstellung läßt die scharf abgegrenzten Farbmuster des prächtigen Gefieders außerordentlich gut zur Geltung kommen.

In dieser Haltung schreitet der Hahn dann sich mehrmals verbeugend vor- und rückwärts, um dann aber bald diese prächtige Schau abzubrechen und sich wieder der Futtersuche zu widmen, wenn es nicht zum Tretakt kommt. Die etwas kleinere Henne legt ihr Nest geschützt unter überhängende Felsen oder unter einem Baumstumpf, manchmal auch unter einem dichten Busch an. Meist scharrt sie dabei nur oberflächlich ein paar Blätter zusammen und brütet dann 27 Tage. Beide Elterntiere beteiligen sich an der Jungenaufzucht. Im Gegensatz zum vorgenannten Weißschwanz-Glanzfasan trägt der Himalaja-Glanzfasan auf dem Oberkopf einen Büschel kahlschäftiger erzgrün schillernder Federn. Seine Schwanzfedern sind zimtfarben, zum Ende hin dunkler werdend, während Bürzel und Hinterrücken weiß sind. Ständer bräunlich grün. An der Hinterseite eines jeden Ständers befindet sich ein Sporn. Der größte Glanzfasan ist der *Chinesische Glanzfasan* oder Grünschwanz-Glanzfasan (Lophophorus lhuysii),der gut 80 Zentimeter lang werden kann und in Zentralchina in Höhen bis zu 6000 Meter oberhalb der Schneegrenze und Baumgrenze dicht beim ewigen Schnee vorkommt. Auch diese Art ist selten und geschützt. Sie kommt vor allem in Tschinghai bis Szetchuan vor. Nach 1938 ist auch von dieser herrlichen Glanzfasanenart kein einziges Exemplar mehr in den Westen gelangt. Auch bei ihm ist der Hinterrücken weiß, die Oberschwanzdecke jedoch purpurblau mit grünem Schimmer. Der Schnabel ist schwärzlich hornfarben, die Ständer sind bleigrau. Wie auch die vorgenannten zwei Glanzfasanen hat er eine braune Iris und einen hellblauen unbefiederten Ring um die Augen. Die Hennen ähneln der Gelbschwanz-Glanzfasanenhenne, sind jedoch wesentlich größer, bis 76 Zentimeter lang. Der Balzruf des Hahnes ist ein zweitöniger Flötenruf, der sehr hoch angesetzt wird und dann langsam wieder abklingt.

Wesentlich zahlreicher in Chinas Revieren sind die *Ohrfasanen*, die in Zentralchina und Ost-Tibet in einigen Gegenden auch jagdlich genutzt werden. Diese wetterharten Fasanen leben bis über die Baumgrenze hinaus ebenso wie auf Bergwiesen, in Wacholder- oder Mischwäldern und in Tälern, wo sie sich gelegentlich durchaus in Gemeinschaft mit anderen Fasanenarten verträglich zeigen. Unterschieden werden der Braune (Crossoptilon mantchuricum), Blaue (Crossoptilon auritum) und der Weiße Ohrfasan (Crossoptilon crossoptilon). Letzterer kommt sogar in fünf Rassen vor, wobei erwähnenswert ist, daß die Verbreitungsgrenzen dieser Rassen von unserer Literatur als weitgehend unbekannt angegeben werden. Da die Chinesen diese aber sehr genau angeben, kann ich sie an dieser Stelle erstmals ebenfalls detailliert anführen. So lebt der Harmann-Ohrfasan (Crossoptilon crossoptilon harmani) im östlichen Tibet östlich der Hauptstadt Lhasa in Gesellschaften von bis zu jeweils über zehn Exemplaren, bevorzugt dort bewaldete Hügel bis hinauf zur Zwergrhododendron-Gestrüpp-Zone bis wenig unter 5000 Meter Höhe. Auch diese Rasse ist im Westen so gut wie unbekannt, da bislang nur ein einziges Paar im Jahre 1937 nach England gelangte, dort aber schnell einging. Die Rasse hat einen samtfarbenen Oberkopf, Kinn, Kehle, ein Teil des Vorderhalses, die Ohrdecken, ein Nackenband und die Bauchgegend sind weiß. Die Oberseite ist aschblaugrau, ein bräunlicher Hauch befindet sich am Hals, Oberrücken und der Brust, während Unterrücken, Bürzel und Oberschwanzdecken hellgrau sind. Die Handschwingen sind schwarzbraun, auf den Außenfahnen blaugrau, die inneren Armschwingen haben einen purpurblauen Glanz. Die Unterseite ist mit Ausnahme des weißgefärbten Bauches blaugrau, der Schwanz metallisch blauschwarz mit grünem und blauem Glanz. Der schneeweiße Mekong-Ohrfasan (Crossoptilon crossoptilon drouynii), der sich gelegentlich mit C. c. harmani vermischt, lebt in größeren Scharen im gesamten Gebiet des Oberlaufs des Yangtsekiang in Südwestchina (Zentralchina), liebt Wacholderwälder, die dort stark vertreten sind. Auch von diesem Fasan ist bei uns so gut wie nichts bekannt, da erst im Jahre 1957 drei Exemplare nach Europa gelangten, die aber nie zur Brut schritten. Die Mekong-Ohrfasanen sind wohl die hellsten weißen Ohrfasanen, verfügen über ein reinweißes Gefieder mit Ausnahme der schwarzen Kopfplatte, des Stoßes und der Innenfahnen der Randschwingen, die braungrau gesprenkelt sind.

In der gleichen Gegend lebt der Kräuselfeder-Ohrfasan (Crossoptilon crossoptilon dolani). Dieser Fasan liebt vor allem ganz besonders die Schluchten und Täler am oberen Yangtsekiang, hält sich oft an unzugänglichen Stellen auf und wurde in Höhen über 4000 Meter beobachtet. Auffallend an dieser Weißen Ohrfasanrasse sind die völlig aufgeschlissenen, drahtartigen und rückwärts gebogenen Kräuselfedern, die die gesamte Oberfläche und die Schwingen bedecken. Diese Federstruktur soll eine Anpassung an das Dornengestrüpp sein, in dem der Vogel sich gerne aufhält. Knapp nördlich davon kommt noch der Lichiang-Ohrfasan (Crossoptilon crossoptilon lichiangense) vor, ebenfalls zu den Weißen Ohrfasanen gehörig und möglicherweise der seltenste der angegebenen Rassen.

Der schon seit Jahrtausenden in der chinesischen Malerei und Dichtkunst verherrlichte *Silberfasan* (Lophura nycthemera) wird in China auch wegen seines besonders wohlschmeckenden Wildbretes gerühmt. Dort wächst er ja auch, nicht wie bei uns in Volieren, in ganz Südchina in acht Rassen in freier Wildbahn auf. Dies in kaum schätzbarer Anzahl. Versuche, auch ihn in unseren Wildbahnen einzubürgern, schlugen allesamt fehl, da er bei uns wegen seiner allzu auffälligen Gefiederfarben sehr schnell eine leichte Beute des Raubwildes wurde. Die einzelnen in Südchina lebenden Rassen sind: Westlicher Silberfasan (Lophura nycthemera occidentalis), Rubin-Minen-Silberfasan (Lophura nycthemera rufipes), Jone-Silberfasan (Lophura nycthemera jonesi), Beaulieu-Silberfasan (Lophura nycthemera beaulieri), Annam-Silberfasan (Lophura nycthemera omeiensis), Eigentlicher Silberfasan (Lophura nycthemera nycthemera), Fukien-Silberfasan (Lophura nycthemera fokiensis) und der nur auf der südchinesischen Insel Hainan vorkommende Hainan-Silberfasan (Lophura nycthemera whiteheadi). Zu den schönsten seiner Art gehört zweifelsfrei der Eigentliche oder Südchinesische Silberfasan, der sich in freier Wildbahn gelegentlich mit den nachbarlichen Rassen vermischt. Einige der Rassen des chinesischen Silberfasans sind übrigens noch nie nach Europa gelangt. Alle Silberfasanen sind Gebirgswaldbewohner in Höhen bis zu 2100 Meter und polygam. Außerhalb Chinas kommen einige Rassen auch in Burma, Thailand und Indochina vor. Silberfasanen sind in ganz Südchina ein häufiges Jagdwild, zumal sie regional unterschiedlich oft in größeren Trupps auftreten.

Wenig jagdliche Bedeutung dagegen haben, schon wegen ihrer geringen geographischen Verbreitung, die *Schwarzfasanen* (Lophura leucomelanas), die sich durch unscheinbare Gefiederfarben auszeichnen und deswegen in Europa und Amerika auch wohl wenige Liebhaber für die Volierenzucht gefunden haben. Sie sind aber nicht selten und uns unter den Namen Nepalfasan (Lophura leucomelana leucomelana) und Schwarzbrustfasan (Lophura leucomelana lathami) bekannt. Ersterer lebt im Grenzgebiet zu Nepal, der Schwarzbrust an der Grenze zu

Burma. Beide halten sich in Höhen von 300 bis 3500 Meter auf und kommen in den Wintermonaten, die hier außerordentlich hart sein können, hinunter in die Täler.

Davon abgesehen, daß in Südchina auch Haushühner vielfach in halbwildem Zustand gehalten werden, ist bei uns kaum bekannt, daß das wilde reinrassige *Bankivahuhn* (Gallus gallus) aus Hinterindien, von dem unserer Haushühner nachgewiesenermaßen abstammen, auch in Südchina weitverbreitet ist. Dies sogar in zwei Rassen bis hin zur südchinesischen Insel Hainan, jedoch nicht nördlich des Perlflusses. Diese Wildhühner, in der Größe mit Zwerghühnern vergleichbar, leben nur paarweise und sind in der Wahl ihrer Biotope nicht sehr anspruchsvoll, d. h.: sie halten sich in trockenen Wäldern genauso auf wie in Sümpfen, Mooren, Brüchen, Buschsteppen oder den südchinesischen Hochgebirgen. In ihren Verbreitungsgebieten sind diese fasanenartigen Hühnervögel nicht selten, werden jagdlich stark genutzt und vermischen sich gelegentlich mit den halbwild gehaltenen Hühnern. Auch nimmt man ihre Nester aus oder fängt sie mit Hilfe von Lockfutter in Fallen.

Wildzerklüftetes, schluchtenreiches und felsiges Berggelände mit hellen Wäldern und Gestrüpp bevorzugen die in China in fünf Rassen verbreiteten *Schopf-Fasanen*, auch Koklas-, Pukras- oder Keilschwanz-Fasanen (Pucrasia) genannt. In Tibet, Südchina und Ostchina bis zum Gelben Fluß in Zentralchina, wo die Rassen Meyer-Schopf-Fasan (Pucrasia macrolopha meyeri), Rothals-Schopf-Fasan (Pucrasia macrolopha ruficollis), Gelbhals-Schopf-Fasan (Pucrasia macrolopha xanthopila), Joret-Schopf-Fasan (Pucrasia macrolopha joretiana) und der Darwin-Schopf-Fasan (Pucrasia macrolopha darwini) leben, ist die Jagd auf diese Fasanen kaum bemerkenswert. In einigen Gegenden werden sie sogar ganzjährig geschont, stehen aber, soweit mir bekannt, nicht unter Staatsschutz, wie dies in China bei vom Aussterben bedrohten Tierarten üblich ist. Insgesamt gesehen dürften sie also relativ häufig sein. Alle Schopf-Fasanen sind mittelgroße Hühnervögel mit 16fedrigem flachen und gestuften, keilförmigen Schwanz, wobei die mittleren Federn etwa doppelt so lang wie die äußeren sind. Die Hähne tragen eine Scheitelhaube. In Freiheit sollen diese Fasanen außerordentlich ungesellig sein und nur paarweise zusammenleben.

In fast unmittelbarer Nähe der großen chinesischen Hauptstadt Peking bis nach Südchina lebt in bewaldeten Gebirgen von Eicheln, Hagebutten und anderen Waldfrüchten der *Königsfasan* (Syrmaticus reevesii) mit seinem bekannt langen Stoß, der über 1,60 Meter messen kann. Dieser fruchtbare Fasan (Gelegestärken bis zu 15 Eier) ist in China nicht selten und in vielen Revieren ein begehrtes Jagdwild. Seine extrem langen Stoßfedern finden in China zahlreiche Verwendungsmöglichkeiten. Marco Polo beschrieb diesen herrlichen Vogel, der heute oft bei uns in Volieren gehalten wird, schon im 13. Jahrhundert mit begeisterten Worten. Jedoch traf das erste Exemplar erst ein halbes Jahrtausend später lebend in Europa ein: 1831 in England. Bedauerlicherweise ist der Hahn dieser wunderbaren Fasanenart gegenüber anderen Hühnervögeln absolut unverträglich, so daß eine Einbürgerung in Europa keinen Erfolg verspricht. Schade, denn es gibt begeisterte Schilderungen packender Naturschauspiele, wenn aufgestörte Königsfasanenhähne in reißend schnellem Flug mit dem langen „Raketenschwanz" zu entfliehen suchen. Auch sind die Königsfasanen äußerst wetterhart und finden selbst in Eis und Schnee noch ausreichend Nahrung. Die drei übrigen sogenannten Bindenschwanzfasanen, die dem Königsfasan nahestehen, sind der Elliot-Fasan (Syrmaticus ellioti) in Südchina mit einem Verbreitungsgebiet so groß wie Deutschland, der Hume- oder Burma-Fasan (Syrmaticus humiae) im äußersten Südwesten an der Grenze zu Burma und der nur auf der Insel Taiwan vorkommende Mikado-Fasan (Syrmaticus mikado). Letzterer soll heute im Gegensatz zu seinen Verwandten auf dem Festland sehr selten sein. Sicherlich eine Folge der einschneidenden Industrialisierung und Chemisierung seiner Heimat, der Republik China.

In Südchina kommen auch die aus Hinterindien bekannten *Pfaufasanen* (Polyplectron) vor, und zwar in den zwei Rassen Burma-Pfaufasan (Polyplectron bicalcaratum bicalcaratum) und auf der Insel Hainan als Hainan-Pfaufasan (Polyplectron bicalcaratum katsumatae). Im Grenzgebiet zu Bhutan kommt den chinesischen Jägern gelegentlich auch der Nord-Spiegelpfau (Polyplectron bicalcaratum bakeri) vor die Flinte. Alle Pfaufasanen sind von zierlicher Gestalt und etwa goldfasanengroß. Sie haben ein unscheinbares graues oder braunes Gefieder, das auf den Flügeldecken und den Schwanzfedern metallisch glänzend geschmückt ist. Die Läufe der Hähne verfügen über bis zu drei Sporen. Es sind echte Urwaldvögel, die zumeist paarweise zusammenleben.

Kaum bekannt bei uns ist, daß auch der *Ährenträger-Pfau*, der Indochinesische Ährenträger-Pfau (Pavo muticus imperator) in Südchina an der Grenze zu Burma, Laos und Vietnam vorkommt. Er ist auf chinesischem Territorium auf einer Fläche von etwa 1000 Kilometer Länge und bis zu 250 Kilometer Breite trotz seiner wohl auffälligen Gestalt sehr häufig, ein begehrtes Jagdwild und wird in vielen Bergdörfern auch halbwild gezüchtet, nicht zuletzt wegen seiner herrlichen Federn, für die man in China zahllose Verwendungsmöglichkeiten gefunden hat.

Weiteres in China stark genutztes Federwild sind in den schluchtenreichen Bergwäldern mit immergrünem Unterwuchs in 1000 bis 3500 Meter Höhe die Hügel- oder Waldrebhühner, deren Lebensweise hierzulande kaum bekannt ist. Dessenungeachtet sind sie in Südwestchina, Südost-Tibet, Südchina, Hainan und Taiwan meist sehr zahlreich. Diese bis zu 390 Gramm schwer werdenden Vögel treten in Gesellschaften von bis zu zehn oder zwölf Exemplaren auf. Bei Gefahr suchen sie ihr Heil in der Flucht zu Fuß. Erst in großer Bedrängnis fliegen sie sehr geschickt durch das Dickicht und baumen an sicherer Stelle in einiger Entfernung dann auf, um sorgsam die Umgebung zu kontrollieren. Nächtliche Schlafplätze sind hohe Äste, auf denen die Gesellschaften eng aneinandergedrängt zusammen sitzen. Insgesamt gibt es von diesem Vogel (Arborophila) zehn Arten. Es sind dies: A. mandellii, A. chloropus, A. rufogularis intermedia, A. atrogularis, A. javanica brumeopectus, A. rufipectus, A. gingica, A. ardens und A. crudigularis.

In fast allen Landesteilen Chinas leben die für den Jäger nicht weniger interessanten Wachteln (Coturnix coturnix). Nur in Nord-Tibet und in der Inneren Mongolei gibt es sie nicht. Wie mit den Colchicus-Fasanen oder auch mit Wildenten werden mit ihnen zahlreiche Wieder- und Neuansiedlungsmaßnahmen durchgeführt. So wurden solche Aktionen aus Zentral- und Nordchina bekannt. Besonders zahlreich und deswegen auch häufiges Jagdwild sind die in den zwei Rassen C. c. coturnix und C. c. japonica vorkommenden Wachteln auch in der Umgebung von Peking (dort soll es übrigens noch zahlreiche nistende Schwarzstörche geben!) und nördlich davon bis zur sowjetischen Grenze und bis Korea sowie im Westen an den Grenzen zur Mongolei und wiederum zur Sowjetunion. Aber auch hier eine Korrektur unserer Literatur: In Grzimeks Tierleben werden Ussuri-Wachtel (C. c. ussuriensis) und Japanischer (C. c. japonica) getrennte Verbreitungsgebiete zugestanden. Diese Trennung vollziehen die Chinesen nicht nach, da sie die von uns mit ussuriensis bezeichnete Wachtel ohne zu differenzieren auch japonica nennen. Was nun richtiger ist, mag ich an dieser Stelle nicht beurteilen. Die über keine jagdliche Bedeutung verfügende Zwergwachtel (Excalfactoria chinensis) kommt nur in Südchina und auf den Inseln Hainan und Taiwan vor. Es handelt sich dabei um eine Art, die bei zahllosen Liebhabern in Deutschland als Käfigvogel ihren Platz gefunden hat und hierzulande in fast jeder Zoohandlung angeboten wird.

Die bis zu 28 Zentimeter lang werdenden Bambushühner sind sehr zahlreich in vier Rassen vertreten, und zwar in ganz Südchina, Zentralchina und auf Taiwan, auf einem Gebiet also, das größer als ganz Mitteleuropa ist. Den größten Teil davon nimmt das Chinesische Bambushuhn (Bambusicola thoracica thoracica) für sich in Anspruch. Alle Bambushühner sind in den Geschlechtern gleichgefärbt und rebhuhngroß. Sie halten sich mit Vorliebe in hügeligem Waldgelände sowie in Bambuswäldern auf. Die Chinesen, die sich an der lauten Stimme dieses Vogels erfreuen, halten Bambushühner oft in Käfigen, in denen diese meist auch sehr zutraulich werden.

Die in ihrer Erscheinung den Rauhfußhühnern ähnlichen Haldenhühner (Lerwa), deren Läufe im oberen Teil befiedert sind (kleine hornige Verlängerungen der Zehentafeln an den Zehenseiten) bewohnen in China die gebirgige Himalaja-Kette bis tief nach Innerchina auf einem Gebiet, das mit der Größe Mitteleuropas vergleichbar ist. Auch über diese heimlichen Hühnervögel ist bei uns kaum etwas bekannt, weswegen auch wohl ihre Verbreitungsgrenzen in wesentlichen Teilen falsch angegeben sind. Sie halten sich mit Vorliebe in Höhen bis zu 5000 Meter auf, sind deswegen auch eine seltene Beute des chinesischen Waidmannes, eher eine des stark verbreiteten Steinadlers oder anderer großer Greife.

So gut wie nichts findet man in unserer Fachliteratur über die auerhuhnähnlichen Tibet-Königshühner (Tetraogallus tibetanus), die in China in den fünf Rassen T. t. tibetanus, T. t. tschimenensis, T. t. aquilonifer, T. t. przewalskii und T. t. henrici auf einem Viertel des chinesischen Territoriums teils recht zahlreich vorkommen und der Stolz vieler chinesischer Jäger sind, zumal die Jagd auf sie in den unwegsamen Hochgebirgen extrem schwierig ist. Ihre Lebensweise unterscheidet sich aber kaum von den Himalaja-Königshühnern (Tetraogallus himalajensis) in Westchina auf dem tibetischen Hochplateau, die zu den stimmfreudigsten Hochgebirgsvögeln gehören.

Alle Königshühner leben in Einehe. Die Henne legt bis zu neun Eier in eine flache Mulde, meist unzugänglich unter überhängenden Felsen,

Oben: In der Provinz Yünnan in Südchina leben in den Urwäldern noch riesige Wildrinder. Unser Bild zeigt das größte Wildrind, einen Gaur.

Unten: Yaks leben in Tibet und einigen benachbarten Gebieten vor allem als nützliche Haustiere mit umfassender Verwendung. Sogar ihr Kot wird genutzt: als Heizmaterial. Wilde Yaks findet man noch in Zentral- und Süd-Tibet.

wobei der Hahn in Nestnähe Wache schiebt. Wie auch unsere Fachliteratur schon weiß, leben sie gerne in der Nähe von Blauschafen, die hier wildlebend vorkommen, wobei sie den Kot dieser Tiere nach Insekten absuchen. In erster Linie aber sind sie Pflanzenfresser, die sich oberhalb der Schneegrenze aufhalten, wobei sie niemals bis zur tieferen Baumgrenze vordringen. Die Balz dieser stolzen aber nicht scheuen (menschenleere Biotope) Vögel ist ein eindrucksvolles Schauspiel, wenn der Hahn das Halsgefieder sträubt und den Stoß so aufrichtet, daß die weißen Unterschwanzdecken sehr deutlich in Erscheinung treten. Das etwas kleinere Tibet-Keilschwanzhuhn (Tetraophasis obscurus obscurus) lebt in Zentralchina und teilt sich in wesentlichen Bereichen sein Verbreitungsgebiet mit dem Tibet-Königshuhn, kommt aber in West- und Zentral-Tibet nicht vor.

In ganz Nord-, West- und Nordostchina kommen die Steinhühner (Alectoris) sehr zahlreich in sieben Rassen vor, und zwar auf fast 50 Prozent des chinesischen Bodens in einem Gebiet, das fast 4500 Kilometer lang und bis zu 2000 Kilometer breit ist. Umsomehr erstaunt es, daß über diese unserem Alpensteinhuhn ähnlichen Vögel in der mir vorliegenden Fachliteratur nichts genannt ist. Deswegen die einzelnen Rassen: Alectoris graeca dzungarica, A. g. falki, A. g. pallida, A. g. pallescens, A. g. potanini, A. g. pubescens und A. g. magna.

Das Chinesische Frankolin (Francolinus pintadeanus), ein rebhuhnähnlicher Vogel, kommt in ganz Südchina bis zur Ostküste und auf der Insel Hainan vor, das Bartrebhuhn (Perdix dauuricae) bzw. Sibirische Bartrebhuhn, das man in Europa nicht kennt (es gab nur wenige Importe), noch zahlreicher im gesamten Norden Chinas, außer in extrem vegetationslosen Wüstengebieten am Rande der Mongolei. Es nimmt in den drei Rassen P. d. dauuricae, P. d. przewalskii und P. d. suschkini über 50 Prozent des chinesischen Territoriums für sich in Anspruch und ist auch ein häufig erlegter Wildvogel. Bei diesem Rebhuhn fallen vor allem die verlängerten Kehlfedern und der sehr große schwarze Brustfleck auf. Neben dem in den Grenzgebieten zur UdSSR nördlich des Tiänschan und südlich des Altai in unwesentlichen Stückzahlen vorkommenden

Oben: Bankivahühner, die Stammform unserer Haushühner, leben in zwei unterschiedlichen Formen in den südchinesichen Provinzen entlang der Grenzen zu Burma bis Vietnam.

Unten: Ein ungewöhnlich schöner Vertreter der beispiellosen chinesichen Fasanenvielfalt: der Blaue Ohrfasan.

Rebhuhn (Perdix perdix) gibt es in den Zwergbuschlandschaften Innerchinas und auf den Yak-Weiden des tibetischen Hochplateaus das Tibet-Rebhuhn (Perdix hodgsoniae) in den drei Rassen P. h. koslowi, P. h. sifanica und P. h. hodgsoniae. Über dieses chinesische Federwild wissen unsere Autoren ebenfalls nichts zu berichten, zumal erst ein einziges Exemplar in den Londoner Zoo gelangte. Dieser auf zirka 20 Prozent des chinesischen Bodens vorkommende Wildvogel ist neben den eingangs geschilderten Äußerlichkeiten durch eine auffallend schwarzweiße Bänderung von Kopf und Brust kenntlich, verfügt über ein rotbraunes Scheitel- und Nackengefieder, weiße Kehle und schwarze Unteraugenflecken.

Genannt werden sollen auch noch die jagdlich ohne große Bedeutung dastehenden Blutfasane, die es in China in elf Rassen gibt. Es handelt sich hierbei um etwa haselhuhngroße Hochgebirgsbewohner, die mit den echten Fasanen wenig gemeinsam haben, eher den Feldhühnern gleichen. Sie halten sich in den Gebirgen bis zu 4500 Meter und höher auf und sind von äußerst bunten Farben (Hähne), die Hennen sind vorwiegend braun. Die einzelnen Rassen der auf etwa 25 Prozent des chinesischen Bodens lebenden Blutfasane sind: Bianchi-Blutfasan (Ithaginis cruentus michaelis), Beick-Blutfasan (I. c. beicki), Beresowski-Blutfasan (I. c. beresowskii), David-Blutfasan (I. c. sinensis), Tibet-Blutfasan (I. c. tibetanus), Assam-Blutfasan (I. c. kuseri), Vernay-Blutfasan (I. c. marionae), Rock-Blutfasan (I. c. rocki), Clarke-Blutfasan (I. c. clarkei), Geoffroy-Blutfasan (I. c. geoffroyi) und Nepal-Blutfasan (I. c. cruentus), der im Westen der bekannteste seiner Art ist.

Die Tragopane oder Hornfasanen haben ebenfalls mit den echten Fasanen nichts gemein, sind eher mit den Stein- oder Feldhühnern verwandt und bevorzugen feuchte Gebirgswälder in Höhen bis zu 4000 Meter auf einem Drittel des chinesischen Gebietes in ganz Südchina und Süd-Tibet. Diese interessanten Vögel sind äußerst ungesellig und leben in Einehe, sind teils sehr selten bzw. bestandsbedroht. Das gilt in besonderem Maße für das West-Satyrhuhn (Tragopan melanocephalus), das nur westlich von Gartok in Tibet vorkommt. Wenig verbreitet ist auch das Rot-Satyrhuhn (T. satyra) östlich davon im Himalaja im Gebiet des Tsangpo. Wesentlich stärker verbreitet ist dagegen das Temminck-Satyrhuhn (T. temminckii) in fast ganz Südchina. Es ist ein besonders häufig erlegter Wildvogel, dessen Bälge auch in größerer Stückzahl nach Mitteleuropa ausgeführt werden! Ferner gibt es in ganz Südostchina das Cabot-Satyrhuhn (T. caboti) und das

Molesworth-Satyrhuhn (T. blythii molesworthi) an der Grenze zu Nordwestburma.

In China kommen bis heute Großtrappe (Otis tarda) und die Zwergtrappe (Otis tetrax) vor, die ebenfalls jagdlich genutzt werden, vor allem die in Nordchina weitverbreitete Otis tarda dybowskii nördlich von Peking bis zur Mongolischen Volksrepublik. In Westchina lebt dazu noch Otis tarda tarda auf einem etwa 1000 Kilometer langen und 100 Kilometer breiten Landstrich.

Auch kommen die Haselhühner in zwei weit voneinander getrennten Gebieten vor, so das Sibirische, Mandschurische und Chinesische Haselhuhn. Das Birkwild (Lyrurus tetrix) gibt es gleich in drei Rassen: L. t. mongolicus in einem fast 2000 Kilometer langen Gebiet an der Westgrenze und das Ussuri-Birkwild (L. t. ussuriensis) in einem noch größeren Raum in Nordchina. Die dritte Rasse, das Baikal-Birkwild (L. t. baikalensis) gibt es in China nur an wenigen Stellen Nordchinas an der Grenze zur Mongolischen Volksrepublik. Ein jagdlich interessanter und gar nicht seltener Vogel Nordostchinas ist der Felsenauerhahn (Tetrao parvirostris parvirostris). Er ist vor allem in der Provinz Heilungkiang anzutreffen.

Entenvögel

Von den in China heute vorkommenden Entenvögel, die einen bedeutenden Platz in der Federwildausbeute des chinesischen Jägers einnehmen, wissen wir hierzulande ebenfalls sehr wenig, obwohl eine Reihe der in China verbreiteten Arten auch in Europa daheim sind.

Während die allbekannte Pekingente eine domestizierte Form darstellt, die von den Chinesen lediglich zwecks Fleischerzeugung aus Wildenten herausgezüchtet worden ist, kommt die uns als Parkvogel hinreichend bekannte Mandarinente (Aix galericulata) freilebend in weiten Teilen des Reiches der Mitte vor, vor allem rund um Peking und in den nördlichen Provinzen Heilungkiang, Kirin und Liaoning. In den Herbstmonaten zieht diese farbenfrohe Ente, die aufgrund vergangener Einbürgerungsversuche in Frankreich und England ebenfalls halbwild lebt, in ihre Überwinterungsgebiete südlich des Yangtsekiang. Auch die

Spießente (Anas acuta) kommt als Brutvogel in China vor, allerdings nur im westlichen Teil der Provinz Sinkiang. Die dortigen Exemplare und die aus der Mongolei sowie aus Sibirien überwintern ebenfalls südlich des Yangtse in ganz Südchina, wo sie hierfür in den Subtropen hervorragende Bedingungen vorfinden. Zahlreich verbreitet und bei den einheimischen Jägern als Federwild hochgeschätzt ist die Krickente (Anas crecca) in Nordchina, ausgenommen in den Wüstengebieten entlang der Grenze zur Mongolischen Volksrepublik, wo sie nicht vorkommt. Die Gluckente (Anas formosa) verfügt in China zwar über keine Brutgebiete, dafür ist sie aber in den Wintern in Süd- und Südostchina sehr häufig. Ähnliches gilt auch für die Sichelente (Anas falcata), die jedoch im gesamten Nordosten als Brutvogel vorkommt und bereits am Gelben Fluß (südlich bis Hainan) als Überwinterer auftritt.

In ganz China, außer großen Teilen Tibets, ist in teils kaum vorstellbarer Anzahl die Stockente (Anas platyrhynchos) regelmäßig zu sehen, vor allem in den wasserreichen Wald-, Berg- und Sumpfgebieten im Großen und Kleinen Hsingan in Heilungkiang, im riesigen Sungari-Sumpfgebiet am Ussuri und Amur, am Tschinghai in Zentralchina, bei Kaschgar, in der Dsungarei und südlich des Altai. Etwa 30 Prozent des chinesischen Territoriums zählt dieser Wasservogel zu seinen Brutrevieren, mindestens weitere 50 Prozent hat er sich zu seinen Winterrevieren erwählt. Sie reichen von Ost-Tibet bis zu den Quellen des Mekong, Gelben Flusses und Yangtsekiang, nördlich bis hinauf zur Großen Mauer, Peking, zur Provinz Schantung, östlich bis ans Gelbe und Südchinesische Meer, Taiwan und bis zur chinesischen Südgrenze. Die Stockente, begehrtes Wasserwild unserer mitteleuropäischen Heimat, wird auch in China stark bejagt, allerdings sind genaue Streckenberichte, wie wir sie kennen, noch nie bekannt geworden. Sie dürften die unsrigen, die alljährlich vom Deutschen Jagdschutz-Verband veröffentlicht werden, weit und vielfach übertreffen. Übrigens sah ich in einigen nordchinesischen Dörfern unweit der Großen Mauer auf Tümpeln und zwischen reinweißen Peking-Enten auch zahme Stockenten sowie Mischlinge, denen man die Stockenten-Ahnen jedoch noch recht gut ansah. Das ist allerdings selten, denn zumeist sind auf den chinesischen Dorfteichen und -tümpeln, auf den die Dörfer durchfließenden Flüssen und Gräben reinweiße oder fast reinweiße Enten und sehr oft auch die inzwischen auch bei uns bekannt gewordenen starken Höckergänse zu sehen, bewacht nicht selten von stockschwingenden kleinen Buben oder Mädchen, gelegentlich selber im trübgelben Wasser auf dem Rücken eines dösenden Wasserbüffels sitzend. In Nord-, Zentral-, Ost- und Südchina ist die von Vorderindien bis Japan beheimatete Fleckenschnabelente (Anas poecilorhyncha) in den Unterarten A. p. zonorhyncha und A. p. haringtoni anzutreffen. Diese in Europa nicht vorkommende Wildform ist vor allem in Nordchina und in den zentralen Gebieten rechts und links des Gelben Flusses sehr zahlreich in der Unterart A. p. zonorhyncha. Die Rasse A. p. haringtoni kann man nur in der Südprovinz Yünnan antreffen. Während letztere Rasse außerhalb Chinas überwintert oder in Yünnan auch Standvogel ist, befinden sich die Winterbiotope von A. p. zonorhyncha am Yangtsekiang und Perlfluß, an der Südostküste, in Yünnan und sogar in Süd-Tibet. Die auch bei uns vorkommende Schnatterente (Anas strepera), die etwas kleiner als die allbekannte Stockente ist, trifft man in Westchina in Sinkiang an, ebenso als Teilzieher am Gelben Fluß und Brutvogel in Nordostchina, bereits wenige Kilometer nördlich der Hauptstadt Peking bis Ussuri und Amur. Nur über ein relativ kleines Brutgebiet im Norden der Provinz Heilungkiang verfügt die Pfeifente (Anas penelope), deren sibirische Exemplare allerdings fast 50 Prozent des chinesischen Bodens südlich des Gelben Flusses als regelmäßiges Winterquartier auserkoren haben. Auch die mongolischen Vögel sind in Zentral- und Südchina anzutreffen, teils bis zu den südchinesischen Inseln Hainan und Taiwan.

Die kleine Knäkente (Anas querquedula) ist ebenfalls in Nordchina zu erlegen, genauso wie die Löffelente (Anas clypeata), beides Arten, die ja auch uns vertraut sind. Während der Wintermonate befinden sich auch diese in Südchina. Die Kolbenente (Netta rufina), die man bei uns ebenfalls schon gelegentlich zwischen den vielen Stockenten auf den Stadtgewässern sieht, ist in China vor allem im Nordwesten anzutreffen, d. h. in Sinkiang, am Tarim und Yarkand, in Kansu, Tschinghai und der westlichen Inneren Mongolei. Nur am Tiänschan westlich von Urumtschi an der Grenze zu Kasachstan ist die Tafelente (Aythya ferina) zu sehen. Im Herbst findet man allerdings zahlreiche sibirische Exemplare am Unter- und Mittellauf des Yangtsekiang und in Fukien sowie auf Taiwan. Bei uns selten geworden ist die Moorente (Aythya nyroca), eine kleine Tauchente mit überwiegend braunem Gefieder, die man nur noch östlich der Elbe häufiger antrifft. Diese Art ist in sumpfartigen Gewässern West- und Nordchinas anzutreffen, nicht gesichert ist allerdings ihr vermutetes Brutgebiet in Tibet. Sie verfügt nur über ein kleines Winterquartier am Tungtingsee in der Provinz

Hunan (Zentralchina) und kommt im Winter auch bei der Millionenstadt Wuhan am Yangtsekiang vor.

Verbreiteter dagegen ist die Schwarzkopf-Moorente (Aythya baeri), vor allem in den gewässerreichen Gebieten Nordostchinas, also in Heilungkiang und Kirin sowie am Tschangbai-Naturschutzpark. Ihre Winterquartiere befinden sich ausschließlich zwischen Yangtsekiang und Hainan. Die Reiherente (Aythya fuligula), die im Winter gelegentlich auch in unseren Großstädten in Scharen auftritt, brütet in Nordostchina in der Nachbarschaft von Mönchskranich, Mandschurenkranich, Weißnackenkranich und Nonnenkranich. Als Teilzieher taucht sie aber fast überall in China auf (außer Tibet), überwintert südlich des Yangtsekiang sowie auf Taiwan. Die Bergente (Aythya marila), die im Winter gelegentlich auch an unseren norddeutschen Küsten auftaucht, einigen Lesern sicherlich auch von Skandinavien her bekannt ist, älteren Lesern von den ehemaligen deutschen Ostgebieten, kommt im nördlichen Kleinen und Großen Hsingan-Gebirge sowie im Tschangbai als Teilzieher vor, in Südostchina als Überwinterer. Oberflächlich betrachtet kann man sie wohl mit der Reiherente verwechseln. Die Weibchen sind aber schnell durch ihren leuchtend weißen Fleck rund um die Schnabelwurzel anzusprechen, die Erpel aufgrund ihres silbergrauen Rückens. Und natürlich fehlt allen Bergenten der hinten herunterhängende Federschopf der Reiherenten. Während die Weißbauch-Zwerggans (Nettapus coromandelianus) in ganz Südchina als Teilzieher, Standvogel und Brutvogel vorkommt, findet man dort die Glanzente (Sarkidiornis melanotos) nur gelegentlich. Scheckente (Polysticta stelleri) und Trauerente (Melanitta nigra) treten in nicht nennenswerten Beständen vor allem in Nordchina auf. Die Samtente (Melanitta fusca) findet man in der Unterart M. f. stejnegeri nur an der chinesischen Ostküste als Überwinterer. Südchina meidet dieser Vogel ganz. Nur Wintergäste sind auch die Kragenente (Histrionicus histrionicus pacificus) und die Eisente (Clangula hyemalis), letztere vor allem am Yangtsekiang und Gelben Fluß. Im Ilkurischan-Gebirge südlich des Amur ist die Schellente (Bucephala clangula) Brutvogel, die dort vor allem an heimlichen Waldseen ihre Jungen aufzieht. Als Überwinterer und Teilzieher findet man sie fast in ganz China, ausgenommen im südlichsten Teil, also nicht in den subtropischen Gebieten. Die Weißkopfruderente (Oxyura leucocephala) ist nur, sehr selten zudem, in Nordwestchina anzutreffen, der Zwergsäger (Mergus albellus) dagegen als Überwinterer an fast allen großen Flußläufen in ganz China. Als

Brutvogel ist dieser Vogel aber nur nordwestlich des Großen Hsingan an der Grenze zur Mongolei am in den Amur fließenden Argun anzutreffen (Provinz Heilungkiang). Die gesamte Provinz Heilungkiang hat der Schuppensäger (Mergus squamatus) als Brutheimat. Er überwintert in Zentralchina zwischen Yangtse und Gelbem Fluß sowie vor der Südostküste. Während der Mittelsäger (Mergus serrator) nur am Amur als Brutvogel heimisch ist, in Südostchina überwintert, ist der Gänsesäger (Mergus merganser) in weiten Teilen Westchinas und Nordchinas als Brutvogel bekannt. Im Westen ist es die Nominatform, im Nordosten die Unterart M. m. comatus. In den Wintermonaten trifft man diesen Wasservogel in China überall südlich des Gelben Flusses an.

Ringelgans (Branta bernicla orientalis) und Rothalsgans (Branta ruficollis) sind seltener anzutreffen, dagegen ist die Schwanengans (Anser cygnoides) in Nordchina als Brutvogel und in Südchina als Überwinterer recht häufig. Das gilt auch für die Saatgans (Anser fabilis), die vor allem als Wintergast in den vier Unterarten A. f. rossicus, A. f. serrirostris, A. f. johanseni und A. f. sibiricus auftritt. Neben Bläßgans (Anser albifrons) und Zwergbläßgans (Anser erythropus) trifft man im gesamten Norden Chinas vor allem die Graugans (Anser anser) an, die im Winter in großen Scharen südlich der Yangtse-Linie überwintert. West- und Nordwestchina sind die Brutheimat der Streifengans (Anser indicus). Sie tritt, aus Zoos entkommen, bereits verwildert in Süddeutschland auf! Gelegentlich tauchen in Nordchina auch Schneegänse (Anser caerulescens) als Wintergäste auf. Ebenso kommt der Singschwan (Cygnus cygnus) in Nordchina verbreitet als Brutvogel vor, der Höckerschwan (Cygnus olor) als Brutvogel vor allem in West-, Nordwest- und Zentralchina bis zum Tschinghai und Gelbem Fluß. Die Wintergebiete beider Arten befinden sich in der Hauptsache zwischen Yangtsekiang und Gelbem Fluß sowie am Perlfluß und auf Taiwan sowie in Fukien.

Südchina ist die Brutheimat der Javapfeifgans (Dendrocygna javanica), die in Yünnan und Kwangsi, also im südlichsten China, auch Standvogel ist. Geographisch weit verbreitet ist die Rostgans (Tadorna ferruginea) auf mehr als 60 Prozent des chinesischen Territoriums, hauptsächlich in den westlichen Teilen. Im Winter fliegt sie an die Ostküste und nach Südchina. Die Nilgans (Alopochen aegyptiaca) taucht gelegentlich auch in China auf, allerdings seltener. Häufig dagegen ist in Nordchina, der Inneren Mongolei und in West-Sinkiang dagegen die Brandgans (Tadorna tadorna) als Brutvogel. Am Yangtsekiang und Perlfluß sieht man sie im Winter.

Erwähnt werden soll abschließend zu diesem Kapitel noch, daß vor allem die Graugans, Rostgans, Schwanengans, die Bläßgänse sowie Sing- und Höckerschwan häufige Jagdbeute chinesischer Jäger sind, daß man in einigen Gegenden Chinas für die Zubereitung besonderer Leckerbissen auch deren Eier einsammelt. Gejagt wird mit der Flinte auf Enten und Gänse ebenso wie mit Falle, Lockvögeln und dem Falken. In einigen neubewässerten ehemaligen Wüstengebieten Zentralchinas haben Jäger und Bauern in den vergangenen Jahren mehrere Enten- und Gänsearten als Jagdwild einzubürgern versucht. Es wurde aber auch bekannt, daß solche neubewässerten Gebiete, so in der Provinz Tschinghai, ohne menschliche Hilfe neu von diesen Wasservögeln besiedelt wurden.

Reiherbeize

Während bei uns in Mitteleuropa sogar der Graureiher (Ardea cinera) in vielen Gegenden als vom Aussterben bedroht gilt, mancherorts inzwischen auch gänzlich verschwunden ist, ist er in China aufgrund seiner noch hohen Bestandszahlen ein Vielverfolgter, der sich vor allem in weiten Teilen Sinkiangs, der Inneren Mongolei, Kansus, Ningsias und Nordchinas vor dem Falkner mit seinem Beizvogel in acht nehmen muß. An den Fischgewässern im mittleren China, am Unterlauf von Yangtsekiang, Gelbem Fluß und in Südchina wird ihm auch mit der Falle nachgestellt oder er wird mit dem Gewehr heruntergeholt, um so allzu große Schäden in den Fischzuchten zu verhindern. Nur in Tibet kommt der Graureiher nicht vor, sonst ist er den Chinesen überall im Lande ein sehr vertrauter Vogel, wobei zu erwähnen ist, daß die Nominatform A. c. cinera auf Sinkiang begrenzt bleibt, im gesamten übrigen China die Unterart A. c. rectirostris diesen fast storchengroßen Vogel vertritt. Weite Verbreitung hat auch der in Mitteleuropa von jeher seltene Purpurreiher (Ardea purpurea) in der Rasse A. p. manilensis, vor allem im mittleren China bis zur Ostküste. Ihn gibt es aber auch im hohen Norden und im Süden, wo bereits seine Überwinterungsgebiete liegen, so bei Hongkong, auf Hainan und Taiwan. In etwa deckungsgleich mit dem Verbreitungsgebiet des Purpurreihers sind die von Mangrovenreiher (Butorides striatus) und Bacchusreiher (Ardeola bacchus).

Während es den A. bacchus nur in der Nominatform gibt, seine Überwinterungsgebiete in ganz Südchina liegen, existiert der Mangrovenreiher in drei Unterarten. So ist der Amur-Mangrovenreiher (B. s. amurensis) im Norden heimisch, der B. s. connectens im mittleren Teil Chinas und B. s. javanicus auf den Inseln Taiwan und Hainan. Die Kuhreiher (Bubulcus ibis) sind nördlich des Gelben Flusses, wo sie früher vorkamen, heute ausgestorben, links und rechts des Yangtsekiang und in Südchina aber noch zahlreich zu finden. Auch ihre Überwinterungsgebiete beginnen bereits in Südchina südlich des Nördlichen Wendekreises. Der Silberreiher (Casmerodius albus) lebt in Nordwestchina in der Nominatform C. a. albus und im Nordosten als C. a. modesta. Die Flüge der mongolischen und russischen Exemplare führen durch das zentrale China, meist mit längerer Station am Tschinghai bis nach Südchina, wo auch die Überwinterungsplätze der chinesischen Silberreiher sind. Ungewöhnlich ist, daß die Unterart C. a. modesta in Kwangsi und im Provinzdreieck Fukien/ Kiangis/Tschekiang über zwei isolierte Brutvorkommen verfügt, die geographisch auch nicht mit den Überwinterungsgebieten in Verbindung stehen. Der Seidenreiher (Egretta garzetta) lebt ebenfalls in Südchina, genauso der Schneereiher (Egretta eulophotes), der ursprünglich auch in Teilen Nordchinas vorkam. Letzterer ist in Südchina jedoch nur in küstennahen Gebieten und auf der südchinesischen Insel Hainan zu sehen.

Uns ebenfalls unbekannt ist der Riffreiher, ein typischer Tropenvogel mit dem wissenschaftlichen Namen Egretta sacra sacra. Man trifft ihn deswegen auch nur in den südlichsten Teilen Chinas und auf den vorgelagerten Inseln an. Geographisch weiter verbreitet sind dagegen wiederum der Mittel- oder Edelreiher (Egretta intermedia), der in Südchina neben der Nominatform E. i. intermedia (Yünnan) vor allem als Unterart E. i. palleuca bis wenig nördlich des Yangtsekiang vorkommt, und vor allem der Nachtreiher (Nycticorax nycticorax), der 50 Prozent des chinesischen Territoriums für sich in Anspruch nimmt. Weitere in China vorkommende Reiher sind der Rotscheitelreiher (Gorsachius magnificus), den man auch den Chinesischen Nachtreiher nennt und der Wellenreiher (Gorsachius melanolophus melanolophus). Während die Zwergdommel (Ixobrychus minutus) nur im Südwesten gelegentlich festzustellen ist, lebt die Chinesendommel (Ixobrychus sinensis sinensis) auf 40 Prozent des chinesischen Bodens im gesamten Osten, Süden und Nordosten. Auch ihre Überwinterungsgebiete beginnen bereits im südchinesischen Fukien. Fast das gleiche Verbreitungsgebiet kann die Mandschurendommel (Ixobrychus eurhythmus) ihr eigen nennen, ebenso die Zimtdommel (Ixobrychus cinnamomeus), die es allerdings nördlich von Liaoning dann nicht mehr gibt. In weiten Teilen Südchinas kommt auch die Schwarzdommel (Dupetor flavicollis) vor, und zwar in der Unterart D. f. major. Die Nominatform D. f. flavicollis ist nur auf der Insel Taiwan, der heutigen Republik China, anzutreffen. Die auch bei uns bekannte, jedoch seltene, Rohrdommel (Botaurus stellaris) lebt in einem kleinen Teil Sinkiang und in ganz Nordostchina bis Peking. Ihre Wintergebiete befinden sich links und rechts des Yangtsekiang und in Yünnan sowie Fukien und Kwangtung.

Kraniche — in China Symbole ewigen Lebens

Der Kranich ist seit Jahrtausenden schon im alten und neuen Reich der Mitte der volkstümlichste Vogel, Symbol für Glück und für ein ewig währendes Leben, weswegen er, wie der China-Besucher auch heute noch in der einstmals „Verbotenen Stadt“ sehen kann, in mehreren kunstvoll gestalteten Exemplaren den chinesischen Kaiserthron umrahmt. Das gilt in besonderem Maße für den Rotkronenkranich oder Mandschurenkranich (Grus japonensis). Gerade über diese Art gibt es im alten China zahlreiche bis heute überlieferte Sagen und Märchen, Dichter und Maler widmeten ihm ihre größten und bekanntesten Werke. Kein chinesischer Jäger würde je seinen Flintenlauf gegen einen Mandschurenkranich richten. Bis heute genießt dieser Vogel große Verehrung im ganzen chinesischen Volke und auf vielfältigen Darstellungen ist sein Abbild zu finden. Sie reichen von Abbildungen auf Streichholzschachteln über Taschentücher, Flecht- und Tonarbeiten, traditionelle Rollengemälde, Teetassen und -kannen, ja, sogar auf chinesischen Briefmarken und zahlreichen Kunstpostkarten neueren Datums kann man sein Konterfei finden. Und jeder chinesische Zoo setzt seinen ganzen Stolz darauf, gleich mehrere Exemplare dieses außerhalb Chinas so selten gewordenen Kranichs vorzuzeigen und vor allem auf Nachzuchterfolge hinzuweisen. Das gilt besonders für die beiden Zoos in Peking und Schanghai, in denen die Mandschurenkraniche wohl über die schönsten Freianlagen verfügen. In Freiheit lebt der Mandschurenkranich in China von jeher nur im äußersten Nordwesten des Ussuri-Amur-Gebietes bis weit in die Provinz Heilungkiang hinein. Seine Überwinterungsgebiete befinden sich in der Provinz Liaoning und im Yangtse-Mündungsgebiet. Die östliche Unterart unseres Graukranichs (Grus grus lilfordi) kommt in China als Brutvogel nur in einem kleinen Gebiet in Sinkiang vor, überwintert aber (sibirische Exemplare) in ganz Südchina.

Der Schwarzhalskranich (Grus nigricollis) lebt als Brutvogel in Zentralchina bis Tibet, Sinkiang, Kansu und Szetchuan, überwintert in Süd-Tibet und Süd-Yünnan. Der Mönchskranich (Grus monacha), der im Yangtse-Mündungsgebiet überwintert, kommt als Brutvogel in West-Heilungkiang und am Ussuri/Amur vor, genauso der Weißnackenkranich (Grus vipio), den es allerdings im östlichen Heilungkiang nicht gibt. Fast auf 50 Prozent des Territoriums der Provinz Heilungkiang kommt der ebenfalls an der Yangtse-Mündung überwinternde Nonnenkranich (Grus leucogeranus) vor. Sarus-Kranich (Grus antigone) und Jungfernkranich (Anthropoides virgo) kommen in China als Überwinterer vor. Eine Jagd auf Kraniche findet, soweit bekannt, heute nicht mehr statt.

Watvögel

Da die Jagd auf verschiedene Arten Watvögel im heutigen China eine nicht unwesentliche Rolle spielt, soll an dieser Stelle ebenfalls darauf eingegangen werden. Auch das rund 4500 Kilometer lange und breite riesige China ist zwar nicht frei von „modernen Entwicklungen" in Landwirtschaft und Industrie, die dazu beitragen können, daß die Lebensgebiete der Feuchtigkeitsbewohner eingeengt werden, doch geht man (noch) im Reich der Mitte behutsamer als im platzarmen Europa vor. Das beweist meiner Meinung nach die Ausweisung von Schutzgebieten in der Größe von mehreren tausend Quadratkilometern, beispielsweise das Tschangbai-Schutzgebiet in Nordostchina oder Schutzbemühungen an zahlreichen anderen Stellen in den Quellgebieten der großen Flüsse, in den Feuchtgebieten Nord- und Ost-Heilungkiangs nahe Ussuri und Amur, in Zentral- und Südchina sowie in den Wasserreservoiren der Wüsten und Halbwüsten. Den Chinesen ist hier aufgrund der Tatsache, daß es im Reich der Mitte heute noch zahlreiche sonst nirgendwo außerhalb der Grenzen Chinas vorkommende Arten gibt, von der Natur auch eine große Aufgabe übertragen worden. Und je mehr der Beobachter einen Einblick in die dortige, uns noch weitgehend unbekannte Tierwelt, gewinnt, bekommt er den Eindruck, daß sie diese Verpflichtung auch weitgehend eingehen. Ich denke hierbei auch an die Bewässerung von Wüsten- und Steppengebieten bzw. Neuanlage von Feuchtgebieten, die besonders den Watvögeln zugute kommen. Die Vielfalt der chinesischen Watvogelwelt wird deswegen auch wohl manchen Leser überraschen.

Neben dem in einigen Teilen Südchinas auf tropischen stehenden Gewässern vorkommenden Hindublatthühnchen (Metopidius indicus) ist der Wasserfasan (Hydrophasanius chirurgus), der seinen Namen dem langen und fasanenartigen Stoß verdankt, als charakteristischer zu den Blatthühnchen zählender Vogel zu nennen. Wie bei den übrigen Blatthühnchen bebrütet auch hier das Männchen die olivgrünen Eier und betreut noch eine gewisse Zeit die Jungen. In den Feuchtbiotopen an den Flußläufen in Yünnan, entlang des Yangtsekiang, des Perlflusses, auf Hainan und Taiwan ist dieser im Brutkleid fast bronzebraune schöne Vogel nicht selten, an einigen Stellen des Gelben Flusses (Unterlauf) bis in die Nähe von Peking gibt es ihn aber nur gelegentlich. Geographisch weiter verbreitet ist die Goldschnepfe (Rostratula benghalensis), und zwar vom äußersten Süden und den Inseln Hainan und Taiwan bis Yünnan, zum Gelben Fluß hin und nördlich bis zur Provinz Kirin an der koreanischen Grenze. Dieser bunte Watvogel mit den auffallend gelblichen Längsstreifen über den Augen am Scheitel und auf der Schulter, ist vor allem südlich des großen Yangtsekiangflusses anzutreffen, aber auch auf den der Küste vorgelagerten Inseln, bei Tientsin, Peking, Schanghai und in unmittelbarer Nähe der koreanischen Grenze. Die auch uns Norddeutschen sehr vertrauten etwa 43 Zentimeter großen Austernfischer gibt es in China eigentlich „nur“ an der Nordostküste bis hinauf zum Ussuri. Wenn ich schreibe „nur“, ist das natürlich relativ, denn es handelt sich um ein Verbreitungsgebiet von knapp 1500 Kilometer Länge bis zu 600 Kilometer Breite, das dieser Vogel auf chinesischem Boden für sich beansprucht. Bei dem chinesischen Austernfischer handelt es sich um die Unterart Haematopus ostralegus osculans.

Auf den nassen Viehweiden, Wiesen, Mooren und verlandeten Seen lebt in teils unvorstellbaren Massen der Kiebitz (Vanellus vanellus). Er kommt in ganz China vor, das heißt, im Norden ist er Sommervogel, im Winter hält er sich in Südchina auf. In einigen Gegenden am Unterlauf des Yangtsekiang nahe Schanghai ist er Standvogel. Seltsamerweise überwintert er wohl auf Taiwan, nicht aber auf der Insel Hainan im südchinesischen Meer. Während der Bachkiebitz (Vanellus duvaucellii) nur auf Hainan und in den südlichen Teilen von Yünnan und Kwangsi lebt, ebenso der Rotlappenkiebitz (Vanellus indicus atronuchalis), ist der Graukopfkiebitz (Vanellus cinereus) fast in ganz Nordostchina, südlich bis Peking, westlich bis zur Inneren Mongolei anzutreffen. Am Unterlauf des Yangtsekiang befindet sich inselartig sogar ein Gebiet, in dem er Jahresvogel ist, zusammen mit Vanellus vanellus. Seine Wintergebiete befinden sich in Südchina südlich des Perlflusses und zu geringem Teil auch auf Taiwan. Der im Winter auch an unseren Küsten auftretende Kiebitzregenpfeifer (Pluvialis aquatarola) tritt auch in China nur als Wintergast auf, vor allem im Süden zwischen Yangtsekiang und Perlfluß und bis zu den Inseln Taiwan und Hainan. Gleiches gilt für den Wanderregenpfeifer (Pluvialis dominica fulva), dessen Überwinterungsgebiete noch weiter südlicher in den Grenzgebieten zu den südostasiatischen Nachbarstaaten liegen. Der Sandregenpfeifer (Charadrius hiaticula), auch an der norddeutschen Küste vorkommend, tritt in ganz Nord-, Mittel-, Süd- und Ostchina auf, in Südchina als Wintergast. Die in China lebende Rasse ist Charadrius hiacicula placidus. Der Flußregenpfeifer (Charadrius dubius) kommt in China in den Unterarten C. d. curonicus und C. d. jerdoni vor. Das größte Verbreitungsgebiet, und zwar ganz China, beansprucht die Rasse curonicus für sich, wobei die Überwinterungsgebiete in Südostchina liegen bzw. bis Hainan und Taiwan. Die Unterart jerdoni kommt nur in Yünnan und Süd-Szetchuan vor. Noch unerforscht sind die vermuteten Vorkommen von C. d. curonicus in Tibet. Der an Salzwasser gebundene Seeregenpfeifer (Charadrius alexandrinus) ist in der Nominatform C. a. alexandrinus vor allem an den salzhaltigen Gewässern in Sinkiang, Kansu bis zum Tschinghai sowie am Quellgebiet des Gelben Flusses, wo die Watvogelwelt besonders vielfältig ist (und teils noch unerforscht bzw. unberührt), zu finden. Seine Winter-Biotope befinden sich vor allem am Oberlauf des Yangtsekiang. Im Osten Chinas, vor allem an den Salzgewinnungsfeldern östlich von Peking bei Tientsin und nördlich davon in der Provinz Liaoning, bis zur südchinesischen Insel Hainan kommt die

Rasse C. a. dealbatus vor. Nur auf Taiwan und an wenigen Punkten in der gegenüberliegenden Küstenprovinz Fukien finden wir die Rasse C. a. nihonensis. Den Mongolenregenpfeifer (Charadrius mongolus) können die Chinesen in der Nominatform und in vier weiteren Rassen aufweisen. C. m. mongolus tritt vor allem als Zugvogel im Norden und Osten bis Hainan auf, die Rasse C. m. stegmani nur auf Taiwan und den umliegenden kleinen Inseln. Gering ist das Vorkommen von C. m. strifrons in Tibet südlich von Lhasa gegenüber Bhutan, ebenso das von C. m. parinensis am Yarkand gegenüber Afghanistan und der Sowjetunion. Zahlenmäßig wesentlich stärker vertreten ist C. m. schaferi in Tibet, Tschinghai und Süd-Sinkiang, vor allem im Gebiet des Tschinghai und des Hwangho-Quellgebietes (Gelber Fluß). Nördlicher davon ist der Wüstenregenpfeifer (Charadrius leschenaultii) Brutvogel, und zwar in den Provinzen Sinkiang, Kansu, Ningsia und im Westen der Inneren Mongolei. Als Wintergast tritt er nur auf Taiwan auf. Der Wermutregenpfeifer (Charadrius asiaticus) tritt in ganz Nordwest-, Nord- und Ostchina auf, im Westen in der Nominatform C. a. asiaticus und im Osten als C. a. veredus, den Mornellregenpfeifer (Charadrius morinellus) gibt es sehr selten an nur wenigen gebirgigen Stellen südlich der Mongolei in Sinkiang.

Während der Eskimobrachvogel (Numenius borealis minutus) einer der seltensten Gäste in China ist (man hielt ihn gelegentlich für völlig ausgestorben), tritt der Regenbrachvogel, der auch im Norden Europas zu Hause ist, in der Nominatform Numenius phaeopus phaeopus und als Unterart N. p. variegatus vor allem als Zugvogel auf. Der Große Brachvogel lebt in der Rasse Numenius arquata orientalis am Amur in Nordwest-Heilungkiang. Die Wintergebiete des Großen Brachvogels aus diesem Gebiet sowie die seiner Vettern aus Sibirien befinden sich südlich des Yangtsekiang bis Hainan und Taiwan. Der Große Brachvogel wird in Nordchina sehr häufig bejagt. Er ist dort ja auch nicht selten, sondern im Übermaß vorhanden. Nur als Durchzügler tritt dagegen der Isabellbrachvogel (Numenius madagascariensis) auf! Gelegentlich überwintert er aber auch auf Taiwan. Andere Überwinterungsgebiete auf dem Festland sind nicht bekannt, werden aber vermutet. Auch die Pfuhlschnepfe (Liomosa lapponica novaezealandiae) kennen die Chinesen nur als Durchzügler. In einigen südlichen Gebieten, so in Fukien, Hainan und Taiwan bleibt sie über den Winter. Die Uferschnepfe (Limosa limosa) dagegen gibt es in einigen nördlichen Teilen Chinas auch als Brutvogel.

Der Dunkle Wasserläufer (Tringa erythropus) tritt nur westlich der Dsungarei in Sinkiang als Brutvogel auf, wo auch der Lilfordkranich brütet. Seine Überwinterungsgebiete befinden sich ebenfalls in Südchina, ebenso die der aus Sibirien kommenden Exemplare. Rotschenkel (Tringa totanus) sind auf 50 Prozent des chinesischen Landes verbreitet, und zwar vorrangig in West- und Nordchina, wobei sich die Überwinterungsgebiete bereits in Südchina befinden — südlich des Yangtsekiang. Nur an einer Stelle in der Größe von etwa 300 mal 200 Kilometer im westlichen Heilungkiang gegenüber der mongolischen Grenze tritt der Teichwasserläufer (Tringa stagnatilis) als Brutvogel auf. Im übrigen China ist er nicht bekannt, allenfalls als gelegentlicher Durchzügler aus nördlicheren Refugien. Durchzügler ist auch der allerdings während der Züge regelmäßig an chinesischen Gewässern rastende Grünschenkel (Tringa nebularis), der südlich des Yangtsekiang auch im Winter bleibt. Waldwasserläufer (Tringa ochropus) findet man im westlichen Sinkiang als Brutvogel, in Süd- und Ostchina als Überwinterer. Der auch noch in Norddeutschland vorkommende Bruchwasserläufer (Tringa glareola) ist Brutvogel im westlichen Teil Heilungkiangs, in den Gebieten am Südchinesischen Meer und auf den davorliegenden Inseln Überwinterer. Der von der Insel Sachalin her bekannte Kurzfußwasserläufer (Tringa guttifer) tritt gelegentlich als Gast in Ost- und Südchina auf, der Flußuferläufer (Tringa hypoleucos) dagegen ist auch als Brutvogel auf fast 60 Prozent des chinesischen Territoriums vertreten sowie in Südchina als Überwinterer. Wanderwasserläufer (Xenus incana) und Terekwasserläufer (Xenus cinera), Steinwälzer (Arenaria interpres) und Steppenschlammläufer (Limnodromus semipalmatus) sieht man nur als Durchzügler, allenfalls den Steinwälzer noch als Wintergast in Fukien und auf Taiwan. Erwähnenswert ist noch ein kleines isoliertes Brutvorkommen des Steppenschlammläufers mitten in dem nördlichen Heilungkiang. Die Bergbekassine (Capella solitaria) trifft man an vielen Stellen in China außer auf dem zentralen Hochplateau Tibets an. Zumeist ist es die Nominatform C. s. solitaria, im Nordosten die Unterart C. s. japonica, die dort besonders in Tschangbai-Naturschutzgebiet und im Hsingan-Gebirge anzutreffen ist. Im Norden kommt auch die Kreischbekassine (Capella hardwickii) und im Süden die Nepalbekassine (Capella nemoricola), so in Sinkiang und Süd-Tibet, vor. Die Stiftbekassine (Capella stenura) wiederum tritt nur als Durchzügler und im Süden als Wintergast auf. Genauso verhält es sich mit der Waldbekassine (Capella megala), die allerdings schon an der Mündung des

Gelben Flusses und dann wieder nördlich und südlich des Perlflusses überwintert. Die Bekassine (Capella gallinago bzw. Gallinago gallinago) brütet auch in West-Sinkiang und in fast allen Teilen Heilungkiangs. Ganz China südlich des Yangtsekiang gehört zu ihren Winterrefugien.

Die Waldschnepfe (Scolopax rusticola rusticola) verfügt über zwei inselartige Brutvorkommen in West-Sinkiang und in Tschinghai. Südlich des Amur gibt es ebenfalls einige Brutreviere, die an die sibirischen angrenzen. Nur als Wintervogel tritt die Zwergschnepfe (Lymnocryptus minimus) auf, und zwar in großen Teilen Sinkiangs und Kwangtungs sowie auf Taiwan. Als sehr selten gilt der Knutt (Calidris canutus rogersi), der in China eigentlich nur auf den Inseln Hainan und Taiwan sowie an wenigen gegenüberliegenden Festlandstellen auftritt, dort allerdings gelegentlich in größerer Zahl. Zwei weitere Gäste, deren Überwinterungsgebiete geographisch wenig ins Gewicht fallen, sind der Anadyr-Knutt (Calidris tenuirostris) und der Rotkehlstrandläufer (Calidris ruficollis), deren Winterquartiere an der Südküste und auf Hainan und Taiwan liegen. Dasselbe gilt für den Langzehenstrandläufer (Calidris subminuta), den Temminck-Strandläufer (Calidris temminckii), Spitzschwanzstrandläufer (Calidris acuminata), Alpenstrandläufer (Calidris alpina) mit seinen Rassen C. a. centralis und C. a. sakhalina, den Sichelstrandläufer (Calidris ferruginea), Sanderling (Crocethia alba), Löffelstrandläufer (Eurynorhynchus pygmeus bzw. Ereunete pygmeus), den Sumpfläufer, der als Limicola falcinellus und L. f. sibirica vorkommt, die Kampfläufer (Philomachus pugnax), die an wenigen Stellen an der Küste Fukiens und Kwangtungs auftreten.

Anders verhält es sich wieder mit dem Ibisschnabel (Ibidorhyncha struthersii), der überall auf dem tibetischen Hochplateau über Schensi, Schansi, Hopeh und Liaoning bis in den Norden hinauf vorkommt, auf etwa 40 Prozent des chinesischen Bodens. Der Stelzenläufer (Himantopus himantopus himantopus) ist ebenfalls ein weitverbreiteter Brutvogel und in Fukien, Kwangtung und Taiwan Wintergast. Der Säbelschnäbler (Recurvorostra avosetta) tritt in Sinkiang auf sowie südwestlich der Mongolei. Seine Winterquariere befinden sich an der gesamten Küste des Südchinesischen Meeres.

Das kleine Odinshühnchen (Phalaropus lobatus) sieht man auf dem

Oben: Jäger und Wissenschaftler entnehmen einem Moschustier den begehrten Moschus.

Unten: Chinesische Jäger im Revier.

chinesischen Festland nur als Durchzügler, auf den Inseln Hainan und Taiwan sowie umliegenden kleineren Inseln als Überwinterer. Das etwas größere Thorshühnchen (Phalaropus fulicarius) trifft man als Überwinterer in den subtropischen Gebieten Chinas an. Von den Trielen tritt in China nur der Langschwanztriel (Esacus magnirostris recurvirostris) auf den südchinesischen Kleininseln auf. Die Brachschwalbenartigen kommen in Ost- und Zentralchina sowie auf den südchinesischen Inseln vor. So die Rotbrustbrachschwalbe (Glarecola maldivarum) als Brutvogel von dem nördlichen Heilungkiang bis zum südchinesischen Hainan und die Sandbrachschwalbe (Glarecola lactea) an wenigen Stellen in Süd-Yünnan.

Die Möwen

Während die dunkle Spatelraubmöwe (Stercorarius pomarinus) nur gelegentlich auf ihren Zügen vom Eismeer in wärmere Gefilde südöstlich Chinas vor den Küsten des Reiches der Mitte auftaucht, sind andere zahlreiche Möwenvögel teils bis tief ins Landesinnere verbreitet. vor allem die auch von Japan her bekannte Japanmöwe (Larus crassirostris) findet man vor der Ostküste in zwei weit voneinander getrennten Brutgebieten in den Provinzen Schantung und Fukien gegenüber der Insel Taiwan. In weiten Gebieten der Ostküste, auf Taiwan bis vor Hainan und bis über 1000 Kilometer den Yangtsekiang entlang ins Landesinnere hinein hält sie sich als Überwinterer auf.

Die Sturmmöwe (Larus canus) überwintert in den südlichen und östlichen Provinzen sowie auf fast allen vorgelagerten Inseln in den beiden Rassen L. c. kamtschatschensis und L. c. heinei. Im westlichen Sinkiang verfügt die Silbermöwe (Larus argentatus cachinnans) über ein großes Brutgebiet von fast 1000 Kilometer Länge und bis zu 300 Kilometer Breite. In der Unterart L. a. mongolicus ist sie als Brutvogel auch

Die Große Chinesische Mauer in Nordchina abseits des Touristenrummels. Die Mauer ist in den letzten 20 Jahren an vielen Stellen stark verfallen. Die heutigen Verantwortlichen bemühen sich mittlerweile sehr um die Restaurierung dieses einzigen Bauwerks der Erde, das man vom Mond aus mit bloßem Auge sehen kann.

im westlichen Teil der Provinz Heilungkiang an der Grenze zur Mongolischen Volksrepublik zu finden, größtenteils in sehr starken Beständen. Die Rasse L. a. vegae aus dem nördlichen Ostsibirien tritt in China am Gelben Meer und südlich des Yangtsekiang bis zur vietnamesischen Grenze als Überwinterer auf. Die von Rußland her bekannte Fischmöwe (Larus ichthyaetus) bzw. Ichthyaetus ichthyaetus lebt am oberen bis zum mittleren Lauf des Gelben Flusses in den Provinzen Ninghsia, Kansu und Tschinghai als Brutvogel.

In einigen Teilen der Inneren Mongolei bis Kansu tritt gelegentlich die Lönnbergmöwe (Larus relictus) bzw. Chroicocephalus relictus auf, was bis jetzt in unserer Fachliteratur immer noch mit einem Fragezeichen versehen wurde. Weite Verbreitung hat auch in China die Lachmöwe (Larus ridibundus) oder Chroicocephalus r., die in weiten Teilen des westlichen und nordöstlichen Chinas brütet, in den südlicheren Gebieten bis tief ins Landesinnere hinein sich während der Wintermonate aufhält. Hier muß auch die Tibetlachmöwe (Larus brunnicephalus) bzw. Chroicocephalus b. erwähnt werden, die in ganz Tibet, in Teilen Sinkiangs und Tschinghais sowie Kansus als Brutvogel starke Verbreitung findet. Während die Zwergmöwe (Larus minutus oder Hydrocoleus m.) in der Inneren Mongolei und Heilungkiang auftritt, südlich des Yangtsekiang überwintert, sieht man die Kappenmöwe (Larus saundersi) nur in den nördlichen Teilen Chinas, ebenso die Rosenmöwe (Rhodostethia rosea) und Dreizehenmöwe (Rissa tridactyla) in der Rasse pollicaris.

Die Weißbartseeschwalbe (Chlidonias hybrida swinhoei) nennt fast 50 Prozent des chinesischen Territoriums ihr angestammtes Brutrevier, vor allem im Osten. Man findet sie daneben zwar auch auf Taiwan, nicht aber auf der großen Insel Hainan im Süden. Die mancherorts in Mitteleuropa so selten gewordene Trauerseeschwalbe (Chlidonias niger niger) ist auch in Nordchina nicht allzu häufig, wogegen die Weißflügel-Seeschwalbe (Chlidonias leucoptera) überall in Nordostchina bis Peking und bis zur Inneren Mongolei häufig anzutreffen ist. Die Lachseeschwalbe tritt in fünf voneinander weit getrennten Brutgebieten in der Nominatform und in einer Unterart auf. Die Nominatform Gelochelidon nilotica nilotica brütet im westlichen Sinkiang und 4000 Kilometer davon entfernt im westlichen Heilungkiang. Auf der Insel Taiwan, in Südostchina und nördlicher in den Küstenprovinzen am Gelben Meer brütet G. n. affinis. Über gesicherte Brutgebiete in fast allen Provinzen vor der Ostküste verfügt auch die Riesenseeschwalbe, Raubseeschwalbe oder

Kaspische Seeschwalbe (Hydroprogne tschegrava tschegrava). Tritt die Indische Seeschwalbe (Sterna aurantia) nur in geringer Individuenzahl auf, ist die Flußseeschwalbe (Sterna hirundo) in ihrer Nominatform und in zwei Rassen praktisch in ganz China vorzufinden. Das Vorkommen der Nominatform S. h. hirundo beschränkt sich auf Sinkiang, dagegen ist die Unterart S. h. tibetana in ganz Zentralchina, Tibet und bis zur Inneren Mongolei vorhanden. Die östlichen und nördlichen Provinzen gehören zum Verbreitungsgebiet der S. h. logipennis. Alle drei überwintern in Südchina. Nur auf Taiwan, in Fukien und Kwangtung brütet die Rosenseeschwalbe (Sterna dougallii bangsi), ebenso die Schwarznackenseeschwalbe (Sterna sumatrana sumatrana). Zügelseeschwalbe (Sterna anaethetus anaethetus) und Rußseeschwalbe (Sterna fuscata nubilosa) kommen in den tropischen Gewässern Südchinas vor, die Zwergseeschwalbe (Sterna albifrons) in der Nominatform S. a. albifrons in West-Sinkiang und als chinesische Unterart S. a. sinensis in ganz Ost-, Süd-, Mittel- und Nordchina. Nur in einigen Teilen Südchinas und auf Taiwan sowie Hainan brütet die Eilseeschwalbe (Thalasseus bergii cristatus), nur in Schantung und am Gelben Meer die Schantungseeschwalbe (Thalasseus zimmermanni). Vor den südchinesischen Inseln kommen noch Noddi (Anous stolidus) und die Feenseeschwalbe (Gygis alba candida) vor.

Die an Chinas Küsten vorkommenden Alke sind Marmelalk (Brachyramphus marmoratus perdix), Silberalk (Synthliboramphus antiquus), der in der Provinz Schantung auch brütet, und der Nashornalk (Cerorhinca monocerata).

Die südlich von der Insel Hainan befindlichen zahlreichen Kleininseln im Südchinesischen Meer, an der vietnamesischen Küste entlang bis Borneo und wenige Kilometer vor den Philippinen, die nach chinesischer Auffassung allesamt zum Hoheitsgebiet der Volksrepublik China gehören, sind größtenteils vogelkundlich noch wenig erforscht, wenn auch eine regelmäßige Jagd auf zahlreich auftretende Wasservögel stattfindet. Auch gibt es hier bereits einige vom Staat ausgewiesene Schutzgebiete und Teile, in denen die Jagd nur mit Ausnahmegenehmigung möglich ist. Erwähnenswert ist, daß die Jagdmöglichkeiten für die dort lebenden einheimischen Inselvölker nicht beschnitten sind, von den wenigen Schutzgebieten, die allesamt unbewohnt sind, abgesehen.

Erschwert wird die Erforschung von Fauna und Flora in diesem riesigen Gebiet durch gelegentliche Scharmützel mit Vietnamesen und dadurch, daß viele der Inseln zu militärischen Sperrgebieten erklärt worden sind.

Auch mag die Vogelwelt und übrige Tierwelt in diesem Gebiet in direkter Weise von den derzeit zu beobachtenden Flüchtlingsströmen aus Vietnam betroffen sein. Ansiedlungsmöglichkeiten für die Vietnamflüchtlinge gibt es in diesem Gebiet allerdings nicht. Alle Vietnamesen, die derzeit von den Chinesen hier auf offenem Gewässer oder auf Inseln aufgegriffen werden, siedelt Peking in Südchina (bis heute etwa 300 000 Flüchtlinge) an.

Taubenjagd

Während wir in Deutschland nur die Ringel-, Türken-, Hohl- und Turteltauben als Wildformen kennen (die Felsentaube kommt bei uns ebenfalls nicht vor), ist die Taubenvielfalt in China weitaus größer, selbst wenn man die ebenfalls zu den Columbiformes zu rechnenden Steppenhühner (Syrrhaptes paradoxus), Tibetischen Steppenhühner (Syrrhaptes tibetanus) und Sandflughühner (Pterocles orientalis), die in Nord- und Westchina (Tibet, Sinkiang, Innere Mongolei bis Heilungkiang) vorkommen, nicht dazuzählt. Dessenungeachtet sind sie in einigen Gegenden ein nicht seltenes Flugwild der etwa vier bis fünf Millionen chinesischer Jäger.

Allein die Vielfalt der Grüntauben und Fruchttauben in Südchina ist enorm. Genannt seien da: Taiwan-Fruchttaube, Rotschulter-Grüntaube, Dickschnabel-Grüntaube, Andamanen-Grüntaube, Bindengrüntaube, Bronzefruchttaube und Gebirgsfruchttaube.

Die Schneetaube (Columba leuconota), die bei uns nicht vorkommt, gibt es gleich in zwei Rassen: C. l. gradaria (Zentralchina) und C. l. leuconota in Tibet. Diese schwarzköpfige Wildtaube, die wegen dieser Zeichnung im Flug mit einer Möwe verwechselt werden kann, ist keineswegs selten, sondern kommt gelegentlich sogar in Schwärmen bis zu tausenden Exemplaren vor. Es ist eine Gebirgstaube, die ihre Schlafplätze in über 4000 Meter Höhe hat und zu ihren Futterplätzen in tiefere Lagen bis zu 2500 Meter fliegt. Die interessante Taube, die man auch unter den Namen Weißrückentaube oder Nonnentaube kennt, ist wegen der Unzugänglichkeit ihrer Biotope schwer bejagbar. Während die meistbejagte Unterart C. l. gradaria etwas größer ist, hat die westliche

Rasse C. l. leuconata etwa Stadttaubengröße. Weite Verbreitung in China (außer Südostchina) hat die Klippentaube (Columba rupestris). Auch diese Taube, die es in China hauptsächlich als C. r. rupestris gibt, bevorzugt unwirtliche und wenig vom Menschen betretene Gegenden, dies allerdings zum Teil in Gemeinschaft mit den auch in China zahlreichen verwilderten Haustauben. In Tibet gibt es die südliche Unterart Columba rupestris turkestanica. Die Felsentaube (Columba livia) kommt nur in geographisch sehr begrenzten und weit auseinanderliegenden Gebieten vor. Sie, die Stammform unserer Haustauben, wird, soweit mir bekannt, in China nicht bejagt, da sie offenbar auch nicht sehr zahlreich ist. Im westlichen Sinkiang kommt die Unterart Columba livia neglecta vor, im Provinzendreieck Innere Mongolei/Hopeh/Liaoning die Columba livia nigricans, östlichste und nur dort lebende Unterart, deren Reinrassigkeit aber von vielen Ornithologen bezweifelt wird. Wohl aufgrund ihrer besonderen Ortstreue hat sich diese östliche Rasse nie weiter ausgebreitet. Ihr Verbreitungsgebiet ist zudem kleiner als meist in der westlichen Literatur angegeben. Es beträgt nördlich von Peking entlang der Großen Mauer so ziemlich genau 800 Kilometer in der Länge und 200 Kilometer in der Breite. Die Nester befinden sich meist in Höhlen, Nischen oder auf Vorsprüngen hoher Felsen oder Schluchten. Die stark verschmutzten Nester kann der Geübte schon von weither sehen. Sie werden meist für mehrere Bruten benutzt.

Die Hohltauben (Columba oenas yarkandensis), Ufertauben (Columba eversmanni) und Ringeltauben (Columba palumbus casiotis) sind in China nicht sehr verbreitet. Die Hohltaube gibt es gelegentlich in Nordchina, die Ufertaube in Südwestchina und die Ringeltaube in Nordwestchina. Die im Aussehen der Oliventaube ähnliche Dschungeltaube (Columba hodgsonii) mit dem flachen Vorderkopf als besonderes Erkennungsmerkmal ist sehr zahlreich von Ost-Tibet über Szetchuan, Yünnan bis Kansu und Sian verbreitet. Sie ist etwa stadttaubengroß, mit silbergrauem Kopf, Hals und Brust, rosaüberdeckt mit dunkler Fleckung. Mantel, Unterrücken und Flügeldecken sind bläulichgrau bis rot, die Schwanzfedern dunkelgrau, Bauch und Unterschwanzdecken dunkel bläulichgrau. Während der Schnabel dunkel ist, ist die Iris hellgrau bis weiß, die Füße sind gelb bis blaßgrün. Die Brust des Täubers ist tiefrötlicher als die der Täubin. Ihre Biotope sind die tropischen und subtropischen Wälder und gemäßigte Gebiete in Höhenlagen von 1800 bis 4000 Meter. Man hat sie sogar schon in 5000 Meter Höhe festgestellt. Große Scharen dieser Art finden sich nicht zusammen, allenfalls kleine

Gruppen oder Paare. Gelegt und ausgebrütet wird jeweils nur ein einziges Ei. Die Himalaja- oder Nepal-Taube (Columba pulchricollis) lebt nur in Süd-Tibet und ist etwa lachtaubengroß. Kopf, Hals und Rücken sind blaugrau, die Kehle ist hell. Am hinteren Hals verläuft ein breites Band. Die Handschwingen sind dunkel, die Unterschwanzdecken cremefarben, der Schnabel bläulichgrün, Iris hellgrün und die Füße rötlich. Die Täubinnen unterscheiden sich von den Täubern durch etwas mattere Farben. Auch diese Taube bevorzugt höhere Lagen bis zu 3000 Meter, kommt aber auch in etwa 1000 Meter vor. Die Rote Waldtaube oder Purpurwaldtaube (Columba punicea) belebt die flachen Gebiete zwischen den Gebirgen Südchinas und ist hier nicht sehr zahlreich. Südlich der Grenzen Chinas ist diese stadttaubengroße Art weitaus verbreiteter, so in Bangladesh, Indien, Vietnam, Thailand und Laos. Dennoch tritt sie gelegentlich auch in großen Scharen auf, fällt über Mais-, Reis- und Hirsefelder her oder in Bambushaine ein, da sie den Samen des Bambus begehrt. Kopf und Hals dieser meist nicht gern gesehenen Taube sind silbergrau, Kehle und vorderer Hals kupferbraun, Brust, Mantel, Rücken und Flügeldecken purpurbraun. Die Handschwingen, Stoß und größere Flügeldeckfedern sind schwarz, die Unterschwanzdecken dunkelgrau. Purpurn mit hellgrauer Spitze ist der Schnabel, die Iris orange, die Füße sind rot. Die Violettscheiteltaube (Columba janthina), die man auch Japan-Waldtaube, Schwarze Waldtaube oder Krähentaube nennt, kommt verschiedentlich in Ostchina vor. Sie ist so groß wie eine Ringeltaube, hat ein schwarzes Gefieder mit schillerndem Glanz und ist am Hals grünlich, auf dem Kopf rötlichviolett und auf dem Mantel bronzegrün. Während der Schnabel sich grünlich zeigt, ist die Iris braun, sind die Füße rot. Die Violettscheiteltaube beschränkt sich zwar zumeist auf die subtropischen Gebiete Südostchinas, ist aber sonst in der Wahl der Biotope nicht sehr anspruchsvoll. Auch ihre Gelege befinden sich teils auf Ästen, teils auf Felsvorsprüngen oder in Baumhöhlen. Kuckuckstauben gibt es in China drei Arten in vier Rassen. Zuerst ist da die lachtaubengroße Malaiische Kuckuckstaube (Macropygia unchall) zu nennen, die in den Rassen M. u. tusalia und M. u. minor vorkommt. Tusalia lebt im Himalaja, M. u. minor in den Gebirgen Südostchinas. Man erkennt diese Taube sehr leicht an ihrem langen Stoß und ihrer Streifenzeichnung. Der Schnabel ist schwarz, die Iris innen gelb und außen grau oder bräunlich, die Augenringe blaugrau. Die Füße werden als purpurrot beschrieben. Die Kleine Kuckuckstaube (Macropygia ruficeps assimilis) kommt in

China nur in Yünnan vor. Sie ist ebenfalls lachtaubengroß und bewohnt dort die Bergwälder und kultivierten Täler, gilt als Reisschädling, weswegen sie auch streng bekämpft wird. Das Gelege besteht aus nur einem einzigen cremefarbigen Ei. Die Dunkle Kuckuckstaube (Macropygia phasianella phaea) nennt man auch Fasanenschwanztaube wegen ihres langen Schwanzes. Obwohl sie nur etwa Stadttaubengröße erreicht, ist sie damit etwa 44 Zentimeter lang. Sie hält sich noch mehr als die Kleine Kuckuckstaube in den Wäldern auf und ernährt sich in der Regel von Beeren und Früchten. Interessant ist, daß sie ihren Stoß spreizen kann und gelegentlich zur Fortbewegung mitbenutzt. Der Kopf und Hals sind bei ihr kräftig rötlichbraun, Brust rotbraun mit rosafarbenem Schimmer oberhalb, die untere Brust goldbraun wie auch der Bauch und die Kehle. Hals-, Brust- und Flankenfedern sind dunkelgrau wellig gestreift. Sie hat rotbraune Unterschwanzdecken, die Flügeldeckfedern haben kräftig rostrote Säume. Während der Schnabel dunkelbraun gefärbt ist, ist die Iris weißblau, außen orangerot, die Füße rot. Die Täubinnen sind von den Täubern dadurch zu unterscheiden, daß ihnen der Rosaschimmer an Brust und Hals fehlt.

Die Turteltaube (Streptopelia turtur arenicola) kommt nur in Sinkiang und Tschinghai bis Nord-Kansu vor, ist dort aber stark verbreitet in ihr zusagenden Biotopen. Die etwas größere Orient-Turteltaube (Streptopelia orientalis) gibt es im gesamten übrigen China in den vier Rassen S. o. meena, S. o. orii, S. o. orientalis und S. o. agricola. Die verbreitetste davon ist die Nominatform S. o. orientalis, die praktisch überall sehr zahlreich vom Ussuri/Amur über Peking bis Tschinghai, Tibet, Yünnan und Hainan im Südchinesischen Meer zu finden ist. Auf der Insel Taiwan hat sich die Unterart S. o. orii entwickelt, in Süd-Yünnan die S. o. agricola. Im westlichen Sinkiang und südwestlichen Tibet gibt es im Verbreitungsgebiet der „einfachen" uns bekannten Turteltauben noch die Rasse S. o. meena. Die Orient-Turteltaube, die man auch Bergturteltaube nennt, wird stark bejagt, wo sie zahlreich auftritt, wie die übrigen Tauben auch mit Hilfe der in China sehr verbreiteten und traditionellen Falkenjagd. Interessant ist, daß in der sogenannten „Überlappungszone" von Turteltaube und Bergturteltaube keine Bastarde bekannt sind! In ihrem Äußeren, abgesehen von der Größe, ähnelt die Bergturteltaube der Turteltaube, ist jedoch dunkler in der Gefiederfarbe und mehr fuchsrot. Der Schnabel ist dunkler mit heller Spitze, die Iris orangerot, Augenrinde dunkelpurpurn, die Füße rötlich. Sie liebt bewaldete Gebiete meist in der Nähe von Äckern, Gärten oder Parks und

Viehweiden, die in vielen Gegenden Chinas ja sehr weitläufig sind. Man traf diese Taube bereits in Höhen von 4000 Metern an, doch hält sie sich zumeist in 600 bis 800 Meter auf. Die auch bei uns „heimisch" gewordene Türkentaube (Streptopelia decaocto), Balkantaube, Minarettentaube oder Halbmondtaube, gibt es in China weit verbreitet und gelegentlich zur Plage werdend in drei Rassen. Im Westen, also Sinkiang, ist es die S. d. stoliszkae, in Zentral-, Nord- und Ostchina sowie rund um die Hauptstadt Peking die Nominatform S. d. decaocto. In Südchina kommt noch die S. d. xanthocyclus vor, deren genaue Verbreitungsgrenzen noch nicht erforscht sind. Beispielsweise ist man sich ihrer Vorkommen in Szetchuan nicht ganz sicher. Häufig ist von diesen Rassen auch in China nur die Nominatform, die stark bekämpft wird, auch als Felsschädling. Die Türkentaube hat sich in China von Indien her verbreitet. Von den Perlhalstauben hat in China wiederum die Nominatform Streptopelia chinensis chinensis die geographisch weiteste Verbreitung, und zwar auf mehr als einem Drittel des chinesischen Territoriums, wo sie sich in Wald- und Ackerbaugebieten aufhält. Auch sie wird deswegen stark bejagt. In Yünnan lebt die Unterart S. c. tigrina, ebenso S. c. vacillans, auf Taiwan S. c. formosa und auf Hainan S. c. hainana. Außerhalb Chinas gibt es in Indien und Sri Lanka weitere Unterarten. Im südwestlichen China kommt in geringerer Zahl auch die vom afrikanischen Kontinent her bekannte Palmtaube (Streptopelia senegalensis) vor. Sie ist in China weder als Schädling noch als Jagdwild von Bedeutung. Die Weinrote Halsringtaube (Streptopelia tranquebarica), die die chinesischen Wissenschaftler Oenopopelia tranquebarica nennen, kommt in fast ganz China in der Rasse S. t. humilis vor, nicht aber in Sinkiang, fast Gesamt-Tibet, Innere Mongolei und Nordostchina. Die genannte Rasse ist sogar auf den Inseln Hainan und Taiwan sehr zahlreich. Sie, die man auch Zwerglachtaube nennt, gilt als großer Flurschädling. Besonders zu den Reiserntezeiten müssen die chinesischen Jäger hinaus und ihre Bestände kurzhalten. Wie die übrigen stark bekämpften Tauben wird auch ihr Fleisch oft auf chinesischen Märkten angeboten oder taucht auf den Speisekarten chinesischer Restaurants auf.

Greifvögel und Falknerei

Die Beizjagd, die in vielen hohen Kulturen völlig unbekannt war, erlebte dagegen im alten Reich der Mitte schon sehr früh eine hohe Blüte. Zu allererst wurde sie wohl von den nomadisierenden Jägervölkern in Zentralasien während der Jungsteinzeit ausgeübt, also von Stämmen, die im heutigen Westen Chinas und rund um das Pamirgebirge bis zum Tiänschan lebten und von hier aus in den Osten, den Süden und den Westen vordrangen.

Die damaligen Jäger hatten die Greifvögel sicherlich bei ihrer hervorragenden Jagdweise beobachtet, daher wollten sie deren Fähigkeiten nutzen. Bis es soweit war, gab es bestimmt viele Fehlschläge — und man wird lange Zeit vergeblich davon geträumt haben, daß der Greif im Dienste des menschlichen Jägers das schnelle Wild in der Steppe oder im Gebirge schlug. Doch irgendwann gelang es dann doch, daß der Vogel sich auf der Faust tragen ließ, daß er zum ersten Male eine Trappe schlug, einen Hasen oder sich im Sturzflug auf ein Flughuhn stürzte — und zu seinem Falkner zurückkehrte. Ungeahnte Möglichkeiten taten sich für die Steppenjäger auf, deren Jagdweise ohnehin schon weit entwickelt war. Als Marco Polo das Reich der Mitte besuchte, hatte die Falknerei dort schon eine uralte Kultur, deren Beginn irgendwo weit im Dunkel vergangener Jahrhunderte, ja Jahrtausende lag. In China schrieb man die „Erfindung" der Falken- oder Beizjagd den sogenannten „Sagenhaften Herrschern" zu, in erster Linie Huangti, dem „Gelben Kaiser", der wie alle ersten chinesischen Kaiser laut Legende 18 000(!) Jahre regierte, dem man auch die Erfindung von Hausbau, Viehzucht, Ackerbau und der Seidenraupenzucht zuschrieb.

Unsere Forscher nehmen an, daß es der Würgfalke war, der erstmals von der Faust seines Falkners aus in die Lüfte stieg und nach einem Sturzflug mit der Beute zurückkehrte. Er war der Vogel mit der besten Sehkraft, der anpassungsfähigste Greif der Steppe und von ausgeprägter Feinfühligkeit. Und in der Tat erwähnen ihn schon älteste Berichte als Beizvogel und die Künstler im Reich der Mitte kannten ihn und seine Jagdweise als dankbares Motiv. Wie aber kam es, daß man diesen Vogel zunächst dem großen Steinadler oder anderen Greifen, die größer waren als dieser kleine Falke, vorzog? Der Grund ist in der Anpassungsfähigkeit zu suchen, die die damaligen Jäger schon recht früh erkannten und beobachteten. Der Würgfalke kann nämlich auf der Erde genauso gut wie in der Luft jagen, denn ihm stehen drei verschiedene Jagdweisen zur Verfügung, die er im Laufe seiner Entwicklung gelernt hat. Auf einem etwas erhöhten Gegenstand im Revier sitzend, späht er nach Wild, um sich dann plötzlich völlig überraschend auf sein Opfer zu stürzen und ein auf dem Boden laufendes Tier zu schlagen oder er stürzt sich aus Hunderten von Metern Höhe in die Tiefe direkt auf sein Opfer. Genauso gut gelingt ihm aber, aus luftiger Höhe einen unter ihm fliegenden Vogel zu greifen. Daher ist die Auswahl seiner Jagdbeute recht umfangreich, im Gegensatz zu der des Wanderfalken, der hauptsächlich auf Vogeljagd eingestellt ist. Eine Untersuchung von 128 Mahlzeitresten des Würgfalkens ergab laut dem Forscher Woloschin folgende Beutetiere:

Ziesel, Erdhörnchen, Große Pferdespringer, Hamster, Wühlmäuse, Elstern, Lemminge, Großohrigel, Zwergtrappen, Steppenhühner, Enten, Stare, Dohlen, Moorschnepfen und sogar Turmfalken.

Eine Untersuchung der Gewölle bei verschiedenen Horsten des Würgfalken hatte folgende weitere Beutetiere als Ergebnis:

Graureiher, Tölpel, Hasen, Kaninchen, Birkhühner, Rebhühner und Rohrdommeln.

Dem intelligenten Greif macht es nichts aus, daß zum Beispiel Steppenhühner oder Zwergtrappen im Horizontalflug schneller sind als er, unter Ausnutzung seiner vorteilhaften Höhe ergreift er sie ohne Schwierigkeiten, zumal er in der Luft für das Beutetier kaum sichtbar ist, denn in 600 Meter Höhe löst sich seine Silhouette auf. Der Würgfalke ist außerdem als äußerst genügsamer Vogel bekannt, der sich in knappen Jahren sogar mit Kerbtieren zufrieden gibt und trotzdem für seinen Herrn große Hasen schlägt. Der Würgfalke (Falco cherrug) verfügt im gesamten Nordwesten Chinas bis zur Linie Tibet/Yangtsekiang/Gelber Fluß über ein recht großes natürliches Verbreitungsgebiet, so daß er schon deswegen so gut wie allen chinesischen Falknern bekannt ist. Er, der auch Saker genannt werden kann, den Lannern und Gerfalken sehr nahe verwandt, kommt in der Rasse Falco cherrug milvipes vor.

Der auch bei uns häufigste Falke, der Turmfalke (Falco tinnunculus), ist ebenso in den Weiten Chinas sehr stark verbreitet, und zwar in vier Rassen. Im äußersten Norden gibt es den F. t. perpallidus, im Süden und Südosten den F. t. saturatus, im gesamten Einzugsgebiet des Gelben Flusses und des Yangtsekiang den F. t. interstinctus. Die Nominatform Falco tinnunculus tinnunculus ist im äußersten Westen, also in Sinkiang, vertreten. Der Rötelfalk (Falco naumani), der dem Turmfalken in Größe, Färbung und Verhalten fast zum Verwechseln ähnlich sieht (im Mittelmeerraum kommen beide Arten in unmittelbarer Nachbarschaft vor), lebt ebenfalls in China, vor allem in den westlichen Gebieten. Falco vespertinus, der Rotfußfalk, lebt vor allem im Norden vom Ussuri/Amur bis 2000 Kilometer weiter südlich des Gelben Flusses. Der Merlin (Falco columbarius), den die chinesischen Falkner für die Beize auf Kleinvögel verwenden, kommt in den vier Rassen F. c. lymani, F. c. insignus, F. c. pacificus und F. c. pallidus vor, vor allem als Wintergast aus dem hohen Norden (Sibirien), ist aber an einigen Stellen in West- und Nordchina auch Brutvogel. Vom Indischen Baumfalken (Falco severus severus) weiß man, daß er im Süden, so z. B. in der Provinz Yünnan, nicht selten ist. Das verkleinerte Ebenbild des Wanderfalken, der Baumfalke (Falco subbeteo), lebt in zwei Rassen, und zwar im Norden als die Nominatform F. s. subbeteo und im Süden als Unterart F. s. streichi. Der Wanderfalke (Falco peregrinus), der bei uns so selten gewordene, stark vom Aussterben bedrohte Greif, ist in vielen Landschaften Chinas weit weniger selten, kommt sogar in vier Rassen vor. Der meistverwendete Beizvogel bei den Steppenvölkern in Sinkiang und bei der kirgisischen Minorität ist die Rasse F. p. babylonicus, aber auch der auf der gesamten Länge des Gelben Flusses vorkommende F. p. peregrinator wird von diesen Völkern, die die Falkenjagd seit Jahrtausenden kennen, verwendet. Beide Formen werden von den dort lebenden Völkern auch gezüchtet und nach erfolgreicher Ausbildung sogar für die Reiherbeize verwendet, die für unsere Falkner in Mitteleuropa ja wohl nicht mehr in Frage kommt, weil die Reiher hierzulande so selten geworden sind. Außerdem nehmen die Mongolen und Kirgisen in China den Wanderfalken für die Beize auf Fasanen und Rebhühner, die, wie Purpurreiher und Graureiher, begehrtes Flugwild und auch sehr zahlreich sind. Die zwei übrigen Wanderfalken, die in China vorkommen, sind im Norden, also hauptsächlich in Kirin, Heilungkiang und Innere Mongolei, der Falco p. calidus und in Südostchina der Falco p. japonensis. Der ebenfalls für die Reiherbeize verwendete Gerfalke (Falco gyrfalco), der größte unter den Edelfalken, kommt vor allem in Sinkiang und Innere Mongolei vor, wo auch er der Stolz manchen Falkners ist. Es gibt zwei Rassen: Falco gyrfalco altaicus und Falco gyrfalco grebnitzkii. Im übrigen China kommt diese Art so gut wie gar nicht vor. Den Zwergfalken (Microhierax melanoleucos) findet man nur in den südlichen Teilen Chinas. Die nördliche Verbreitungsgrenze ist der Yangtsekiang.

Der Fischadler (Pandion haliaetus) bewohnt die fischreichen Seengebiete in Südostchina bis zum Südchinesischen Meer und in Nordchina bis zum Ussuri/Amur. Oft trifft man ihn an den Bergseen im Tschangbai-Naturschutzpark an der koreanischen Grenze oder im Kleinen und Großen Hsingan-Gebirge. In geeigneten Biotopen aber lebt er auch in Westchina in Sinkiang-Uighur und Tibet. Und obwohl die Chinesen keine Angaben über seine Vorkommen zwischen Yangtsekiang und Gelben Fluß machen, konnte ich selber drei jagende Fischadler in Wuhan unweit der berühmten Yangtsekiang-Brücke eindeutig identifizieren. Nun, es mögen Durchzügler gewesen sein, zumal es Oktober war. Die drei vorkommenden Rassen sind: in Westchina der P. h. haliaetus, in Nordchina P. h. friedmanni und in Südchina sowie auf der Insel Taiwan und auf Hainan der P. h. mutus. Während über die im Norden vorkommenden Riesenseeadler (Haliaetus pelagicus) mit ihren vierzehn Steuerfedern (übrige Seeadler zwölf) mit einer Flügelspannweite bis 280 Zentimeter (Gewicht bis fast sieben Kilogramm) und die Kleinen Fischadler (Icthyophaga nana) relativ wenig bekannt ist, weiß man, daß der Seeadler (Haliaetus albicilla albicilla) in gesicherten Beständen im Norden bis Korea und zur UdSSR vorkommt, ebenso an einigen Stellen des Gelben Flusses in Innerchina. Zahlreich soll auch er im vorgenannten Tschangbai sein.

Der Bandseeadler (Haliaetus leucoryphus) lebt in West- und Nordwestchina bis Tibet, der Weißbauchseeadler (Haliaetus leucopaster) im Küstengebiet Ostchinas und auf der südchinesischen Insel Hainan. Erst wenig erforscht ist derzeit noch das Vorkommen der gelegentlich auch in China nistenden Malaienadler (Ictinaetus malayensis). Die Habichtsadler (Hieraetus fasciatus) leben im Süden und Osten des Reiches der Mitte. Der Schelladler (Aquila clanga), dem Schreiadler nahe verwandt, zählt in Deutschland zu den äußerst seltenen Erscheinungen auf dem Durchzug. In China lebt er im äußersten Westen und Nordosten, zieht aber auch zur Insel Taiwan oder nach Südchina. Der Raubadler (Aquila rapax nipalensis) lebt im gesamten Westen und Nordwesten. Kaiseradler (Aquila heliaca heliaca) gibt es nur an wenigen Stellen in Sinkiang. Der Steinadler oder Königsadler (Aquila chrysaetus), stolzer Wappenvogel auch für viele Europäer, ist bei den chinesischen Falknern einer der beliebtesten Beizvögel, vor allem auf Raubwild. Mit ihm gehen die Falkner in den Steppengebieten und Wäldern West-, Zentral- und Nordchinas sogar auf die Wolfsjagd. Besonders hervorgetan haben sich hier bei der Wolfsbeize (gelegentlich werden dabei auch zwei Adler verwendet) immer schon die in Sinkiang lebenden Kirgisen, aber auch andere Minoritäten in der Inneren Mongolei und in Ninghsia. Beide in China vorkommenden Steinadlerrassen sind praktisch über das ganze Land verbreitet und werden auch in Gefangenschaft gezüchtet. Die verbreitetste Rasse ist Aquila chrysaetus daphanea. Im äußersten Norden gibt es noch die Rasse A. c. kamtschatica. Der Nepal-Haubenadler (Spizaetus nipalensis) lebt in vier Rassen in fast ganz China vom Westen bis zur Ostküste, und zwar als S. n. orientalis in Nordostchina, als S. n. fokiensis auf Taiwan und in Südchina sowie als S. n. whiteheadi ausschließlich auf der Insel Hainan. Die Nominatform S. n. nipalensis findet man in Yünnan und Tibet. Auch die Haubenadler sind geschätzte Beizvögel bei den Chinesen.

Bussarde sind in China stark verbreitet. So gibt es den Weißaugenbussard (Butastur teesa) in Tibet, den Graugesichtsbussard (Butastur indicus) im Norden und Südosten, den Rotflügelbussard (Butastur liventer) in Szetchuan. Der Rauhfußbussard (Buteo lagopus) ist ein seltener chinesischer Vogel, kommt nur in den nördlichen Gebieten, aber in den drei Rassen B. l. menzbieri, B. l. lagopus und B. l. kamtschatkensis vor. Weiteste Verbreitung kann dagegen der Mäusebussard für sich in Anspruch nehmen, und zwar in den Rassen Buteo buteo vulpinus und B. b. burmanicus. Der Hochlandbussard (Buteo hemilasius) lebt in vielen chinesischen Gebirgsgegenden, außer im Süden, Hainan, Taiwan und Sinkiang. Über den Adlerbussard (Buteo rufinus) weiß man wenig, außer, daß er im Westen (Sinkiang, Tibet, Innere Mongolei) vorkommt. Den Malaien-Wespenbussard (Pernis ptilorhyncia) trifft man in der Rasse P. p. orientalis in fast ganz China an, als P. p. ruficollis nur in Yünnan. Die Individuendichte ist allerdings sehr unterschiedlich. Drei Rassen gibt es vom Zwergschopfbussard (Aviceda leuphotes), so den A. l. wolfei in Szetchuan, den A. l. syama im übrigen Südchina, den A. l. leuphotes nur auf Hainan.

In den vier Rassen S. c. ricketti, S. c. burmanicus, S. c. hoya und S. c. rutherfordi findet man den Schlangenhabicht (Spilornis cheela) in Südchina und östlich bis zum Yangtsekiang und Südchinesischen Meer. Neben ihm gibt es noch den Schlangenadler (Circaetus ferox heptneri). Sperber und Habichte (Accipiter nisus und Accipiter gentilis) sind in verschiedenen Rassen über fast ganz China verbreitet. Erwähnenswert, daß mit beiden Arten heute noch auf Enten, Fasanen, Kaninchen (Habicht) und Rebhühner sowie andere Kleinvögel (Sperber) gebeizt wird. Ganz besonders beliebt bei den einheimischen Falknern ist der Schikra (Accipiter badius), den es in zwei Rassen vor allem in den

Savannen, Wiesen, an Berghängen, aber auch in Parklandschaften und in belebten Gegenden gibt. Zwischen der westlichen Rasse A. b. cenchroides und dem im Süden vorkommenden A. b. poliopsis gibt es keine erkennbaren geographischen Verbindungen. Dieser Greif, der wegen seiner Angriffslust und seiner geschickten Jagdweise zwischen Geäst bei den chinesischen Falknern große Verwendung findet, ernährt sich in Freiheit vorrangig von Eidechsen, Heuschrecken, anderen Insekten, Mäusen, Kleinsäugern und Kleinvögeln.

Neben ihm gibt es noch den ähnlichen Chinesischen Kurzfangsperber (Accipiter soloensis), der nach Meinung einiger Ornithologen allerdings mit dem badius zu vereinigen ist. Die Chinesen sehen sie als eigene Arten an. Er lebt in Südchina bis weit nördlich des Yangtsekiang und bis zum Südchinesischen Meer sowie auf Hainan und Taiwan. Die Rohrweihe (Circus aeruginosus) lebt in ganz China, außer Tibet, und zwar in zwei Rassen. Im Westen ist Circus aeruginosus aeruginosus als Nominatform verbreitet, im Osten C. a. spilonotus. Die Schwarzweihen (Circus melanoleucos) kommen im äußersten Nordosten vor, überwintern aber auch südlich des gesamten Yangtse-Gebietes. Es gibt sie auch auf Hainan und Taiwan. Die einst auch in Deutschland vorkommende Steppenweihe (Circus macrourus) ist in China noch weit verbreitet, ebenso die Wiesenweihe (Circus pygarcus), die bei uns ebenfalls schon sehr selten geworden ist. Kornweihen (Circus cyaneus cyaneus) findet man in West- und Nordostchina. Überwinterungsgebiet, auch für sowjetische Weihen, sind Südchina und einige Gebiete am mittleren Gelben Fluß. Während es den Rotmilan gar nicht gibt, kommt der Schwarzmilan (Milvus korschun) gleich in zwei Rassen in ganz China vor, und zwar als M. k. govinda nur in Yünnan und als M. k. korschun, der Nominatform, in fast allen übrigen Landesteilen. In Südchina gibt es dazu noch den Brahminenweih (Haliastur indicus), allerdings sehr selten.

Zum Schluß sei noch auf die Geier, die meistverfolgten, aber in China auch von einigen Völkern verehrten, eingegangen. Die Geier finden in manchen Gegenden, so auf den Viehweiden Innerchinas, natürlich hervorragende Lebensbedingungen. Manche Stämme füttern diese Vögel sogar mit Abfällen, so daß derart verwöhnte Geier halbzahm wurden. In Tibet, Sinkiang, Tschinghai, Kansu und im nordwestlichen Szetchuan gibt es sehr verbreitet den Bartgeier (Gypaetus barbatus hemachalanus) und im Süden Chinas vor allem den Bengalgeier (Psedogyps bengalensis) sowie an vielen Stellen in Sinkiang, Südtibet, Kansu, Ninghsia den Schneegeier (Gyps fulfus himalayensis). Der Mönchsgeier (Aegypius monachus) findet sich im gesamten Norden, nicht aber in der Mandschurei. Nicht unerwähnt bleiben soll bei dieser Gelegenheit, daß es heute in Tibet noch Volksstämme gibt, die aus religiösen Gründen die Überreste ihrer Toten den Geiern zum Fraße vorlegen, was dort Verantwortliche noch 1979 unumwunden westlichen Reisegruppen in Tibet bestätigten.

Von der Aaskrähe bis zum Weißschwanz-Wüstenhäher

Im Gegensatz zu zahlreichen anderen Vogelarten genießen die Rabenvögel in China keinen irgendwie gearteten Schutz. Das ist dort offensichtlich auch nicht notwendig, jedenfalls nicht zum jetzigen Zeitpunkt, zumal Rabenvögel in China regional unterschiedlich, teils scharenweise auftreten und so durchaus zu einem Problem für die Landwirtschaft und gelegentlich auch die Kükenaufzucht werden. Selbst die Saatkrähe, bei uns bereits ein Problemvogel, ist recht zahlreich. In Schutzgebieten, in denen Rabenvögel zu einer Gefahr für seltene und geschützte andere Vogelarten werden können, werden sie regelmäßig bekämpft, weil anders kaum das Überleben so mancher seltener chinesischer Vögel nicht zu gewährleisten ist.

Neben dem nur in Zentralchina in Szetchuan südlich des Oberlaufs des Gelben Flusses vorkommenden Szetchuanhäher (Perisoreus internigrans) und dem im äußersten Nordosten im Gebiet des Amur lebenden Unglückshäher (Perisoreus infaustus) kommt der Eichelhäher in genau acht Unterarten vor. Es sind dies: Garrulus glandarius brandtii in Nordostchina, G. g. bambergi ebenfalls in Nordostchina, G. g. pekingensis rund um die Hauptstadt Peking, G. g. kansuensis in der Provinz Kansu, G. g. interstinctus in Südtibet, G. g. leucotis in Yünnan, G. g. sinensis in Szetchuan, Mittelchina bis zur Ostküste und G. g. taivanus auf der Insel Taiwan.

Über eine teils weite Verbreitung verfügen auch die wunderschön gefärbten Kittas, die zur Gruppe der Elstern gehören. Der Kurzschwanzkitta (Cissa thalassina) ist in zwei Rassen vorzufinden, und zwar als C. t.

katsumatae auf der Insel Hainan und als C. t. jini auf dem südlichen Festland, vor allem in Kwangtung, Kwangsi, Hunan und Kweitschou bis Szetchuan. Er fällt durch seine strahlend goldgefärbte Unterseite auf. Ferner kommt in Südchina und in einem kleinen Teil Südtibets der 38 Zentimeter lange Jagdkitta (Cissa chinensis) vor. Auf der Insel Hainan lebt der genauso große, jedoch etwas blasser gefärbte Hainan-Schweifkitta in der Nominatform Cissa whiteheadi whiteheadi. Auf dem gegenüberliegenden Festland existiert die Unterart C. w. xanthomelana. Neben dem Gelbschnabel-Schweifkitta (Cissa flavirostris) gibt es in weiten Teilen Chinas den bis zu 70 Zentimeter lang werdenden Rotschnabel-Schweifkitta (Cissa erythrorhyncha) in der Nominatform und in zwei Unterarten. Im Norden und in Zentralchina lebt die Rasse C. e. breviviexilla, im Süden die Nominatform C. e. erythrorhyncha. Nur in einem Teil Yünnans kommt noch die Rasse C. e. alticola vor. Rücken, Flügel und Stoß dieses großen Vogels sind blau, Kopf und Hals schwarz, die Unterseite graublau und der Schnabel rot. Die chinesischen Bauern sehen diesen in Wäldern und offenen Landschaften lebenden Vogel ungern, da er sich nicht selten an Früchten vergreift. Eine weitere Kitta-Form ist der nur auf Taiwan vorkommende Formosa-Schweifkitta (Cissa caerulea). Die den Tiergeographen ein bisher noch ungelöstes Rätsel liefernde Blauelster (Cyanopica cyana) hat ihre größte Verbreitung in China, und zwar in ganz Nord- und Mittelchina, bis zur Ostküste und westlich bis Zentralchina bzw. zum Oberlauf des Gelben Flusses. Sie kommt auf etwa 30 Prozent des chinesischen Bodens vor, das in der Nominatform C. c. cyana und den fünf weiteren Rassen C. c. pallescens (Nordostchina), C. c. stegmanni (Kirin, Heilungkiang und Liaoning), C. c. interposita (Mittelchina), C. c. kansuensis (Kansu) und C. c. swinhoei (Yangtsekiang bis Oberlauf des Gelben Flusses). Die aus Spanien bekannte Rasse C. c. cooki gibt es in China natürlich nicht. Ungewöhnlich an dieser Art ist vor allem, daß ihre beiden Verbreitungsgebiete (Spanien und China) so weit auseinander liegen, ohne daß eine geographische Verbindung zu erkennen ist.

Oben: Tier- und Jagdmotive spielen in der chinesischen Kunst eine sehr große Rolle. Hier eine Seidenstickerin in Südchina, die ein Tigerabbild herstellt.

Unten: Was man in Südchinesischen Läden im Inneren des Landes kaufen kann, zeigt diese Darstellung, neben lebenden Wachteln, Stachelschweinen und Affen sogar Tigerfelle, Häute von Leoparden und anderen Katzen. Allerdings ist die Jagd auf gefährdete Großkatzen inzwischen eingestellt.

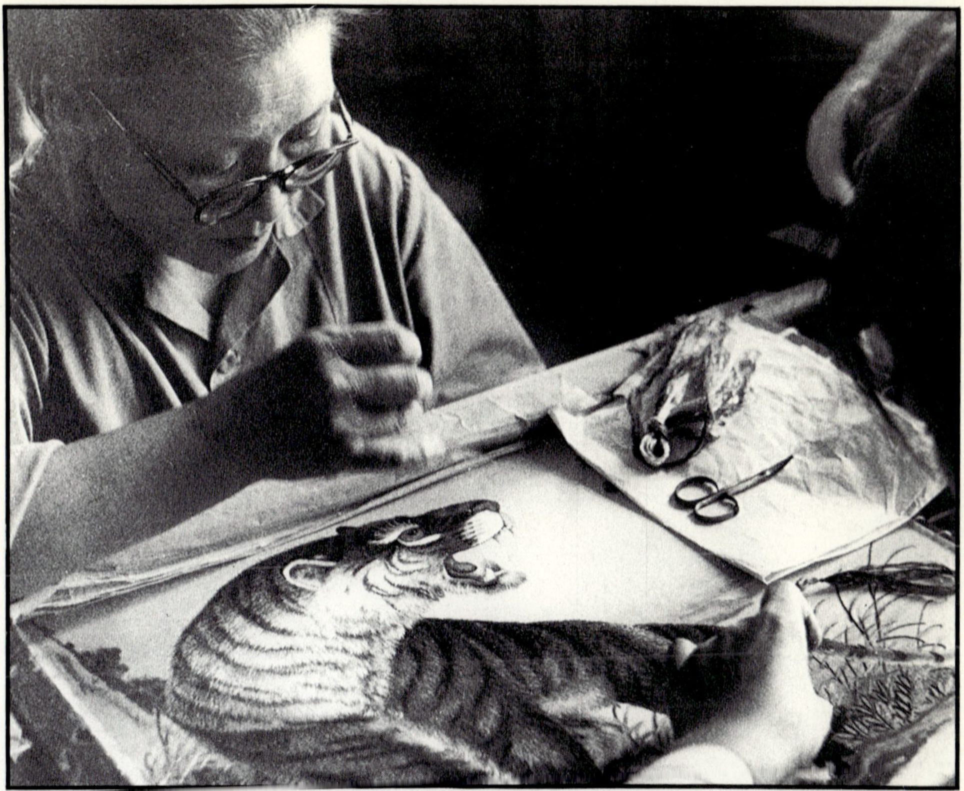

Die Elster (Pica pica) ist in ganz China vorzufinden, nur in Zentraltibet weniger. P. p. sericea lebt in Zentral-, Mittel-, Nord- und Ostchina bis Südchina, P. p. bactriana in Sinkiang, P. p. bottanensis in Osttibet bis Kansu und P. p. leucoptera in West-Heilungkiang. Auf den Inseln Hainan und Taiwan sieht man gelegentlich die auch auf dem Festland meistverbreitete Unterart P. p. sericea.

Neben der in Südchina weitverbreiteten Baumelster (Crypsirina formosa) kommt westlich davon im Himalaja die Himalaja-Baumelster (Crypsirina frontalis) vor, und zwar die Nominatform C. f. frontalis. Von der vorgenannten Blauelster gibt es vier Rassen und die Nominatform Crypsirina formosae formosae, die nur auf Taiwan lebt. Die vier Unterarten sind: C. f. himalayensis in Yünnan, C. f. sapiens in Szetchuan, C. f. sinica in ganz Südchina südlich des Yangtsekiang und C. f. insulae auf der Insel Hainan.

Die schwarze Buchtschwanzelster (Cyrsirina temnura) kommt in der Unterart C. t. nigra vor. Sie ist vor allem an ihren merkwürdig geformten Steuerfedern zu erkennen. Der Mongolenhäher (Podoces hendersoni) ist in der Provinz Sinkiang anzutreffen, ebenso in Tschinghai, Kansu bis zum westlichen Teil der Inneren Mongolei. Kommt der Weißschwanz-Wüstenhäher (Podoces biddulphi) nur in Teilen Sinkiangs vor, ist der Höhlen- oder Zwergwüstenhäher (Pseudopodoces hunilis), kleinster Rabenvogel überhaupt, nämlich nur 18 Zentimeter lang, fast über ganz Tibet, in Tschinghai bis Nord-Szetchuan und Kansu verbreitet. Dieser Wüstenzwerg bewegt sich schnell hüpfend auf dem Boden fort und wippt auffallend mit dem Schwanz. Seine Oberseite ist hellbraun, unterseits ist er weiß gefärbt. Über den Nacken zieht sich ein weißliches Band. Die Außenseite des braunen Stoßes ist mit weißen Kanten verziert. Man trifft ihn vor allem auf den wüstenartigen Hochflächen an. Der bis zu 32 Zentimeter lange und vorwiegend dunkelbraun gefärbte Tannenhäher (Nucifraga caryocatactes) kommt in China in zwei weit voneinander getrennten Verbreitungsgebieten in insgesamt sechs Rassen vor. In seinem Hauptverbreitungsgebiet, das sich von Südtibet quer durch Innerchina bis Nordostchina zieht, leben die Rassen N. c. hemispila (Südtibet), N. c. interdicta (Peking, Honan, Hopeh, Liaoning), N. c. macella (Südtibet, Yünnan, Szetchuan), N. c. macrorhynchos (Nordost-

Oben: Pferde spielen in ganz China heute eine erhebliche Rolle, auch im Transportwesen. China ist das pferdereichste Land der Welt.

Unten: Großer Panda im Zoologischen Garten der Stadt Peking.

china). Ohne geographische Verbindung mit diesen Vorkommen existiert in West-Sinkiang noch die Rasse N. c. rothschildi. Ein weiteres isoliertes Vorkommen gibt es dann noch auf der Insel Taiwan, und zwar die Unterart N. c. owstoni.

Die aus unseren Alpenländern bekannten Alpendohlen und Alpenkrähen sind in China ebenfalls gut bekannt und geographisch sogar weitaus stärker verbreitet. So gibt es die Alpenkrähe (Pyrrhocorax pyrrhocorax) in ganz China, nur nicht im Südosten. Im Norden Chinas ist sie durch die Rasse P. p. brachypus vertreten, in Tibet und im übrigen Südosten sowie in Zentralchina durch P. p. himalayanus. Die Alpendohle (Pyrrhocorax graculus) kommt in West- und Zentralchina in der Unterart P. g. digitatus vor. Nur geringe geographische Verbreitung hat in China die Glanz- oder Hauskrähe (Corvus splendens) in der Form C. s. insolens. Man kann sie nur in wenigen Teilen Tibets und Süd-Yünnan antreffen. Sie ist offenbar im Reich der Mitte die seltenste Rabenart. Während in Westchina die Nominatform Corvus frugilegus frugilegus die Saatkrähe lebt, gibt es in ganz Ost-, Nord- und in weiten Teilen Zentralchinas die Unterart C. f. pastinator. In allen Teilen Chinas ist die Dohle (Corvus monedula) verbreitet, und zwar im Westen in der Nominatform C. m. monedula und im übrigen China in der Rasse C. m. dauricus. Überwinterungsgebiete beider Formen befinden sich zum großen Teil schon in Südchina. Die in vier Rassen vorkommende Dickschnabelkrähe (Corvus macrorhynchus) gibt es in Südtibet (C. m. intermedia), Szetchuan, Yünnan, Kansu (C. m. tibetosinensis), Nordostchina (C. m. mandschuricus) und in Mittel- und Südostchina sowie auf den Inseln Taiwan, Hainan (C. m. colonorum). Nur in den nördlichen Teilen Chinas, dort aber sehr verbreitet, lebt die Aaskrähe (Corvus corone) in der Form C. c. orientalis. Die Vorkommen der zweiten verbreiteten Rasse C. c. sharpii sind derzeit noch nicht hieb- und stichfest erforscht, deswegen sei nur gesagt, daß diese Rasse im Westen Chinas und möglicherweise in Yünnan sowie am Unterlauf des Yangtsekiang vorkommt. Während die Halsbandkrähe (Corvus torquatus) in Ost- und Südostchina lebt, findet man den großen Kolkraben (Corvus corax) in zwei Unterarten in ganz West-, Südwest- und Nordwestchina, und zwar in den nördlicheren Teilen die Rasse C. c. kamtschaticus, in den südlicheren C. c. tibetanus. Auch hierbei ist zu bemerken, daß die Biotope in Zentraltibet noch weitgehend unerforscht hinsichtlich dieser Art sind.

Eulen und Käuze

Jahrtausendealte Plastiken aus den verschiedensten Materialien, vor allem aus der Schang-Dynastie (1600 bis 1100 vor Christus), während der sogenannten Sklavenhaltergesellschaft im Reich der Mitte, zahlreiche Sagen und Märchen sowie ungewöhnlich viele Darstellungen in der modernen chinesischen Kunst im traditionellen Stil zeugen von der uralten Verbundenheit der Chinesen mit den dort von Art und Zahl her reichen Eulenvorkommen. Im eulenreichen China ist allein der Uhu (Bubo bubo) in ganz China verbreitet, und zwar in genau sieben Rassen. Im äußersten Nordwesten, also in Sinkiang, ist es die Unterart B. b. yennissensis, in der Gobi bis zur Inneren Mongolei und der Provinz Kansu B. b. hemachalana. Sogar in Tibet (bis Yünnan und Szetchuan) lebt der Uhu in der Form B. b. tibetanus. Die weiteste Verbreitung hat der Bubo bubo kiautschensis. Er lebt in Zentralchina, Süd- und Ostchina, vor allem in den Provinzen Szetchuan, Yünnan, Kueitschou, Kwangsi, Fukien, Honan, Anhwei und Schantung. Der B. b. auspicabilis lebt nur nordwestlich von Urumtschi in Sinkiang. Im Tarimbecken gibt es den B. b. tarimensis. Stark verbreitet ist auch der Bubo bubo ussuriensis. Man findet ihn vom Ussuri- und Amurgebiet (vor allem im Tschangbai-Gebirge) bis zum Gelben Fluß und hin bis zum Gelben Meer. Leser, die die Reviere Sibiriens und der Ost-Mongolei kennen, werden dort unter Umständen diesem Vogel begegnet sein, da er auch dort vorkommt. Der Nepal-Uhu (B. nipalensis) ist in Südchina (Yünnan, Kwangsi, Kwangtung) beheimatet.

Von den Fischuhus gibt es in China u. a. den Gelbbraunen Fischuhu (Ketupa flavipes), der in Zentral- und Südchina bis zum Südchinesischen Meer und auf Taiwan lebt. Seine nördlichste Verbreitung hat er am Gelben Fluß. Der Mandschurische Fischuhu (K. z. doerriesi) lebt in der Inneren Mongolei, Heilungkiang und der Mandschurei. Der Braune Fischuhu (K. z. orientalis) ist im äußersten Süden bis zur Insel Hainan beheimatet. Noch unerforscht sind nach Angaben des Zoologischen Instituts in Peking die Vorkommen des Fischuhus im Gebiet zwischen Yangtsekiang und Gelbem Fluß. Der eingangs genannte Bubo bubo kommt übrigens auf keiner der beiden großen chinesischen Inseln Taiwan und Hainan vor.

Enorm ist die weitere Eulenvielfalt, wenn auch die nachfolgend genannten Arten nie in ganz China verbreitet sind, so wie der Uhu. Die Schleiereule (Tyto alba) kommt beispielsweise nur in der Rasse T. a. javanica in dem südlichen Yünnan vor, ist also keine typische chinesische Eule. Der Trillerkauz (Glaucidium cuculiodes) kommt in den drei Rassen G. c. whiteleyi, G. c. rufescens und G. c. persimile in ganz Südostchina vor, die Graseule (Tyto capensis) in der Rasse T. c. chinensis in Süd- und Südostchina. Auf der Insel Taiwan lebt die Unterart T. c. pithecops. Während die Fratzeneule (Phodilus badius) bzw. Maskeneule in der Rasse P. c. saturatus im östlichen Himalaja und Südchina lebt, gibt es die Zwergohreule (Otus scops) gleich in vier Rassen auf mehr als 50 Prozent des chinesischen Territoriums, zumeist in Ostchina vom Norden bis zum Süden. Während die Rasse O. s. botelensis nur auf Taiwan vorkommt, lebt in ganz Mittel- und Nordchina — vom Yangtsekiang bis Ussuri/Amur — die O. s. stictonotus, im gesamten Süden von Yünnan bis zum Südchinesischen Meer und zum Yangtsekiang die Rasse O. s. malayanus. Nur im westlichsten Teil Sinkiangs gibt es, isoliert von den vorgenannten Rassen, die O. s. pulchellus. Ebenfalls in vier Rassen kennt man in China die Halsbandeule (Otus bakkamoena). Die einzelnen Unterarten sind: O. b. ussuriensis im Tschangbai-Naturschutzgebiet, Heilungkiang und Kirin, O. b. erythrocampe von Yünnan (Grenze zu Burma) bis Ostküste, O. b. glabipres nur auf Taiwan und O. b. umbratilis nur auf Hainan.

In geringer Stückzahl taucht im nördlichen Heilungkiang gelegentlich auch die Schnee-Eule (Nyctea scandiaca) auf, jedoch — wie in Mitteleuropa bzw. Südskandinavien — äußerst selten. Auch in Nordchina richten sich ihre Wanderungen nach den Beuteangeboten. Im Norden lebt die Sperbereule (Surnia ulula ulula), die es westlich auch in der Rasse S. u. tianschanica gibt. Nur in Südchina lebt der Wachtelkauz (Glaucidium brodieri brodieri), der noch einen Verwandten (G. b. paradalotum) auf der Insel Taiwan hat. In diesen Gebieten gibt es auch den Sperlingskauz (Glaucidium passerinum). In drei Unterarten findet man den Falkenkauz (Ninox scutulata): N. s. ussuriensis in Nordostchina bis Mittelchina, N. s. burmanica in Südchina bis Hainan und Yünnan, N. s. totogo nur auf Taiwan. Der kleine Steinkauz ist auch im Reich der Mitte weitverbreitet, allerdings kaum in den südlicheren Provinzen, wo er südlich des Yangtsekiang wahrscheinlich überhaupt nicht vorkommt. So jedenfalls die wissenschaftlichen Untersuchungsergebnisse der chinesischen Ornithologen über viele Jahrzehnte hinweg. Die einzelnen Rassen: Athene noctua orientalis (Sinkiang), A. n. ludlowi

(Tibet — Szetchuan), A. n. impacta (Szetchuan — Tschinghai) und A. n. plumipes in Nord- und Mittelchina mit der weitesten geographischen Verbreitung. Der bei uns unbekannte Malaienkauz kommt in China in drei Rassen vor, als Strix leptogrammica ticehursti in Südchina bis Schanghai und S. l. caligata auf Taiwan und Hainan. Seltener ist der S. l. newarensis in Yünnan. Nicht selten ist auch der Waldkauz, und zwar als Strix aluco nivicola in Tibet bis zur Ostküste und Südchina und S. a. ma in der Umgebung der Hauptstadt Peking bis zum Gelben Fluß. S. a. yamadae lebt nur auf Taiwan. Der in Deutschland äußerst seltene Habichtskauz (Strix uralensis) ist geographisch auch in China nicht sehr weit verbreitet. Seine hauptsächlichsten Vorkommensgebiete sind in dem riesigen Naturschutzgebiet Tschangbai im Nordosten Chinas (die Rassen Strix uralensis nikolskii und S. u. coreensis) und in anderen Gebieten Kirins und Heilungkiang. Isoliert davon gibt es noch in der Provinz Szetchuan die Rasse Strix nebulosa lapponica, allerdings tritt er auch dort sehr selten auf.

In ganz China kommt übrigens die Sumpfohreule (Asio f. flammeus) vor, aber nur als Wintergast. Brutvogel ist sie bloß im westlichen Teil Heilungkiangs in Nordchina. Die in den Wintern an fast allen großen Flüssen Chinas auftauchenden Exemplare stammen in der Regel aus West- und Ostsibirien. Die Waldohreule (Asio otus otus), die in der jahrtausendealten chinesischen Darstellungskunst wohl den größten Platz innehat, ist in Sinkiang, der Inneren Mongolei, Heilungkiang und Kirin Brutvogel, in Südostchina Wintergast. Als letzte Art sei noch der in China seltene Rauhfußkauz zu nennen, der in der Rasse Aegolius funereus sibiricus in Heilungkiang vorkommt, als A. f. beichianus in Tschinghai und als A. f. pallens im äußersten Westen Sinkiangs.

Wie der China-Sittich nach Europa kam

Auf alle Vogelarten im Rahmen dieses Buches einzugehen, ist aus Platzgründen nicht möglich, deswegen sind in den einzelnen Kapiteln auch nur die den Jäger- und Naturfreund vorrangig interessierenden genannt. Wollte man alle 1166 in China vorkommenden Vogelarten und das Vielfache dieser Zahl an Unterarten beschreiben, müßte man sicher mehr als 1000 Druckseiten alleine dafür beanspruchen. Man bedenke: in China sind 13 Prozent des gesamten Welt-Vogelbestandes beheimatet. Zum Vergleich: in Europa kommen nur 480 Vogelarten vor. Da jedoch zur Zeit sehr viele Singvögel und Papageien aus China zwecks Ziervogelhaltung nach Europa ausgeführt werden, will ich einiges darüber berichten, wie der beliebte, heute aber noch sehr teure China-Sittich nach Europa gelangte und mit welchen Schwierigkeiten dies verbunden war.

Hielt man den zu den prächtigen Edelsittichen gehörenden China-Sittich (Psittacula derbiana) bislang für einen auch in seiner chinesischen Heimat recht seltenen Vogel, wirft eine Meldung aus jüngster Zeit doch ganz andere Perspektiven auf. Ein Händler hatte nämlich über die auf dem chinesischen Festland befindliche britische Kronkolonie Hongkong in Peking anfragen lassen, ob es nicht möglich sei, „einige" China-Sittiche für den Weiterverkauf direkt aus China zu beziehen. Die Nachfrage nach dieser Art zeige seit einiger Zeit eine zunehmende Tendenz. Die Antwort aus dem Reich der Mitte verblüffte die Fachwelt, war zugleich aber äußerst aufschlußreich: Eine Lieferung von China-Sittichen sei unproblematisch, wenn zugleich 5000 Exemplare bezogen würden, denn unter dieser Abnahmezahl lohne sich der Aufwand für eine derartige Expedition ins Innere der Berge nicht. Das war dem neugierigen Händler aber nun doch wohl eine Nummer zu groß, so daß er von diesem Geschäft Abstand nehmen mußte.

Wie schwer tatsächlich der Transport der China-Sittiche aus ihrer etwa 1500 × 800 Kilometer großen Heimat (Osttibet, Szetchuan und Teile Yünnans) in Wirklichkeit ist, mag ein Bericht von A. Hampe aus dem Jahre 1935/36 aufzeigen, der in den dreißiger Jahren von China aus zahlreiche dieser Vögel nach Europa und Amerika schaffte. Mit ähnlichen Schwierigkeiten werden die chinesischen Fänger auch heute noch in den mehr oder weniger unzugänglichen Gebirgen zu kämpfen haben, die die Heimat dieses wunderbaren Edelsittichs sind.

A. Hampe, der 1905 aus mir nicht bekannten Gründen nach China übersiedelte und sich dort zumeist in der Hafenstadt Schanghai aufhielt, wurde auf dem dortigen Vogelmarkt auf den China-Sittich aufmerksam. In jener Zeit kostete ein solcher Vogel umgerechnet etwa 10 Mark. Zahlreiche wohlhabende Chinesen hielten sich schon damals einen dieser Papageien, zumeist auf einem schaukelähnlichen Gerät mit einer Metallsitzstange. 1926 konnte Hampe dann aus Privatbesitz in Schanghai zwei Exemplare erwerben, die er auch gesund nach England schaffte. Da dies jedoch für den Aufbau von Zuchten in Europa auf gar keinen Fall reichte, entschloß er sich, gleich eine größere Anzahl aus den Bergen Innerchinas zu beziehen.

Doch das war leichter gesagt als getan, denn sein chinesischer Freund klärte den Vogelliebhaber Hampe erst einmal darüber auf, daß die derzeitigen politischen Unruhen (die Kämpfe zwischen den Nationalisten und Kommunisten) auch im Süden Chinas stattfinden, vor allem aber auf dem Yangtsekiang, der als Transportweg für die edlen China-Sittiche unerläßlich sei. Als Hampe einem Händler jedoch versprach, zehn Sittiche abzunehmen, dies für einen damals unerhört hohen Preis, war es plötzlich möglich, jemanden den Fluß hoch bis Chungking, einem der Haupthandelsplätze für Vögel und Fasanen, zu schicken.

Nachdem Hampe eine hohe Summe im voraus bezahlt hatte, fuhr der Bote mit einem klapprigen und altersschwachen Dampfer los, um nach gut zwei Monaten mit leeren Händen in Schanghai wieder aufzutauchen. Schon unterwegs hatte ihn eine Bande umherstreunender Banditen völlig ausgeraubt und derart eingeschüchtert, daß er auf die Weiterfahrt gen Chungking schnell verzichtete.

Der verständlicherweise arg enttäuschte Hampe stand nun wieder ohne seine so sehnsüchtig erwarteten China-Sittiche in Schanghai. Da ihm aber die Vorstellung von Zuchten dieser Vögel in Europa nicht aus dem Kopf zu treiben war, schrieb er diesmal an einen Bekannten in Chungking, legte eine farbige Abbildung des Edelsittichs bei und bat diesen, einige Paare zu schicken. Nach gut sieben Wochen kam dann endlich die wiederum enttäuschende Antwort, daß ein solcher Vogel in Chungking nicht zu erhalten sei, der Freund habe die Bitte aber an Bekannte in Chengtu, tiefer in Szetchuan, weitergeleitet.

Hampe hatte keine große Hoffnung mehr, daß auf diesem Wege noch etwas zu erreichen sei, so daß er völlig überrascht nach weiteren fünf

Wochen die Nachricht in der Hand hielt, man habe einen Fänger weit ins Innere der Berge westlich des Roten Beckens in Szetchuan geschickt. Jener habe jetzt 43 der Vögel gefangen und 21 gesund nach Chengtu gebracht. Die übrigen seien während des harten Transports über die Gebirgspässe leider eingegangen. Tage später erreichte Hampe ein weiterer Brief, in dem ihm mitgeteilt wurde, man habe sechs Paare an ihn abgeschickt, die übrigen an chinesische Freunde verteilt, denn sicherlich wolle Hampe nicht „so viele Raudaumacher“ haben... Das war im Februar 1928. Erst im schwülen Mai dann kamen zwei der abgeschickten sechs Paare tatsächlich in Schanghai an, völlig abgemagert und in einem erbärmlichen Allgemeinzustand, dazu angekettet an der damals in China üblichen Eisenschaukel.

Schnell machte Hampe sich auf, wenigstens noch diese Vögel vor dem Eingehen zu retten, er kaufte ordentliche Käfige, Hanf, Sonnenblumenkerne und frisches Zuckerrohr, fütterte sie in der ersten Zeit auch nachts. Nach einigen Wochen hatten sich die vernachlässigten Papageien dann derart erholt, daß sie durch ihr Geschrei schon morgens um fünf Uhr fast alle Gäste des Hotels, in dem Hampe lebte, frech aus dem Schlaf holten. Da sie also im Hotel nicht mehr zu halten waren, besorgte er sich einen Versandkäfig und verschiffte die Vögel an einem glühenden Julitag gen England. Dort kamen sie auch gut an, was ein Brief nach drei Monaten bestätigte.

Bald darauf konnte Hampe sechs weitere China-Sittiche in Züchterhände nach Japan und Europa geben, bis 1931 durch angestrengte Mühen noch weitere 50, wovon die meisten nach Amerika gingen. Hier, bei Dr. Patrick in Los Angeles, entschloß sich dann auch erstmals im Westen ein China-Sittich-Paar erfolgreich zur Brut (1930). 1933 gelang die Zucht erstmals in England.

Zuerst beschrieben wurde der China-Sittich 1850 von Louis Fraser nach einem Exemplar aus der Sammlung von Lord Derby. Deswegen auch der Name „Lord Derbys Edelsittich“, der heute auch im deutschsprachigen Raum noch Verwendung findet. Auch Lord Rothschild hatte schon 1899 zwei weibliche Exemplare aus mir unbekannter Quelle, die er aber an den Zoo in London abgab.

Der auch heute immer noch, trotz gelegentlicher Zuchterfolge zumeist in Zoos, sehr selten angebotene und deswegen auch teure China-Sittich wird etwa 44 cm lang, hat einen breiten und schwarzen Streif vom Unterschnabel zur oberen Ohrgegend sowie ein bläulichrosa Bauchgefieder. Der Nacken ist leuchtend grün, der Schnabel schwarz, der

Oberschnabel am Ende des zweiten Lebensjahres jedoch rot. Die Weibchen haben zuerst rote Schnäbel, die nach zwei Jahren schwarz werden. Im dritten Lebensjahr sind diese Edelsittiche völlig ausgefärbt. Der Vogel wird oft, auch als Wildfang, sehr zahm, spricht aber nur wenige Worte und zumeist sehr undeutlich. Es soll aber Ausnahmen geben. Die Brut dauert gewöhnlich 28 Tage. Nach weiteren sechs bis sieben Wochen verlassen die Jungen das Nest. Der männliche Vogel beteiligt sich oft sehr rührig an der Fütterung der Kleinen. In Gefangenschaft werden heute zur Zucht vor allem Möhren, Äpfel, eingeweichtes Weizenbrot und Löwenzahnblätter gereicht. Da die Vögel in ihrer chinesichen Heimat in Höhen bis zu 3700 Meter vorkommen, sind sie in unseren Breiten winterhart, gegenüber Frost und Kälte unempfindlich.

Andere Vögel, die heute direkt aus China oder über Hongkong nach Europa ausgeführt werden, sind: China-Nachtigallen, Silberohrsonnenvögel, Drosseln, Beos, andere Sitticharten, Rabenvögel, Entenvögel und Fasanen, Temminck-Tragopane, Lerchen. Zur Zeit werden die Ausfuhrbestimmungen aus China erleichtert, damit weitere Arten ausgeführt werden dürfen. Geschützte Arten werden allerdings nicht exportiert.

Die Hirschvielfalt in den Weiten Chinas

Dem französischen Missionar und Pater Armand David, einem der bekanntesten Ostasien- bzw. Chinaforscher, gelang es 1865 mit Geld und vielen „guten Worten“ die Wachen zu bestechen, die den Wildpark des damaligen Kaisers von China bewachten. Die Wächter gestatteten dem Gottesmann und Zoologen, der gleichzeitig ein leidenschaftlicher Jäger war, die hohe Mauer zu erklettern und einen Blick auf das Innere zu werfen. Der naturwissenschaftlich interessierte „Spion“ aus dem Westen erblickte von der Mauerkrone aus ein Rudel großer Tiere, die er zunächst wegen ihrer „rentierartigen Geweihe“, der langen, am Ende bequasteten Wedel und der hohen Lauscher für eine bisher noch unbekannte Art von

Rentieren hielt. Er ließ deswegen in seinen Bemühungen nicht locker — und nach einiger Zeit gelang es ihm dann auch tatsächlich, ein Fell dieser vermeintlichen „Rentiere“ zu beschaffen. Die Decke des Wildes ging zwecks genauerer Untersuchungen nach Paris.

Kurze Zeit später gelang es Armand David dann auch, drei der ungewöhnlichen Tiere nach Europa zu verschiffen. Sie verstarben zwar unterwegs aufgrund der Strapazen, doch konnte man anhand der Überreste ermitteln, daß es sich nicht um Rentiere, sondern um echte Hirsche handelte! Eine zoologische Sensation war damit perfekt. In der Folgezeit kamen weitere Tiere nach Europa, die die beschwerliche Reise über Wasser überstanden und sich, langsam zwar, in europäischen Zoos fortpflanzten. Der Herzog von Bedford setzte in seinen Waldungen mit Hilfe zahlreicher Zoodirektoren eine Anzahl von Jungtieren aus, die sich dort prächtig entwickelten, so daß der Bestand bald auf 80 Exemplare heranwuchs. Heute weiden in den herzoglichen Forsten mehr als 300 dieser sogenannten Davidshirsche, die man auch Milus nennt. Für das Überleben dieser Hirschart war dies ein unschätzbares Glück, da der Davidshirsch (Elaphurus davidianus) in seiner Heimat in Nordostchina schon seit unbestimmter Zeit ausgerottet ist und nur in den kaiserlichen Anlagen gehalten wurde. Im Jahre 1895 aber riß dort eine Hochwasserflut die Mauern des Parks ein und vernichtete fast den gesamten Bestand von einigen hunderten Tieren. Dennoch blieb bis heute umstritten, ob sich einige der Tiere in Freiheit bis in unsere Zeit retten konnten.

Ich neige eher zu der Annahme, daß sie in Chinas freier Wildbahn tatsächlich nicht mehr vorkommen, da es zumindest keinerlei positive Hinweise in der chinesischen Literatur darüber gibt! Sicher ist nur, daß der Davidshirsch noch um die Jahrhundertwende in Chinas Nordosten vorkam!

Der Davidshirsch, der einst in der Inneren Mongolei, der Mandschurei und im hohen Norden Chinas lebte, ist durch ein vielendiges Geweih gekennzeichnet, dessen Hauptsprossen sich nach rückwärts verzweigen. Ein Novum! Auffallend ist die Ähnlichkeit mit den Geweihen der Rentiere. In der Länge mißt das Tier bis zu 220 cm, der Wedel wird bis zu 60 cm(!) lang. Das dichte, zottige Kleid der Decke ist rötlichgrau auf der Oberseite und gelblichweiß auf der Unterseite. Inzwischen gibt es den Davidshirsch auch wieder im Pekinger Zoo zu sehen. Es handelt sich dabei um Exemplare, die die Chinesen aus England bezogen haben. Auch in Peking stellte sich bereits mehrfach Nachwuchs ein, so daß diese Art sicher auch bald in anderen chinesischen Zoos gezeigt werden kann und chinesische Pläne, das Wild wieder in Freiheit auszusetzen, immer mehr Gestalt annehmen.

Eine Hirschart, die ebenfalls nur im Reich der Mitte freilebend vorkam, heute dort noch in einigen Gebieten frei lebt, ist der Weißlippenhirsch, der bislang noch unter staatlichem Schutz steht. Da die Bestände in den letzten Jahren aber dank hervorragender Hege stark zunahmen, werden sicher auch auf ihn in absehbarer Zeit zumindest einige Abschüsse freigegeben. Dieser Hirsch, der zu den wertvollsten und begehrtesten der Welt gehört, lebt auf dem tibetischen Hochplateau, in den Provinzen Tschinghai, Kansu und Szetchuan. Die Decke dieses Seltenen ist gelbbraun, am Bauch hellgelb, am Ziemer gesträubt. Um den Äser und Windfang bis unter die Lauscher ist sie weiß — deswegen der Name. Der Windfang zeigt keinen nackten Teil. Die Lauscher sind spitz und lang. Die männlichen Tiere tragen ein großes Geweih mit bis zu acht Sprossen. Der Weißlippenhirsch lebt im Gebüsch oder auf Almen 4000 bis 5000 Meter über dem Meeresspiegel und kann extreme Kälten sehr gut vertragen. Auf der Suche nach Nahrung legt er in seinen kargen Biotopen oft ungewöhnlich lange Strecken zurück. Für diese wunderschöne Hirschart, die außerhalb Chinas nicht zu finden ist, kam die Unterschutzstellung seinerzeit wirklich „fünf Minuten vor zwölf". Die Zuchterfolge in den letzten Jahren ermöglichten es sogar, daß man erstmals einige der Tiere ins Ausland verschenken konnte. Die ersten Exemplare (2) gingen als „Geschenk an die Kinder von Sri Lanka" „den Kindern Chinas" nach Colombo. Dort gab man ihnen die Namen „Glück" und „Freundschaft".

Bleibt zu wünschen, daß diese Art irgendwann auch einmal europäische Tierparks erreicht, wenn dies die Zahlenstärke der chinesischen Zootiere erlaubt.

Oft nur ein Sechsergeweih tragen die Sambarhirsche (Rusa unicolor), die im Himalaja bis 3000 Meter vorkommen. Diese Art wird bis zu 180 cm lang, hat einen bis zu 30 cm langen Wedel und ein rauhes Fellkleid, oberseits schwärzlich-braun und unterseits am Bauch schwärzlich. Den Träger und den Stich bedeckt eine Mähne von graubrauner Färbung.

Der Sambarhirsch wird in China bejagt.

Der Axishirsch (Axis axis) ist ebenfalls in Südchina weit verbreitet, aber nicht auf dieses Gebiet beschränkt. Er kommt auch in den Nachbarländern vor, so z. B. in Indien, Birma, Kambodscha, Thailand und Vietnam. Bis zu 140 cm lang und bei einer Kreuzhöhe von 100 cm wird der Axishirsch fast 100 kg schwer. In China sollen noch schwerere vorkommen.

Er gilt als der schönste Hirsch der orientalischen Region. Über den Ziemer zieht sich ein schwärzlicher Streifen, seine Flanken schmücken zahlreiche weiße Flecken (sieben Reihen). Unterseits sowie zwischen den Läufen ist das Tier gelblichweiß gefärbt. Das Geweih hat ebenfalls nur sechs Enden wie beim Sambarhirsch.

Der Leierhirsch, der die offenen Landschaften und Flurtäler liebt, lebt auf der südchinesischen Insel Hainan, wo auch die übrige Tierwelt, vor allem die Vogelwelt, sehr vielfältig ist. Das auf eine lange Strecke ungegabelte Geweih dieser Art biegt sich nach rückwärts und ist erst am Ende gegabelt.

Der Sikahirsch (C. nippon) lebt heute in der Mandschurei, in einigen anderen Teilen Chinas und im Grenzgebiet zu Korea. Außerdem gibt es ihn auf der Insel Taiwan. Unterschieden werden in China zahlreiche Unterarten, die wichtigsten:

Sikahirsch — in Nordchina, Mandschurei und in Japan
Mandschurischer Sika — in der südlichen Mandschurei,
Taiwan-Sika — nur auf Taiwan und
Dybowskihirsch — in der nördlichen Mandschurei.

Während die erstgenannten Sikahirsche meist nur bis zu acht Enden haben, kann das Geweih des Dybowski zehn aufweisen.

Das Sikawild kommt in geringerer Stückzahl heute auch in Europa vor. Zum Abschuß gelangen hier in der Bundesrepublik jährlich etwa 400, in Österreich rund 150 und in der Schweiz etwa 50.

Der Wapiti kommt nicht nur in Nordamerika vor, sondern in etwas kleinerer Form auch in China. Oft hat er im Reich der Mitte sogar trotz seiner geringen Größe ein gewaltigeres Geweih! Unterschieden werden hauptsächlich zwei asiatische Typen: Altai-Wapiti und Isubrahirsch. Die Mongolen in der Inneren Mongolei (chinesische autonome Provinz) und in der Mongolischen Volksrepublik halten ihn seit Jahrhunderten in großen Herden in Gattern, die teils sehr weitläufig sind, da seine Geweihstangen sehr begehrt sind. Sie spielen auch in der heutigen chinesischen Medizin noch eine wesentliche Rolle. Zu erwähnen sind auch die in zahlreichen Unterarten von der nördlichen Grenze zur Mongolei bis zur Südgrenze Chinas vorkommenden Tibethirsche und die kleinen primitiven Muntjakhirsche, die von Tibet bis Ostchina überall vorkommen. Sehr stark sind in China auch die unterschiedlichsten Formen des Rothirsches verbreitet.

Rothirsche in chinesischer Wüste

Der auch bei uns allbekannte Rothirsch ist in Chinas Revieren die verbreitetste Hirschart. Die stärksten Exemplare findet der Jäger in Nordwest-Sinkiang und in Nordchina.

Daß die angeblich so „toten“ Wüsten für Mensch und Tier genutzt werden können, dafür sprechen auch die Ergebnisse verschiedenster Forschungsexpeditionen, die in China in den vergangenen Jahren durchgeführt worden sind. Ich will an dieser Stelle nur auf die Expedition eingehen, die mir von Bedeutung erscheint, da sie vielversprechende Folgen zeitigte. Auf den herkömmlichen Landkarten und den uns bekannten Atlanten finden wir nur eine „leere“ Fläche, braungelb gedruckt und die beiden Bezeichnungen „Ostturkestan“ und „Taklamakan“ — sonst nichts. Die Chinesen nennen diesen Raum, die größte Sandwüste im Reich der Mitte, die „Taklamakan-Wüste“, europäische Reisende und Forscher sprachen früher von einem „Meer des Todes, wo nichts Lebendiges Fuß fassen kann ...“ Chinas Wissenschaftler und Jäger aber stellten in den letzten Jahren fest, daß es in diesem 320.000 Quadratkilometer (!) großen Gebiet in früheren Zeiten recht reges Leben gegeben hat, die Wüste jedoch mit den Jahrhunderten ganze Städte mit ihrem Sand begrub. Und auch heute ist diese angeblich so leere Wüste nicht vollständig tot, wie sich bald herausstellte. Im Gegenteil! Man fand nämlich wasser- und grasreiche Oasen mit üppigen Urwäldern (!!!), in denen das Gezwitscher von Vögeln zu hören war und man bald Spuren von Wildschweinen, Wildziegen, Antilopen, Sandhasen, Füchsen, Wölfen und Rothirschen entdeckte. Für die Chinesen ein Beweis, daß man die Wüste nutzbar machen kann. In diesen Gebieten wurden sodann zahlreiche junge Rothirsche eingefangen, die den Grundstock für mehrere Rothirsch-Zuchtstationen im Ostteil der Wüste bildeten, um so weitere Gebiete mit Rothirschen zu besiedeln und auch in Gattern die begehrten Geweihe zu gewinnen, die alljährlich an den Staat abgeliefert werden.

Da die Tiere gut gediehen, konnten bis auf den heutigen Tag weit über ein Dutzend solcher Stationen eingerichtet werden. Daneben schuf man durch große Bewässerungsmaßnahmen, Urbarmachung und riesige Schutzwaldstreifen Reviere für zahlreiche andere Tierarten, vor allem geeignete Biotope für Wildschweine und Fasanen. Sogar die Bienenzucht wird intensivst betrieben.

„Duftrehe“

Wenn keine Möglichkeit gefunden worden wäre, den Duftstoff aus den Moschusdrüsen der chinesischen Moschustiere schmerzfrei und vom lebenden Tier zu gewinnen, wäre es heute wohl schon lange mit diesem scheuen und zarten Waldtier aus gewesen! Vor gar nicht allzu langer Zeit mußten nämlich für jedes Kilogramm des begehrten Moschus-Duftstoffes rund 140 Tiere sterben! Eine Tatsache, die den Untergang dieser herrlichen kleinen Tierart rapide beschleunigt hätte. Von einem Aussterben aber kann heute nicht mehr die Rede sein, dank unvoreingenommener Zusammenarbeit von Bauern, Jägern und Zoologen. Es gab im Reich der Mitte wohl noch nie so viele wildlebende Moschustiere, so daß sie in vielen Landesteilen heute wieder regelmäßig bejagt werden können — und müssen, damit ihre Bestandsvermehrung nicht zu Lasten der übrigen Natur geht. Auch wird das Moschustier seit vielen Jahrens schon in Gattern gezüchtet, da es auf diese Weise einfacher ist, den Moschus zu gewinnen, ohne die Tiere zu töten. In einigen Provinzen, so vor allem in der Provinz Schensi, wurde die Massenzucht des Duftrehes oder Moschustieres sogar zu einem der wichtigsten Nebengewerbe der dort heimischen Bauern, von denen auch viele gleichzeitig Jäger sind. Bei ihren Zähmungsversuchen fanden die Bauern und Jäger heraus, daß Moschus gewonnen werden kann, schmerzlos, indem man mit einem kleinen Löffel den Moschus aus dem Beutel der Tiere schöpft. Hierbei zeigt sich auch, daß die Böcke im Alter von einem vollen Jahr beginnen, Moschus abzusondern. Wenn sie drei Jahre alt sind, ist ihr Moschus „ausgereift“ und kann jährlich zweimal — im Frühling und im Herbst — entnommen werden. Ein einziges Moschustier liefert so über ein Dutzend Jahre lang Moschus in großer Menge und guter Qualität. Obwohl man zunächst angenommen hatte, daß man die Moschustiere nicht zähmen kann, begannen die Jäger 1958 damit, die Moschustiere mit Hilfe von Schlingen einzufangen, wobei die Fallen unter ständiger Kontrolle standen. Zuerst noch gerieten die Tiere jedesmal in Panik, wenn sie einen Menschen sahen, manche rannten sich sogar zu Tode, während andere sich verschüchtert abseits hielten und jede Nahrung verweigerten. Da sie kein Wasser aufnahmen, starben auch von diesen sehr viele, so daß das Projekt gescheitert schien. Obwohl insgesamt nur neun Exemplare übrig waren, gaben die Jäger nicht auf, wußten sie doch, daß es sonst mit dem Moschustier auch in freier Wildbahn bald aus gewesen wäre. Es mußte eine Möglichkeit gefunden werden, das Tier in Gattern zu züchten, damit die freilebenden Bestände sich ungestört vermehren konnten. Zunächst päppelte man die übriggebliebenen neun Tiere unter vielen Mühen wieder auf, um nicht weitere aus der freien Wildbahn holen zu müssen, diese nicht noch mehr zu strapazieren. Über einen längeren Zeitraum hinweg durften die Tiere keines Menschen gewahr werden. Nur an bestimmten Stellen und zu bestimmten Zeiten wurden ihnen Futter und Wasser vorgesetzt. Nach und nach hielt man die Moschustiere mit zahmen Schafen zusammen, um ihre Kontakte behutsam mit dem Menschen zu vermehren. Durch die Schaffung künstlicher Geräusche erreichte man, daß die Duftrehe sich Reizungen verschiedenster Art anpaßten und sich ihre Wildheit mit der Zeit legte. Nach und nach bekamen sie auch wieder öfter Kontakt mit Menschen und wurden nun so zahm, daß man spätere Generationen sogar außerhalb der Gatter grasen lassen konnte, ohne daß diese fortliefen.

Die Kinder und Kindeskinder der einstigen Wildfänge hatten sich an den Menschen gewöhnt! Dazugefangene Tiere gewöhnten sich „mit Hilfe“ ihrer zahmen Artgenossen ebenfalls sehr schnell an den Menschen. Heute sind keine Wildfänge mehr notwendig, so daß die wildlebenden Exemplare sich frei entwickeln können und die Jagd auf sie wieder erlaubt wurde. Mochustiere, die man im Chinesischen auch Duftrehe nennt, leben vor allem in Gebirgswäldern und in Hochgebirgen, sind sehr scheu und ungeselliger Natur. Tagsüber bleiben sie meist in irgendeinem Versteck, erst nachts kommen sie heraus. Wie es von chinesischer Seite heißt, lebt das Moschustier (Moschus moschiferus) mittlerweile wieder sehr verbreitet in den Berggebieten Mittel- und Südostchinas. Es ist, wie das Chinesische Wasserreh (Hydropotes inermis) geweihlos, hat aber zwei hauerähnliche Eckzähne im Oberkiefer, die oft weit herausragen. Es wird höchstens 17 kg schwer und 55 cm hoch. Das Chinesische Wasserreh, das ebenfalls nicht selten ist, wird übrigens nur 50 cm hoch und lebt im Gegensatz zum Moschustier in den Flußniederungen Chinas. Den Duftstoff Moschus verwendet man in China seit uralten Zeiten auch als Heilmittel in der Medizin.

Rehe

Die Bestände des Rehwildes in China sind ungewöhnlich groß, vor allem in Nordchina, also in den Provinzen Heilungkiang, Kirin, Liaoning, aber auch im Norden der Provinz Sinkiang. Man findet Rehe aber in fast allen Landesteilen. Besonders erwähnenswert ist das Tiänschan-Reh (Capreolous tianchanicus), das in Höhen bis zu 3000 Meter vorzufinden ist und ein stark geperltes, weit ausgelegtes Gehörn hat. Während das europäische Reh meist nur bis 25 kg schwer wird, gibt es im Norden Chinas Formen, die es auf über 50 kg bringen können. Unserem europäischen Reh noch am ähnlichsten in Form und Größe ist das Mandschurische Reh (Capreolous mantschuricus). Das Reh ist in China ein häufig vorhandenes Wild und wird deswegen auch oft erlegt. Bei der Massenzucht in Gattern spielt es aber eine weit geringere Rolle als der Hirsch.

Blauschafe

Ein interessantes Wild mit bis zu 90 cm langem Gehörn ist das in China heute weitverbreitete Blauschaf (Pseudois nayaur), dessen eigentliche Heimat die Provinzen Szetchuan, Kansu und Schensi sind. Man findet es aber auch in der Mongolei, der Inneren Mongolei quer durch Westchina bis Nepal und Kaschmir.

Das Tier lebt in den grasreichen Landschaften meist in Höhen von 3600 bis 5000 Meter und wird als eigene Gattung zwischen den Ziegen und Schafen geschildert und der Unterfamilie der Böcke zugeordnet. In einigen Gebieten Chinas ist das Blauschaf ganzjährig geschützt, in den meisten aber für die Jagd frei. Die Herden bestehen meist aus etwa 15 Exemplaren. Es sind aber auch schon welche beobachtet worden, die 200 Köpfe zählten.

Altböcke sind manchmal unverträgliche Einzelgänger, die ein Junggesellenleben in großen Höhen vorziehen. Erst im Herbst kommen sie dann zu den Herden zurück, die sich zu diesem Zeitpunkt zu

Alter Chinese in einem südchinesischen Dorf.

kleineren Gruppen von einem Bock und mehreren Weibchen aufteilen! Wegen der zahlreichen Feinde hält immer ein Tier Wache, meist von einem erhöhten Punkt aus, von dem die Umgebung weithin übersehbar ist. Währenddessen sind die übrigen Tiere mit dem Grasen beschäftigt. Die Paarung findet von Oktober bis November statt. Im Frühjahr werfen die Weibchen dann ein oder zwei Junge, die bis 20 Jahre alt werden können. Die Kopfrumpflänge der Blauschafe beträgt 115 bis 165 cm, Widerristhöhe: 75 bis 90 cm. Das Gewicht kann 80 Kilogramm und mehr betragen. Die Nahrung besteht in erster Linie aus verschiedenen alpinen Pflanzen. Für die Jagd auf Blauschafe benötigt man wegen der fast unzugänglichen Heimat dieser Tiere und ihrer Scheu eine hervorragende Kondition.

Andere Wildschafarten leben vor allem im Westen und Südosten Chinas, so auch Argalis (Ovis ammon) mit Hornlängen bis 120 cm.

Wildziegen

In Chinas Revieren kommen mehrere Wildziegenformen vor, von denen die interessanteste die Schraubenhornziege Markhor (Capra falconeri) ist. Sie ist wohl die schönste ihrer Art, unverwechselbar durch ihre wunderbar geschraubten Hörner. Der Name, der aus dem Persischen kommt, bedeutet so viel wie „Schlangenfresser", worauf viele Einheimische schwören und glatt ihre Großmutter verwetten würden. Unsere zoologischen Fachleute halten es jedoch für unwahrscheinlich, daß diese Wildziege wirklich Schlangen frißt, zumal dies bislang

Oben: Schon im Kindergarten werden die Kleinen mit dem Tier- und Naturschutz vertraut gemacht. Hier hatten sie aus Bauklötzen einen Zoo aufzubauen, dies mit allem dazugehörigen Inventar und den interessantesten Tieren.

Unten: Tierhaltung und -zucht, auch als Liebhaberei, gewinnt wieder zunehmend an Bedeutung. Vor allem die Goldfische haben es den Chinesen schon seit vielen Jahrhunderten angetan – hier in Kübeln auf einem Pekinger Hinterhof. Heute ist aber auch die Haltung von Singvögeln, Papageien oder auch von Fasanen wieder sehr beliebt und erlaubt. In den letzten Jahren wurden überall in China wieder zahlreiche Tier- und Vogelmärkte eröffnet, die während der Kulturrevolution geschlossen waren.

jedenfalls noch nie wirklich beobachtet werden konnte. Der Lebensraum der Schraubenhornziege liegt eindeutig tiefer als der der Blauschafe, nämlich zwischen 1300 und 2500 Metern. Nur einzelne Böcke steigen in warmen Sommern bis zu 3500 Metern auf. Die Kopfrumpflänge dieser Ziege beträgt bis zu 150 cm, Widerrist bis zu 120 cm. Das Gewicht dieses in seiner Heimat begehrten Wildes kann über 110 Kilogramm betragen. Der Jäger wird die Schraubenhornziege vor allem im Himalajagebiet, auch außerhalb Chinas, antreffen.

Himalaja-Thare

Im Jahre 1975 wurden auf chinesischem Gebiet im Himalaja erstmals einige Himalaja-Thare erlegt, die sonst in chinesischen Revieren nicht vorkommen. Inzwischen sind weitere Exemplare dieser Art auf chinesischem Gebiet entdeckt worden, so daß man mittlerweile davon ausgeht, daß eine Zuwanderung in nördliche Richtung stattfindet. Früher, so jedenfalls die Chinesen, habe es dieses Wild hier nicht gegeben. Der Thar, eine Halbziegenart, die eine Kopfrumpflänge von 170 cm erreichen kann, lebt vor allem außerhalb der Baumgrenze und bevorzugt felsiges Gelände, unzugänglich und steile Stellen, auf denen er gerne umherklettert. Erwachsene Böcke sind meist Einzelgänger, die sich dem Weibchen nur im März und April nähern, also während der Brunftzeit. Gleichzeitig steigen die Tiere dann auch tiefer, um saftigere Nahrung zu finden. Bekannt sind vor allem der Himalaja-Thar und der Sikkim-Thar.

Der ungewöhnliche Takin

Neben dem Großen Panda, über den ich an anderer Stelle ausführlicher berichtet habe, gibt es auf chinesischem Gebiet noch eine Anzahl anderer Tierarten, die heute nur noch dort in freier Wildbahn leben. Zu ihnen gehört der Takin, vor allem als besondere Unterart der Gold-Takin, den es nur in kleinen Gebieten in Szetchuan noch gibt. Diese Unterart kann man nur in einem einzigen Zoo auf dieser Erde sehen, und zwar in Peking. Den „normalgefärbten" Takin fand und findet man gelegentlich noch in westlichen Zoos. Der Takin (Budorcas taxicolor) ist ein interessantes und ungewöhnliches Tier mit einer sonderbaren Gestalt. Tierkenner streiten sich noch heute darüber, mit wem der Takin eigentlich verwandt ist, denn er hat den Körper eines Rindes, den Kopf eines Gnus und lebt hoch in den Bergen wie eine Gemse. Ist es nun eine Gnuziege oder eine Rindergemse? Kaum etwas weiß man auch über die Abstammung und über das Verhalten dieses Tieres, das in China unter absolutem Staatsschutz steht. Im Gegensatz zum Gold-Takin kommt der normalgefärbte Takin auch außerhalb des Schutzgebietes Wanglang in Szetchuan vor, in Kansu — und vermutlich auch in Osttibet. Die Körperlänge dieses Tieres beträgt in der Regel bis 150 cm, gelegentlich wenig mehr.

Die Fellfarbe reicht von einem gelblichen Graubraun bis zu stark goldfarbenem Gelb (Gold-Takin). Der Lebensraum beider Formen ist dichtes Buschholz und Bambusdschungel. Die Tiere gehen gerne über steilste Klippen die Berge hoch, bis weit über die Baumgrenze hinaus. Trotz ihres plumpen Aussehens sind sie ausdauernde Laufer, wenn sie mit tiefgesenktem Haupt geschickt die Felsregionen durchspringen. Bullen und Kühe grasen gemeinsam, wobei ein älterer Bulle die Herde führt. Sie weiden das saftige Grün in den Tälern und finden allerlei schmackhafte Kräuter in Bergsümpfen. Ein junger Takin kann vermutlich sofort nach der Geburt laufen, obwohl dies noch nie in freier Natur von westlichen Fachleuten beobachtet werden konnte.

Der sagenhafte Rotwolf und andere Wölfe

Um den Rotwolf, der in unserer Literatur Rothund (Cuon alpinus) genannt wird, spannen sich im Reich der Mitte viele Sagen, ähnlich wie das vom indischen Wolf bekannt ist. Da die Chinesen das Tier immer

„Rotwolf" nennen, will ich es in diesem Text ebenfalls so halten. Gelegentlich hält man die aus China kommenden Berichte, daß der Rotwolf sich in Rudeln gar an Büffel oder Bären heranwagt, ja sogar Tiger vertrieb, für übertrieben oder einfach unwahr. Da erwiesen ist, daß die Rotwölfe den Beständen des Großen Bambusbären bzw. Großen Pandas teils erhebliche Verluste zufügen, neige ich dazu, den chinesischen Berichten Glauben zu schenken, zumal es sich hier möglicherweise tatsächlich um eine stärkere Rotwolfart handelt als auf den japanischen Inseln, in Indonesien oder Indien. Nach den ostasiatischen Sagen besitzt der Rotwolf außergewöhnliche Fähigkeiten und eine besondere Intelligenz. Dem Harn schreibt man zum Beispiel eine schädliche Wirkung zu, weil man verschiedentlich heute noch glaubt, daß dieser eine besondere Zusammensetzung auf der Grundlage rauchender Säuren sei. Solchen Legenden zufolge harnt der Rotwolf immer an bestimmten Bäumen und schafft damit eine giftige Atmosphäre mit „beißenden" Dämpfen ... Die Beutetiere werden dann von den Rudeln eingekreist (meist 20 bis 30 Rotwölfe) und zu den vergifteten Bäumen getrieben, wo sie erblinden (aufgrund der giftigen Dämpfe!). Erblindet können die Opfer sich dann schlecht wehren und sind bald überwältigt. In Wirklichkeit harnen die Rotwölfe natürlich nicht aus solchen Gründen, sondern weil sie ein stark ausgeprägtes Territorialbewußtsein haben und auf diese Weise ihren Lebens- bzw. Hoheitsraum kennzeichnen. Der gesellige Jäger Rotwolf lebt in hierarchisch organisierten Rudeln, die unterschiedlich stark sein können. In China, wo der Rotwolf stark bejagt wird, weil er andere seltene Tiere, wie den Großen Panda, den Takin oder Goldhaarige Affen, seltene Vögel und Fasanen bedroht, nahm die Zahl der Rotwölfe dennoch in den letzten Jahren zu. Teils wurden sie regional zu einer wahren Plage, so daß extra größere berufliche Jägergruppen aus anderen Revieren herbeigezogen werden mußten, die bei der Reduzierung der Bestände mithalfen. Wie raffiniert der Rotwolf vorgeht, beweist er im Wanglang-Schutzgebiet, wo man dieses Tier wegen der Pandas eigentlich völlig vertreiben wollte. Die Jäger haben das bis heute nicht ganz schaffen können. Man muß dazu allerdings sagen, daß gerade dieses Gebiet zu den zerklüftesten und unübersichtlichsten Gebirgen Chinas gehört, so daß eine totale Überwachung nie möglich sein wird. Ein Rotwolf-Rudel, das eine zu reißende Beute ausgemacht hat, ist außerordentlich zäh und ausdauernd bei der Verfolgung.

Die schnellsten Tiere springen dann das bald eingeholte Beutetier an und beißen sich fest. In „Gemeinschaftsarbeit“ wird das Opfer hernach durch mehrere Bisse getötet. Vom eigentlichen Grauwolf unterscheidet sich der Rotwolf durch seine abgerundeten Ohren und das Vorhandensein von nur vier Zehen an den vorderen Gliedmaßen. Dazu kommt, daß seine Schnauze kürzer und der schwarzgefleckte Schwanz sehr buschig ist. Das Fell ist gelblichbraun bis hellgelblichbraun. In allen Landesteilen Chinas kommt heute noch der Grauwolf vor, im Nordosten, Norden, Westen und Südwesten sogar sehr häufig. Aus Sinkiang, Tschinghai, Nordtibet, Innere Mongolei und Heilungkiang werden regelmäßig, vor allem in harten Wintern, Meldungen von Wolfsplagen laut. Bekannt sind in China vor allem der Chinesische Tschango (Canis lupus chance) und in Nordostchina die sibirische Unterart Canis lupus dybowskii. Im Norden Chinas treten häufig auch sehr starke Einzelgänger auf. Der Grauwolf genießt in China keinen Schutz, dennoch ist seine Ausrottung in diesen Weiten auf lange Zeit hin kaum zu befürchten. Im Zuge der Öffnung chinesischer Reviere für westliche Jäger werden mit Sicherheit auch genügend Abschüsse auf den Grauwolf und auch auf den Rotwolf freigegeben.

Chinas Tiger

Auch in vielen der weiten Reviere Chinas ist der Tiger der unumstrittene König, jedenfalls in seinen letzten Rückzugsgebieten, die teils Schutzgebiete sind, in denen er nicht bejagt werden darf. In Gebieten, in denen der Tiger heute noch zu einer Gefahr für Menschen werden kann oder geworden ist, finden gelegentlich noch Tigerjagden statt, wie man von chinesischen Presseberichten her weiß. Im Norden Chinas lebt der größte aller Tiger, der bis zu 3.50 Meter lang und 300 Kilogramm schwer werdende Nordost-Tiger, auf der anderen Seite der Grenze auch Sibirischer Tiger genannt. Bis in die vierziger Jahre hinein war diese Art in China stark gefährdet, da sie mit bis zu 10.000 Dollar bezahlt wurde. In gefrorenem Zustand schaffte man die Tiger gen Süden bis Peking, wo alle Teile der Kadaver für Heilzwecke und Sympathiemittel Verwendung fanden. Eine Tigerkralle, als Amulett getragen, gab zum Beispiel dem Träger Mut, eine Schnurrborste machte alle Frauen in einen verliebt. Klar, daß die sibirischen Jäger, russische Trapper und auch Angehörige der einheimischen Minderheiten, sich dieses „Geschäft“ in den seltensten Fällen entgehen ließen. In wenigen Jahrzehnten war der Bestand auf beiden Seiten der Grenze China/UdSSR derart dezimiert, daß kaum noch ein Beobachter mit dem Überleben dieses Tigers in freier Wildbahn rechnete. 1949 wurde der Handel mit dem Tiger und sein Abschuß in China völlig untersagt, später richtete man sogar Schutzgebiete ein, so zuletzt das große Tschangbai-Naturschutzgebiet unweit der koreanischen Grenze, wo sich die Bestände inzwischen wieder gut erholten. Aller Wahrscheinlichkeit nach haben sich alle Tiger von Nordostchina und Sibirien her nach Süden ausgebreitet, denn der Tiger tauchte hier im Ussurigebiet schon zu Beginn des Pleistozäns auf, zu einer Zeit, da dort das Klima recht mild war und dort eine artenreiche Huftierbevölkerung lebte. Die folgende klimatische Veränderung bedingte dann die Anpassung des Tigers an die Kälte, die u. a. zur Entwicklung seines außergewöhnlich starken Felles (12.5 cm lange Haare) führte. Während ein Teil der Tiger in Sibirien und im chinesischen Nordosten verblieb, wanderten andere in mehrere Stoßrichtungen in den wärmeren Süden. Eine Welle erreichte die östlichen Ausläufer des Kaukasus und gelangte bis Persien und darüber hinaus sowie bis Afghanistan. Eine andere Hauptstoßrichtung führte östlich durch die Mandschurei und Burma nach Indien und von da aus weiter gen Südostasien bis Bali. Der Tiger paßte sich im Laufe seiner langen Wanderungen natürlich seinen neuen Umgebungen an, so daß es zu mehreren Unterarten kam, die allerdings allesamt kleiner als der nördlichste Tiger sind.

Man kann sagen, daß die Tiger heute, je weiter südlich sie leben, „immer kleiner werden“. Die Inseltiger auf Java und Bali sind die kleinsten und im Fell auch dunkelsten. Unterschieden werden in erster Linie: Nordost-Tiger (Sibirischer Tiger), Korea-Tiger, Mongolischer Tiger, China-Tiger, Hunan-Tiger, Südchinesischer Tiger und außerhalb Chinas: Persischer Tiger, Indischer Tiger, Sumatra-Tiger, Java-Tiger und Bali-Tiger. Ob der Tigerbestand heute den in Indien übertrifft, ist schwer zu beurteilen und unterliegt vielfältigen Spekulationen. Da in China noch Jagden auf ihn stattfinden, dürfte er regional unterschiedlich noch relativ häufig sein, so daß durchaus die Möglichkeit besteht, daß bei der jetzt erfolgenden Freigabe der Jagd auch für Auslandstouristen das eine oder andere Exemplar dieser Art freigegeben wird. Diese Frage näher zu untersuchen, ist aber nicht Aufgabe dieses Buches, da davon ausgegangen wird, daß die Chinesen durchaus selber entscheiden können, ob eine Freigabe einzelner Tiere mit ihren Schutzbemühungen in Einklang zu bringen ist. Die recht geräuschvollen Paarungszeiten der Tiger sind in China sehr unterschiedlich. In der Mandschurei, also in Nordostchina, finden sie im Dezember statt, im Ussurigebiet von März bis Juni und in Mittel- und Südchina von November bis März. Die Tragzeit beträgt dann in der Regel 15 bis 16 Wochen, und meist werden drei bis vier Junge geworfen, seltener eines oder gar sechs.

Der Schneeleopard oder Irbis

Eine weniger bekannte Großkatze ist der Schneeleopard (Uncia uncia) oder Irbis, wie man ihn auch nennt. Dieses bis zu 130 cm lang werdende Tier (Schwanzlänge bis 90 cm) lebt vorrangig in den Hochgebirgen Chinas in 3000 bis 6000 Meter Höhe (Himalaja/Tiänschan/Altai/Mongolei bis Zentralasien und bis Nordchina. Der Schneeleopard kommt ebenfalls noch in der Mongolischen Volksrepublik und in der Sowjetunion sehr selten vor und ist dort, wie in China, streng geschützt. Südlich von China kann man den Irbis auch noch in Nepal, Kaschmir und Sikkim antreffen. Obwohl bekannt ist, daß der heimliche Schneeleopard extrem in allen seinen Verbreitungsgebieten gefährdet ist, wurden seine Felle bis heute selbst in Mitteleuropa gehandelt. Die Quelle war und ist wohl Indien. Ja, in Einzelfällen fand man den Irbis sogar als „Haustier" angeboten ...

Verhaltensbeschreibungen dieser Großkatze wurden bisher sehr wenige veröffentlicht, wenn man einmal davon absieht, daß der amerikanische Zoologe Dr. George B. Schaller einen knappen Bericht in einer deutschen Tierzeitschrift veröffentlichte.

Die bisher beste Beschreibung liegt vom indischen Bergsteiger Hari Dang vor („Der Schneeleopard und seine Beute", Cheetal, 1967), der verschiedentlich mit dem Irbis in den unendlichen Weiten der asiatischen Hochgebirge zusammentraf. Obwohl in den zu China gehörenden Gebirgen wahrscheinlich die meisten Exemplare vorkommen, ist aus diesem Lande so gut wie gar nichts bekannt. Ja, selbst in der chinesischen Literatur oder Kunst spielt der Irbis — im Gegensatz zum Tiger und anderen Großkatzen — überhaupt keine Rolle. Nur gelegentlich kann man in chinesischen Berichten erfahren, daß der Schneeleopard ein scheuer Hochgebirgsbewohner ist, dem schwer nachzustellen sei.

Gelegentlich wird der Schneeleopard aber auch in China von Hirten erlegt, die nicht mit ansehen wollen, wie dieser nachts in ihre Herden einfällt, um sich ein Opfer zu holen, wenn es ihm an anderer geeigneter Nahrung fehlt. So manches Schaf, manche Ziege und auch so manchen Haushund wurde auf diese Weise der Garaus gemacht. Verständlich, daß die Katze sich bei solchem Tun gelegentlich eine Kugel oder einen Pfeil einhandelt. Gewöhnlich ist der Schneeleopard ein Einzelgänger, doch ist nicht bekannt, wie weit seine Ungeselligkeit geht, da eingehende längerfristige Beobachtungen fehlen. Die Jungen werden in der Zeit von April bis Mai geboren, jedenfalls in den südlicheren Teilen. Wie bei den Tigern wird es diesbezüglich ebenfalls regionale Unterschiede geben. Die Tragzeit ist rund 100 Tage.

Die Jagd auf den Irbis kann wegen der unzugänglichen Gebirge kaum in der Form einer Treibjagd geschehen, wie dies in den indischen Dschungeln beim Tiger oft der Fall war. Hat ein einheimischer Hirte oder Jäger einmal die Fährte des gesuchten Schneeleoparden gefunden, pflockt er eine Ziege oder ein Schaf als Lockmittel an, das die feine Nase des Raubtieres bald aufnimmt. In seiner heimlichen Art schleicht die Katze sich dann an, jederzeit bereit wieder zu verschwinden, wenn sie menschliche Wittrung aufnimmt. Der Tod des Beutetieres erfolgt, soweit man das bisher beobachten konnte, durch Erdrosseln und kann bis zu zehn Minuten in Anspruch nehmen, wenn das Opfer kräftig ist. Diese Tötungsart hat man auch außerhalb Chinas schon beim Irbis beobachtet. Berichte, nach denen der Irbis schnell und schmerzlos tötet, dürften nicht den Gegebenheiten entsprechen.

Leoparden

In vielen Teilen Chinas leben auch heute noch Leoparden. Bekannt ist vor allem der Chinesische Leopard, der weitverbreitet ist, wobei über die Zahlenstärke hier keine Aussage gemacht werden kann. Er ist aber offensichtlich noch so häufig, daß keine besonderen Schutzmaßnahmen notwendig sind. Selten ist heute auch der Amur-Leopard.

Geschmeidiger Nebelparder

Ein geschmeidiger, mit großer Gewandtheit und Kraft ausgestatteter Kerl ist der Nebelparder (Neofelis nebulosa), der in ganz Südchina bis Hainan heute noch anzutreffen ist. Er verfügt über relativ kurze Beine, die jedoch kräftig sind, einen langen Schwanz und ein netzartig gezeichnetes Fell. Diese Raubkatze, die kleine und mittelgroße Säugetiere, besonders aber Vögel, jagt, wird nur bis zu 25 Kilogramm schwer und ist ein typischer Bewohner der südchinesischen Dschungel, Buschsteppen oder Sümpfe. Er kommt außer in China auch in Nepal, dem kleinen Sikkim, Sumatra, Borneo und Malaysia sowie Indien vor. In Anpassung an das Baumleben haben sich die Krallen dieses Tieres besonders lang entwickelt. Zum Reißen der Beute verfügt der Nebelparder über extrem lange Reißzähne im Oberkiefer. Die Chinesen beschreiben ihn als geräuschlosen Nachtjäger, der die meiste Zeit des Tages in irgendeinem Baumwipfel schläft und erst abends beweglich wird. Jäger aus Innerchina berichten aber auch, daß der Nebelparder Jagd auf Wildschweine, Hausschweine, Affen, Hirsche und gar Stachelschweine macht. Der Nebelparder hat eine Kreuzhöhe bis zu 80 Zentimeter, sein Schwanz wird bis 90 Zentimeter lang. Der Nebelparder wird regelmäßig bejagt.

Die duftende Zibetkatze

Weil die Menschen den Duftstoff, den die Zibetkatzen aus Drüsen in der Nähe des Afters absondern, zur Herstellung teuren Parfüms benutzten, wurde diese Schleichkatze, die überall in Südchina außer auf der Insel Hainan auch heute noch sehr verbreitet ist, stark verfolgt. Um die Indien-Zibetkatze, um diese handelt es sich auch in Südchina, spinnen sich viele Legenden, wie man das auch von anderen Tieren in China gewohnt ist. Gefördert wurden diese Legenden, die der Katze gelegentlich auch übermenschlichen Geist zuordnen, durch die fast unerforschte Lebensweise. Die chinesische Form der Zibetkatze bringt bis zu drei

Jungen in einer Höhle oder tief versteckt im Gebüsch zur Welt. Die Chinesen fingen die Katze, die mit der Ginsterkatze und sogar der Hyäne verwandt ist, schon in frühen Zeiten ein, wie dies auch bereits die Fänger Salomons taten. Bei dem Duftstoff, weswegen man dieser Katze seit Urzeiten nachstellte, handelt es sich um ein weißlichgelbes zähflüssiges Sekret, das einen unerträglichen Geruch verbreitet. Es wird für die „Veredelung" stark verdünnt, ähnlich wie Moschus dann in der Parfümherstellung verwandt. Ob die Zibetkatzen mit Hilfe ihres Duftstoffes ihre Reviere markieren, ist bisher nicht nachgewiesen, wird aber allgemein angenommen.

Auch die Zibetkatzen verschlafen, wie der Nebelparder, den Tag in irgendeinem Versteck und jagen erst ab der Dämmerung. Sie können bis zu 130 Zentimeter lang und elf Kilogramm schwer werden. Die Schwanzlänge beträgt in der Regel etwa 45 Zentimeter. Im Gegensatz zum Nebelparder hat die Zibetkatze sehr schlanke Beine. Neben dieser Indischen Zibetkatze (Viverra zibetha) kommt in Südchina weitverbreitet noch das kleinere und nur bis 60 Zentimeter lang werdende Zibetkätzchen (Viverricula malaccensis) vor. Sie wird in China gelegentlich sogar in Käfigen gehalten, um auf einfache Weise den begehrten Zibet zu gewinnen.

Andere in China mehr oder weniger stark vertretene Katzen in freier Wildbahn sind: Goldkatzen, Bengalkatzen, Fischkatzen, die auch uns bekannte Wildkatze in unterschiedlicher Form, Rohrkatze, Marmorkatze, Luchse, Wüstenluchse, verschiedene Schleichkatzen und Mungos.

„Je-ma", das Urwildpferd lebt!

Die letzten wirklich großen Jagden auf das Urwildpferd fanden in Innerchina um die Jahrhundertwende statt. Aber zu diesem Zeitpunkt war die Art auch dort bereits so selten, daß man sich bald mühte, wenigstens noch einige Exemplare für die Zoohaltung zu sichern, wobei die Fänger von Hagenbeck damals eine große Rolle spielten. Bedauerlich ist dabei im Rückblick, daß vermutlich die Fangexpeditionen weit mehr Todesopfer unter den Urwildpferden gekostet haben als die Jagd, da letztere nie sehr intensiv war. So kam es dann auch bald dazu, daß man über lange Zeit hinweg das Urwildpferd nun auch in China und der Mongolei für völlig ausgestorben hielt, war froh, daß wenigstens die Nachzucht in den Zoos einigermaßen glückte. Während es in den größten Teilen unserer Fachliteratur und in den Zoologischen Gärten, in denen Przewalski-Pferde gehalten werden, heißt, daß dieses Urwildpferd (der Begriff Urwildpferd wurde von dem Zoologen Ludwig Heck geprägt) in Freiheit ausgestorben sei, die deutsche Zoologin Dr. E. Mohr (†) und der tschechische Zoologe und heutige Zuchtbuchführer Dr. Jiří Volf (Prag) in ihrem gemeinsamen Werk „Das Urwildpferd" (1970) wenigstens noch einräumten, daß das Urwildpferd, wenn überhaupt, nur noch in geringer Zahl nahe dem Tachin-Schara-Nuru an der chinesisch-mongolischen Grenze in Sinkiang (Schnittpunkt 44. Breitengrad und 94. Meridian) vorkommen könne, veröffentlichten die chinesischen Zoologen in ihrer Presse, daß das „außerhalb Chinas ausgestorbene Urwildpferd" in Sinkiang und der Inneren Mongolei(!) überlebt habe.

In der Tat ist das eine zoologische Sensation, gehen unsere Fachleute doch allesamt davon aus, daß Equus przewalskii nur in dem eingangs genannten Gebiet vorgekommen und dort heute mit fast absoluter Sicherheit ausgestorben sei. Zoologische Expeditionen der Mongolen in Zusammenarbeit mit russischen Kollegen hatten zu dieser Konsequenz geführt. Freilich aber hatte man keine Gelegenheit, chinesisches Territorium zu betreten, mußte sich auf das in Frage kommende Gebiet in der Mongolischen Volksrepublik beschränken, das als „wildpferdeverdächtig" galt. Bemerkenswert an den chinesischen Aussagen ist aber nicht nur die Tatsache, daß in Sinkiang östlich von Urumtschi wildlebende Przewalski-Pferde vorkommen sollen, sondern auch in der chinesischen „Autonomen Inneren Mongolei", einer chinesischen Provinz, die an die Mongolische Volksrepublik angrenzt. Die Innere Mongolei aber befindet sich mehr als 1000 Kilometer von dem bisher einzig bekannten Urwildpferdegebiet entfernt!

Das bedeutet, daß entgegen der vorherrschenden wissenschaftlichen Meinung das Urwildpferd bis heute überlebt hat und die Grenzen des Vorkommensgebietes nicht so eng gezogen werden können, wie das bislang geschah oder es zwei voneinander getrennte Urwildpferde-Gebiete gibt?

Auch die Chinesen geben in ihren Berichten leider nicht an, ob es zwischen dem bisher bekannten Gebiet in Sinkiang und dem bislang unbekannten Vorkommen in der Inneren Mongolei (auch Dr. Mohr und

Dr. Volf nennen nur das Vorkommen in Sinkiang!) eine Verbindung bzw. Kontakte gibt. In dem fraglichen Gebiet — von Sinkiang, Kansu, Ninghsia bis Innere Mongolei — gibt es übrigens noch wildlebende Trampeltiere, was vor wenigen Jahren von vielen unserer Wissenschaftler ebenfalls noch bestritten wurde, heute aber anerkannt ist. Beide, Trampeltiere und Urwildpferd, stehen in China unter Staatsschutz und leben teils in extra ausgewiesenen Schutzgebieten.

Entdeckt wurde das Mongolische Urwildpferd Equus przewalskii erst im Jahre 1881 von dem russischen Forscher Przewalski, der sich auch auf vielen anderen zoologischen Gebieten für immer in die Geschichte einschrieb. Das war zu einem Zeitpunkt, da niemand mehr damit rechnete, irgendwo auf der Welt, nachdem der Tarpan ausgestorben war, noch lebende Wildpferde zu finden. Die Zoologen spalteten sich zunächst sogar in zwei Lager. Die einen waren davon überzeugt, es mit einer bislang unbekannten, reinen Wildform zu tun zu haben, die anderen bezeichneten sie als verwilderte Hauspferde (ähnlich beurteilte man noch vor wenigen Jahren auch die Berichte von wildlebenden Kamelen in China!). Bald aber zeigte sich einwandfrei, daß es sich beim Przewalski-Pferd um eine reinblütige Wildform handelte.

Umsomehr bemühten sich jetzt die europäischen Zoologen um reinblütige Exemplare dieser Pferdeart. Man knüpfte zahlreiche Kontakte zu mongolischen Fürsten und andere „in den Steppen wichtige Persönlichkeiten", versandte Geschenke und damit verbundene Bitten, beim Fang einiger Urwildpferde behilflich zu sein. 1897 konnte man die ersten Exemplare endlich unter allergrößten Schwierigkeiten fangen, doch gingen alle Tiere schon bald ein! Nach zahlreichen weiteren Bemühungen trafen die ersten Tiere dann im Februar 1900 endlich in Askania Nova in der heutigen Sowjetunion ein. Es waren vier junge Stuten. 1903 kamen zwei weitere Stuten und ein Hengst dort an. In einem dritten Transport gelangten wiederum zwei Stuten und ein nicht zur Zucht verwendbarer Hengst nach Askania Nova. Aber die meisten dieser Tiere, mit denen die Zoologen große Hoffnungen verbanden, lebten ebenfalls nicht lange, nur eine Stute überdauerte 15 Jahre in Gefangenschaft. Die Vermehrung der Przewalski-Pferde begann erst, als ein reinblütiger Hengst zugeführt werden konnte, der auch sonst sehr widerstandsfähig war. Der Erfolg war, daß man dann in den Jahren von 1905 bis 1940 ohne Ergänzung(!) durch neue Zuchttiere 37 reinblütige Urwildpferde aufziehen konnte. Ab 1925 kamen dann von Askania Nova aus mehrere Tiere auch in andere Zoologische Gärten, so 1927 nach

Moskau und Leningrad und 1933 der Hengst „Mishur“ nach München. Insgesamt kamen um die Jahrhundertwende aber 53 Przewalski-Pferde nach Europa, die meisten davon zu Carl Hagenbeck in Hamburg. Heute leben über 320 Tiere in den Zoologischen Gärten, die allesamt von elf überlebenden importierten Tieren abstammen. Nicht in dieser Zahl enthalten sind die Tiere in den chinesischen Zoologischen Gärten, die als einzige nicht im Prager Zuchtbuch geführt werden. Besonders bekannt ist in Deutschland die große, meist über zehn Exemplare umfassende Herde im Münchner Tierpark Hellabrunn, von wo aus schon mehrere Tiere in andere Zoologische Gärten geliefert werden konnten. Wie man vom Münchner Tierpark erfahren kann, stammen heute rund ein Drittel aller in den Zoos lebenden Urwildpferde von der reinblütigen Münchner Zucht, die über das größte Freigehege im Zoo verfügt, ab.

Weitere Zuchtgruppen des Przewalski-Pferdes gibt es heute in Antwerpen (Belgien), Kopenhagen (Dänemark), Karlsruhe, Köln, Nürnberg, Berlin, Leipzig, Stendal, Falkenstein, Paris (Frankreich), Großbritannien, Niederlande, Österreich, Polen, Sowjetunion, Spanien, ČSSR, Ungarn, USA, wobei das Zuchtbuch für alle diese Tiere in Prag von Dr. Volf geführt wird.

In der Mongolei gibt es heute wahrscheinlich in Gefangenschaft keine Przewalski-Pferde.

Den Arbeiten der Zuchtbuchführer in Prag entnehme ich, daß keine Kontakte zu den chinesischen Zuchten bestehen, denn dort heißt es: „Von den in Gefangenschaft in Asien gehaltenen Tieren sind nur sporadisch Nachrichten zu erhalten, etc.“ Ob das an fehlenden Kontaktversuchen der europäischen Zoologen in Richtung Peking liegt oder an der bekannten Zurückhaltung der Chinesen in allen mit dem Tierschutz verbundenen Dingen, vermag ich heute von hier aus nicht zu beurteilen.

Das Przewalski-Pferd hat etwa die Abmessungen eines kleinen bis mittleren Hauspferdes mit einer Rumpflänge von zumeist 124 Zentimeter und einer Widerristhöhe von 124 bis 147 Zentimeter. In etwa also ein Fjordpferd. Charakteristisch ist sein gedrungener Bau mit breitem und tiefgestelltem Rumpf, dickem Hals. Dabei ist der Kamm jedoch schmaler als beim Hauspferd. Die Augen stehen in dem kastenförmig gestreckten Kopf recht dicht bei den Ohren. Dadurch wirkt die Schnauze etwas lang. Der Nasenrücken ist gerade, das vordere Ende allerdings deutlich geramst. Während das Kinn flach oder auch stärker markiert sein kann, hängt die Oberlippe ein wenig über. Die Ohren sind kurz und zugespitzt. Die Stehmähne erinnert durch ihre Größe an diejenige des Halbesels, der heute in China in verschiedenen Provinzen noch wildlebend in größerer Zahl vorkommt. Das Fell, das wie die Stehmähne zu den Jahreszeiten Winter/Sommer gewechselt wird, ist auf der Oberseite gelbbraun, auf der Unterseite weißlich. Über den Rücken zieht sich ein dunkler Aalstrich. Der starke Hengst, dem nach Angaben der mongolischen und chinesischen Steppenvölker kein Hauspferdehengst gewachsen ist, versammelt etwa 15 bis 20 Stuten um sich, wobei die Stuten ihre Fohlen mitführen. Der Hengst duldet keine Nebenbuhler. Kommt ein anderer Hengst der Truppe zu nahe, werden erbitterte Kämpfe geführt, wie wir sie auch von anderen Pferderassen her kennen. Mischlinge zwischen den ebenfalls in den Biotopen der Urwildpferde vorkommenden Halbesel und dem Urwildpferd sind nicht bekannt, doch sollen sich nach älteren Berichten aus der Anfangszeit dieses Jahrhunderts wilde Hengste durchaus an halbwild gehaltene Stutenherden der einheimischen Hirten herangemacht und diese „entführt" haben. Seine Stuten hält der Wildhengst sehr autoritär zusammen, ja, auch hier wird oft gebissen, damit die Dame merkt, wer Herr auf der Steppe ist... Die Gegenleistung des Hengstes ist, daß er die Herde auf der Flucht auch gegen jeden Feind verteidigt, selbst gegen stärkere Leoparden oder Wolfsrudel, die gerne eines der Fohlen oder ein schwächliches Tier greifen würden.

Nehmen wir die positive Nachricht über noch wildlebende Urwildpferde auf den endlosen Steppen im chinesischen Sinkiang und der Inneren Mongolei heute, zu einer Zeit, da unsere Tierwelt immer mehr in Bedrängnis gerät, immer wieder Arten aus der gesamten Fauna für immer verlorengehen, mit Freude auf. Dies in der Hoffnung, bald noch mehr über die reale Situation in den Wildpferdegebieten Innerchinas zu erfahren, auch wenn wir wissen, daß es Wildpferdejagden, wie in den früheren Jahrhunderten, wohl nie wieder geben wird. Die Aufgabe des Jägers ist es vielmehr, das dem Urwildpferd gefährliche Raubwild kurzzuhalten. In erster Linie sind es dort wohl die immer wieder stark auftretenden Wolfsrudel, die nach dem Urwildpferd auch anderen Wildtierarten auf der Steppe nach dem Leben trachten.

Der schwarzweiße Bambusbär

Als ich zum ersten Male einen der schwarzweißen Bambusbären (Ailuropoda melanoleuca) in Natur zu Gesicht bekam, war ich für einen Moment derbe enttäuscht. Das erwachsene männliche Tier, das man mir im Nankinger Zoo am Yangtsekiang zeigte, war weder so reinweiß, wie ich es mir von den zahlreichen Abbildungen her vorstellte, noch so verspielt, wie es in der gängigen Literatur hieß. Das mag aber daran gelegen haben, daß es sich um einen Wildfang aus der Provinz Szetchuan gehandelt hatte, dem die verlorene Freiheit nicht paßte, so daß er ständig in seinem viel zu engen Käfig, den er auch nicht sehr sauber gehalten hatte, umhertrottete. Und heute weiß ich auch, da man mir dann in anderen chinesischen Zoos, so in Peking, weitere Pandabären, darunter mehrere Jungtiere, zeigte, daß die weißen Partien des herrlich gezeichneten Felles nie völlig weiß sind, sondern einen unterschiedlich tiefen gelbbraunen Anflug aufweisen. Das gilt besonders für die weißen Fellteile auf der Stirn, links und rechts der schwarzumränderten Augen, Ohren und den Nacken sowie die Flankenteile.

Wie weggewischt war dann auch der letzte Rest meiner anfänglichen Enttäuschung, als ich die großräumigen und hervorragend gestalteten Anlagen der Großen Panda sehen und diese so spielerisch veranlagten Bären mit ihren Jungtieren längere Zeit beobachten durfte. Bis heute hatte es ja noch nirgendwo auf der Welt außerhalb Chinas Nachwuchs bei den Bambusbären gegeben, so daß man, will man die Kinderstube dieser seltenen Tiere einmal in Augenschein nehmen, tatsächlich nach China fliegen muß. Es bleibt einem einfach nichts anderes übrig. Zum ersten Male hätte es beinahe mit dem Nachwuchs außerhalb Chinas geklappt, und zwar in Japan. Doch bevor das Weibchen mit Namen „Lan Lan", das zusammen mit dem Bären „Kan Kan" 1972 als Freundschaftsgeschenk Chinas an Japan gegangen war, im Oktober 1979 zur Geburt schreiten konnte, verstarb sie plötzlich an Nierenversagen, während über 40.000(!!!) Kinder und zahlreiche Erwachsene vor dem Käfig weinten und beteten: „Lieber Gott, laß Lan Lan nicht sterben, bitte, bitte werde wieder gesund, liebe Lan Lan..." Die Bilder der um ihre Lan Lan weinenden und betenden Japaner gingen durch die Presse der gesamten Welt (Anfang September 1979), währenddem der gerade in Japan weilende chinesische stellvertretende Ministerpräsident Gu Mu den Japanern versprach, bald einen Ersatz für Lan Lan zu besorgen. Diese innige Liebe der Japaner und Chinesen zu diesem Tier und die so offen zur Schau gestellte Trauer der Japaner mag uns Europäern zunächst unverständlich oder übertrieben erscheinen. Ich erinnere aber daran, daß weder die Amerikaner noch die Engländer und auch andere Europäer sich kaum anders verhielten, als vor Jahren nacheinander die in europäischen Zoos vorhandenen Pandabären ohne Nachwuchs eingingen. Die internationale westliche Presse widmete den Tieren lange Nachrufe und rührige Geschichten, wie man sie sonst nur in der Regenbogenpresse über Schauspieler oder Politiker findet. Dieses Tier, das heute Wappentier des Welttierschutzes ist, fasziniert ohne Zweifel den Menschen mehr als alle anderen Arten, seien sie auch noch so interessant.

Heute gilt der Panda als das teuerste Tier der Welt, obwohl er nicht käuflich erhältlich ist, denn China gibt ihn nur in stark begrenzter Stückzahl als Geschenk ab. Über 150.000 Mark hat man in den USA bereits für ihn geboten — ein einmaliger Preis für ein einziges Tier! In unserer Fachliteratur kann man verständlicherweise sehr wenig über den Großen Panda lesen, und nur ganz wenige westliche Jäger hatten bis in die dreißiger Jahre das Waidmannsheil, eines der Tiere im Liangschan, Minschan in Szetchuan zu erlegen.

Wenn behauptet wird, daß der Bambusbär ein „Pflanzenfresser" ist, so ist das nur bedingt richtig, denn er ist ein Allesfresser, der zwar Pflanzennahrung wie Pfeilbambus bevorzugt, jedoch ohne fleischliche Nahrung kaum auskommt. In seiner Heimat, im Wanglang, im Minschan, Tjingling, Tjiunglai, Wolong, im Großen und Kleinen Liangschan am Rande des berühmten Szetchuan-Beckens findet er diesbezüglich auch genügend Nahrung, selbst in extrem großen Höhen, so: verschiedene Kleinvogelarten, Schlangen und sogar Bambusratten, die ihm ganz vorzüglich munden!

Als ich vor Jahren nach älteren zoologischen Berichten über den Bambusbären pirschte, war ich überall auf der falschen Fährte, zumal ich selbst von einigen Fachzeitschriften keine geeigneten Hinweise erhalten konnte. Wie wenig weiß man hierzulande über dieses Tier, das man doch gleichzeitig sehr werbewirksam als Etikett für den Welttierschutz einsetzt. Jeder Leser wird das schwarzweiße Panda-Symbol des WWF zur Genüge kennen! Meine Recherchen führten erst in Leipzig zu einem

Oben: In diesem kleinen Bauernhaus im nordchinesischen Schaschiyü fand der Autor liebevolle Gastfreundschaft.

Unten: Altstadtstraße im heutigen Peking.

Teilerfolg, wo der dortige Zoodirektor Seifert mich darauf hinwies, daß es in diesem deutschen Zoo 1939 ein Exemplar des Großen Pandas mit Namen „Happy“ gegeben habe. Der damalige Direktor Professor Schneider habe einen ausführlichen Bericht über die Verhaltensweise des Tieres geschrieben, der auf knapp 30 Seiten dann in der Zeitschrift „Der Zoologische Garten“, versehen mit 64 Abbildungen, erschienen sei. Weitere Nachforschungen nach diesem Bericht blieben zunächst allerdings ohne Erfolg, so daß ich mich in der Folgezeit auf die mir bald stärker zur Verfügung stehenden chinesischen Quellen stützte, wie auch meine Gespräche mit dem chinesischen Zoologen Du Chung-tsang und Berichte der Pekinger Zoologen Wang Sung und Lu Chang-kun (Institut für Zoologie der Chinesischen Akademie der Wissenschaften).

Im Gegensatz zu den Behauptungen unserer Allgemein-Literatur, die davon spricht, daß der Große Panda erst 1869 von dem französischen Missionar Armand David (Entdecker des Davidshirsches oder Milus) „entdeckt“ wurde, was ich mir auch schlecht vorstellen konnte, da der Panda doch über ein relativ großes Verbreitungsgebiet auch heute noch verfügt, steht die Tatsache, daß der Große Panda schon um das Jahr 600 erstmals als Geschenk nach Japan ging, zur Zeit der Tang-Dynastie. Es ist auch unwahrscheinlich, daß die kaiserlichen Jäger und die hier lebenden Völker das Tier erst um 600 entdeckten, da die Jagd auch in diesen Gebieten schon Jahrhunderte zuvor hoch entwickelt war, ebenso die Zoologie, die in China fast 4000 Jahre(!) alt ist. Heute kommt der Große Panda außer im Wanglang-Schutzgebiet noch im Minschan, Tjinling, Tjiunglai, im Großen und Kleinen Liangschan sowie weiteren Gebieten am Rande des Szetchuan-Beckens in der Provinz Szetchuan vor. Fossilfunde des Großen Panda gab es in den Provinzen Szetchuan, Fukien, Kuangsi und Yünnan sowie außerhalb Chinas auch in Birma. Das beweist, daß der Bambusbär einstmals in Ostasien sehr verbreitet gewesen sein muß und die Erde in seiner jetzigen Gestalt seit gut 600.000 Jahren bewohnt. In der Vorgeschichte war er also ein Zeitgenosse des inzwischen ausgestorbenen Stegodon, lebte zusammen mit Orang-Utan, Tapir und anderen heute in Zentralchina ausgestorbenen Arten, weswegen er auch oft ein „lebendes Fossil“ genannt wird. Als einer der ersten Europäer berichtete übrigens schon lange vor Armand

Oben: Wasserbüffel-Hirtin.

Unten: Lebensgroße Tierplastiken zieren nördlich von Peking die Allee zu den Ming-Gräbern, Ziel vieler Touristen.

David der Venezianer Marco Polo von dem Großen Panda. Nur schenkte man damals in Europa dieser „Geschichte" keinen Glauben, hielt den Panda eher für einen Eisbären... Nach dem eingangs genannten französischen Missionar David kam der amerikanische Jäger Roosevelt zum Schuß auf ein männliches Bambusbären-Exemplar. Zuvor war es allerdings schon dem deutschen Zoologen Hugo Weigold gelungen, anläßlich einer Tibet-Expedition, ein Jungtier zu fangen, das jedoch bald starb. Weigold wurde später Leiter der Helgoländer Vogelwarte. Ein anderer deutscher Zoologe erlegte 1931 ein weibliches Exemplar.

Seit man von dem Bambusbären in der westlichen Welt wußte, ihn nicht mehr für einen „Eisbären" hielt, war dieses Tier der Traum aller Zoodirektoren — und eine wahre Invasion ergoß sich auf die Lebensräume des Großen Panda, der damit immer mehr in Gefahr geriet, nun völlig auszusterben. Oft begnügten sich die Zoologen, meist Amerikaner, mit Trophäen, fingen aber auch nicht selten mehrere Exemplare, von denen mit Sicherheit dann schon einige beim Transport zugrunde gingen. Nur wenige Tiere kamen im Westen wirklich an, so 1930 vier Exemplare, die überall im Zirkus gezeigt wurden, 1936 ging ein Exemplar nach San Franzisko und eines 1938 nach Chikago und eines nach New York sowie eines nach London, 1939 ein Exemplar nach St. Louis, 1941 zwei Exemplare nach New York und 1958 eines nach London, das auch längere Zeit in Frankfurt zu sehen war. Erst Anfang der siebziger Jahre, ab 1972, kamen wieder als offizielle Geschenke Pekings Paare nach Frankreich, Washington, Japan und Mexiko.

Ohne Zweifel, die bis heute noch berühmteste Pandabärin dürfte „Chi-Chi" gewesen sein, die man 1957 in China gefangen hatte, und die der Tierfänger Heini Demmer dann 1958 auf dem Tauschwege gegen afrikanische Antilopen vom Pekinger Zoo erwerben konnte. Über Moskau, Ost-Berlin brachte er Chi-Chi zunächst nach Frankfurt, weil Amerika (das Tier war für Chikago bestimmt) die Einfuhr wegen des „Einfuhrverbots für Waren aus kommunistischen Ländern" verweigert hatte. So gelangte das lustige Tier rein zufällig zunächst für einige Wochen in den Frankfurter Zoo, wo die Bevölkerung es bald „Harlekinbär" nannte und liebevoll aufnahm. Im Frankfurter Zoo konnte daher der Bambusbär auch sehr genau in seinen Verhaltensweisen beobachtet werden. In einem Bericht hieß es dazu, die Gestalt des Pandabären falle besonders — ähnlich wie bei den Hyänen — durch die schräg absinkende Kreuzgegend auf. Beim Gehen seien die Füße wie beim Malaienbären stark einwärts gewinkelt, was dem Tier vermutlich das Klettern erleichtere. Ähnlich wie beim Eis- und Katzenbären seien die Fußsohlen behaart, die Finger- und Fußballen jedoch unbehaart.

Von besonderem Interesse sei ein rundlicher Ballen, ein Greifballen, der seitlich vom Zwischenfingerballen stehe und etwa wie unser Daumen zum Greifen gebraucht werde. Ferner sei die Sitzstellung des Bambusbären sehr eigenartig, da dieser nicht wie andere Bären auf dem Gesäß, sondern auf dem ganzen Rückenende sitze. Dabei dürfte die Schwanzwurzel als Sitzkissen dienen. „Chi Chi“ wurde in dieser Sitzstellung oft in einer Astgabel ruhend mit herabhängenden Beinen beobachtet. Der Schlaf finde auf dem Rücken liegend statt, wobei das Tier die Augen mit den Vorderpfoten verdecke — oder auf dem Bauch mit ausgestreckten Hinterbeinen, so daß man die Sohlen der Hinterfüße habe sehen können. Bei letzterer Stellung seien die überkreuzten Vorderbeine dann als Unterlage für den Kopf gebraucht worden. Von den Morgenstunden bis zum Mittag sei die Pandabärin dann immer ausgesprochen lebhaft gewesen. Anschließend habe sie mehrere Stunden geschlafen, sei aber immer noch am Nachmittag wieder munter geworden. Häufig habe sie, mehr spielerisch als hungrig, einen Bambuszweig in den Mund geschoben, wobei ihr der erwähnte Greifballen ermöglichte, selbst dünnste Zweige zu fassen. Gern und ausdauernd habe sie sich mit einem auf gehängten Autoreifen beschäftigt (Anm.: das kennt man auch von allen in den chinesischen Zoos befindlichen Tieren) oder mit einem großen Lederball. Mit sichtlichem Vergnügen sei sie in einer mit Wasser gefüllten Wanne herumgeplantscht. Manchmal habe sie sich auf den Kopf gestellt, wenn man mit ihr gespielt habe, um dann mit Armen und Beinen nach dem „Partner“ zu greifen. In dieser Stellung konnte sie minutenlang verharren. Auch habe die Bärin sich mit den Hinterbeinen an Kopf, Rücken und Bauch kratzen können. Chi Chi erhielt in Frankfurt als Nahrung: 50 Zentimeter lange Bambuszweige, von denen sie nur Teile der Stengel verzehrte, außerdem 500 Gramm Reis, drei Bananen, Trockenmilch, Traubenzucker, Hefe, Futterkalk und zwei Eier mit Apfelsinensaft vermischt. Dazu habe sie mehrmals täglich eine große Menge Wasser getrunken.

Aus der freien Wildbahn weiß man aufgrund der chinesischen Berichte, daß der Bambusbär ein enorm guter Kletterer ist, der oft hoch oben in Tannen oder auf den Wipfeln von Bambusstauden zu finden ist, wobei es ihm offenbar wenig ausmacht, in dieser Höhe von Wipfel zu Wipfel zu wechseln. Ein Herunterklettern, um auf den nächsten Baum zu gelangen, hat er also nur in den seltensten Fällen nötig. Lange wurde über seine merkwürdige Fellzeichnung gerätselt, die bekanntlich keine zweite Bärenart auch nur annähernd aufweist. Sie dient nach den derzeitigen Erkenntnissen wohl in erster Linie dem Schutz vor größeren Raubtieren (Rotwölfe, Wölfe, Leoparden), die den Panda damit in den Bäumen und auch im Unterholz nur schwer ausmachen können, da sich in seiner meist schneebedeckten Heimat damit seine Silhouette auflöst, vor allem auf Baumästen. In den chinesischen Berichten heißt es auch, daß der Große Panda bis zu 1.80 Meter lang werden kann (westliche Texte sprechen von 1.50 Meter). Er lebe mit Vorliebe in einer Höhe von 2500 bis 4500 Metern in beinahe undurchdringlichen Bambusdickichten, wo er dann auf selbstgebahnten Wechseln sein oft nebeliges und kaltes Revier durchzieht, meist langsam im Trott mit gesenktem Haupte. Allerdings könne der Bambusbär auch sehr schnell traben und laufen, sei beweglich und ein guter Kletterer auch in vegetationslosem Gebiet auf Fels. Das Gewicht könne bis 100 Kilogramm und mehr erreichen. Ein Winterschläfer sei der Panda nicht, vielmehr suche er im Winter die etwas wärmeren Täler auf. Ein Pandabären-Baby wiegt bei der Geburt meist nur hundert Gramm, ist in den ersten Lebenswochen noch blind und schläft die meiste Zeit in den Armen der Mutter oder im Schlafkessel, den diese mit Laub hergerichtet habe. Die dicken Backenwülste mit der ungewöhnlich stark entwickelten Kaumuskulatur verleihen dem Pandakopf die auffällige Rundung. Er hat die stärksten, kräftigsten und breitesten Mahlzähne aller Raubtiere dieser Welt! Daß sich seine Gestalt in den Jahrhunderttausenden so gar nicht veränderte, ist wohl in erster Linie auch auf die natürlichen Gegebenheiten in seinem Verbreitungsgebiet zurückzuführen, das als das zerrissenste Bergland der Erde gilt. Ein Hochgebirgsland, in dem sich für die dort heimische Tierwelt durch Hunderttausende von Jahren nichts änderte, das die Tiere hier vor zusätzlicher Zuwanderung gefährlicher tierischer Feinde und auch den Menschen schützte. Auch der seltene Gold-Takin, den ich an anderer Stelle beschreibe, überlebte hier, ebenso Goldhaarige Affen, Fasanen und interessante Singvögel. Ein vorgeschichtliches Tierparadies von beispielloser Großartigkeit, das sich in unsere Zeit hereinretten konnte.

Dennoch ist der Bambusbär heute in seinem noch verhältnismäßig großen zentralchinesischen Verbreitungsgebiet vielfältigen Gefahren ausgesetzt. Nach den Beobachtungen einheimischer chinesischer Jäger hat der Panda einige „Schwächen“, die ihn dann doch zu einer gelegentlich leichten Beute irgendwelcher Raubtiere werden lassen, vor allem des Rotwolfes, der in starken Rudeln auftritt. Manchmal trinkt der

Bambusbär nämlich nach seinen Mahlzeiten soviel Wasser, daß er an der Quelle schon mehr oder weniger bewußtlos in einen tiefen Schlaf fällt und so natürlich leicht überraschbar ist. Zoologen und Jäger haben sich in den letzten Jahren deswegen in besonders gefährdeten Gebieten angewöhnt, die Pandas fast ständig zu beobachten, was natürlich nicht immer zuverlässig ist. Den Jägern fiel dabei vor allem die Aufgabe zu, den Bestand der Rotwölfe so kurz wie eben vertretbar zu halten und auch große Raubkatzen zu töten, die sich auf Pandas spezialisiert hatten. Dennoch fällt auch heute hin und wieder auf diese geschilderte Weise einer der seltenen Pandas einem Raubtier zum Opfer, gelegentlich auch für kurze Zeit in den Schlafkesseln allein gelassene Jungtiere. Vielleicht haben sich deswegen die Pandamütter mit der Zeit angewöhnt, ihre Kleinen fast ständig im Arm mit sich herumzutragen?

Schlagzeilen machte erst jüngst wieder der Bambusbär, nachdem es zum ersten Male in Peking gelungen war, einen Jungbären durch künstliche Befruchtung zu erzeugen (das erste „natürlich" gezeugte Pandababy war 1963 in Peking geboren worden). Da trotz aller Erfolge in den großen chinesischen Zoos und auch in freier Wildbahn, wo trächtige Tiere rund um die Uhr bewacht wurden, den chinesischen Zoologen die Nachzucht nicht reichte, entschied man sich nach langen vorhergehenden Forschungen 1978 für die künstliche Befruchtung von Pandaweibchen. Auf diese Weise bekam am 8. September 1978 das Weibchen „Juan juan" zwei jeweils 125 Gramm schwere Junge, wovon eines allerdings bald darauf verstarb. Das Gewicht des zweiten Babys aber, das sich fortan prächtig entwickelte, stieg schon nach einem Monat auf 1225 Gramm und es war zu diesem Zeitpunkt 26 Zentimeter lang. Die schwarze Zeichnung entwickelte sich, wie bei allen Jungtieren, erst nach etwa 14 Tagen (Pandas werden weiß geboren). Während der Stillzeit erhielt die Mutter Juan juan Milch, Äpfel, Eier, Lebertran und geeignete Vitamine, was das gesunde Heranwachsen des Bärenkleinkindes gewährleisten sollte. Heute ist das Pandababy schon ein kräftiger Kerl geworden, der im Pekinger Zoo täglich tausende Kinder mit seinen Kletterspielen auf verschiedensten Spielgeräten vergnügt und schnell die Herzen aller Pekinger gewonnen hat.

Der Bambusbär ist heute in China sicher mit Abstand das beliebteste Tier überhaupt, zumal er dort in den Schutzbemühungen an erster Stelle steht. Spielte das Motiv mit dem Panda in vergangenen Jahrhunderten im Reich der Mitte schon eine große Rolle in der Kunst, ist das heute noch weit mehr der Fall. Zahlreiche moderne Gemälde und Illustrationen zeigen das Tier einzeln oder im Familienverband in allen nur erdenklichen Lebenslagen. Ferner findet man im modernen China Panda-Abbildungen auf Teetassen, ganzen Briefmarkenserien, Postkarten, Streichholzschachteln, Gläsern, Aschenbechern oder auch auf Brieftaschen und Sonnenschirmen usw. Besonders gelungen sind chinesische Kalender mit Pandamotiven oder Scherenschnitten in traditioneller chinesischer Art.

Ein ungewöhnlich schönes und interessantes Tier, das der Jäger wohl so schnell nie wieder im chinesischen Szetchuan anpirschen können wird, das aber aufgrund der zunehmend guten Zuchterfolge der letzten Jahre vielleicht bald auch wieder einmal in einem deutschen Zoo zu sehen sein wird. Jäger, Zoologen und alle sonstigen Tierfreunde würden dies ohne Unterschied gleichermaßen wünschen. Und wenn der Jäger, der in naher Zeit einmal Gelegenheit dazu bekommen wird, in den „kalten Bergen von Szetchuan" dem Waidwerk nachzugehen, in freier Natur dieses ungewöhnliche Tier auf seinem Wechsel ansprechen kann, wird er gerne seine Büchse geschultert lassen.

Auch heute noch: Jagd auf Wildkamele in Innerchina

Die Überschrift wird nicht nur die Jäger überraschen, sondern auch Zoologen, zumal gerade die Zoologen in der von ihnen verfaßten Literatur allesamt davon ausgehen, daß freilebende Wildkamele (auch Trampeltiere genannt) wenn nicht gar völlig ausgestorben, so doch allerhöchstens nur noch in wenigen Exemplaren in der Volksrepublik Mongolei anzutreffen sind. Nachdem ich vor einigen Jahren über freilebende zweihöckrige Wildkamele in der Presse berichtete, waren das für einige Besserwisser „verwilderte Hauskamele" ... Später erkannte man dann die Möglichkeit an, daß es vielleicht doch noch solche reinblütige Wildkamele gäbe, nachdem auch ein russischer und ein mongolischer Wissenschaftler davon berichtet hatten, ging aber davon aus, daß dies wahrscheinlich nur für ein Gebiet im Süden der Mongolischen Volksrepublik zutreffe. Nur langsam ließ man sich davon überzeugen, daß es diese Tiere freilebend auch noch in den Provinzen Sinkiang und Innere Mongolei in China gibt, wie mir Zoologen an Ort und Stelle in Peking erklärt hatten.

Alle Zweifel hat jetzt der chinesische Journalist Chao Tzu-yun beseitigt, der nunmehr konkrete Angaben über ein Schutzgebiet für zweihöckrige Wildkamele in Ost-Sinkiang machte. Demnach ist in diesem Gebiet ein etwa 250 × 100 Kilometer großes Schutzgebiet für die seit fast 30 Jahren in China unter Schutz stehenden Kamele eingerichtet, in dem mehrere kopfstarke Herden leben. Wie es in seinem Bericht heißt, beträgt die Kopfstärke der dort lebenden Wildkamelherden während der kalten Jahreszeiten jeweils bis zu 30 Exemplare oder mehr! Chao Tzu-yun macht auch nähere Angaben über die Lebensbedingungen in diesem kargen Gebiet zwischen den Kumtagh Sanddünen nördlich des Lop Nor und südöstlich der Provinzhauptstadt Urumtschi. So beträgt dort die Temperatur im Juli und August bis 55 Grad, der Wüstensand wird bis zu 70 Grad Celsius heiß. In den Wintermonaten, wenn die Trampeltiere sich zu größeren Herden versammeln, kann die Temperatur bis 20 Grad Celsius unter dem Gefrierpunkt betragen. Hier leben außerdem sehr starke Wölfe, Luchse und wunderschöne Gazellen, wobei nach Chao Tzu-yun vor allem die Wolfsrudel gelegentlich zu einer bösen Gefahr für Jungkamele und schwache Alttiere werden. Deswegen ist es hier eine der vornehmlichsten Aufgaben der einheimischen Jägergruppen, das Wohl der Wildkamele ständig zu beobachten und die Bestände der Wölfe in erträglichen Grenzen zu halten. Andere wichtige Tiere, die hier vorkommen, sind: Halbesel, Kropfgazellen, Saigaantilopen, Wildschafe, Schakale, Wüstenluchse, Hyänen, Füchse, verschiedene Nagetiere und Reptilien wie der Wüstenwaran, Wüstengeckos, die Sandboa oder Sandrasselotter sowie zahlreiche Vogelarten.

Die während der wärmeren Jahreszeiten zumeist in weniger kopfstarken Herden (sechs bis acht Exemplare) zusammen lebenden Wildkamele werden von einem starken Hengst geführt und gegen die nicht wenigen Raubtiere und vermeintliche Gefahren abgeschirmt. Erwähnenswert ist, daß das Fell der Hengste dunkler als das der Kamelstuten ist. Das Fell der Wildkamele wird von allen, die Gelegenheit hatten, es anzufassen, als besonders weich beschrieben. Die zwei Höcker sind ebenso wie der Hals von dichten Schöpfen bezogen, die bis tief zu den Vorderfüßen reichen können. Im Frühling können die genügsamen Tiere über acht Tage lang ohne Wasser bleiben, im Winter gar zwei Wochen, wie man beobachtete. Wegen ihrer zahlreichen natürlichen Feinde und der kargen Landschaft halten sie sich nie lange an einer Stelle auf — und Reisende sprachen davon, daß sie den Menschen schon auf 20 Kilometer Entfernung „riechen". Selbst gegen zahme Kamele sollen vor allem die Hengste sehr unverträglich sein. Und da sie solche nicht in ihre Herden aufnehmen (was früher von Zoologen behauptet worden ist), kommen auch keine Vermischungen vor, wie es in früheren Zeiten wohl bei den letzten eurasischen Wild-Tarpanen der Fall war. Gelegentlich treffen verschiedene Herden einander zugleich an einer Quelle, doch trennen sie sich wieder, wenn der Durst gestillt ist.

Die Nachkommen der Wildkamele werden unsanft geboren, denn Trampeltiere gebären im Stehen. Das neugeborene Füllen erhebt sich schon kurz nach der Geburt, mit noch schlaffen Höckern und kann bereits nach wenigen Stunden mit der Mutter davonlaufen. Nach zwei Tagen beherrscht das Füllen bereits den sogenannten Paßgang: zwei Beine nach vorne, links zwei Beine nach vorne, graziös und leichtfüßig.

Keiner, der die Trampeltiere in Freiheit gesehen hat, wird je begreifen, warum man diese schönen Tiere „Trampeltiere" schimpft ... Ein Vorurteil ist es natürlich auch, daß Kamele dumm und störrisch sind. Nein, im Verlauf ihrer Entwicklung haben sie sich sogar sehr ausgeprägte Sinne zu eigen gemacht, denn anders hätten sie in dieser harten Gegend auch wohl nie bis heute überleben können, in einer 1500 bis 2000 Meter hohen Trockenlandschaft mit wenigen Wüstengräsern und -kräutern sowie gelegentlichem Gestrüpp, von Wölfen und Menschen, die sie verfolgten, ganz abgesehen. Die Tragzeit dieser Wildkamele beträgt übrigens 13 Monate, die Paarung ist im Februar. Der Forscher Linné nannte das Wildkamel 1758 Camelus bactrianus, da er fälschlicherweise annahm, es komme aus dem damaligen Baktrien. Der Forscher Przewalski, der auch die Urwildpferde in Innerchina entdeckte, gab den Wildkamelen dann den wissenschaftlichen Namen Camelus ferus.

Eine der anschaulichsten Beschreibungen von den stolzen Wildkamelen in Zentralchina lieferte uns um die Jahrhundertwende der wohl fast allen Lesern bekannte Autor und Reisende Sven Hedin. Sein Bericht, den ich in einem kurzen Auszug hier wiedergebe, ist umso interessanter, da er dasselbe Gebiet beschreibt wie Chao Tzu-yun, nämlich das heutige Schutzgebiet für Wildkamele nördlich des Lop Nor in Ost-Sinkiang.

Sven Hedin („Von Pol zu Pol", Brockhaus, 1913) schrieb u. a.: „Die Nordgrenze der Lopwüste bilden die östlichen Ketten des Tienschan, die ‚dürren Berge', deren Abhänge fast nie vom Regen bespült werden. An dem Südfuß entspringen nur wenige salzhaltige Quellen, um die herum Schilf und Tamarisken wachsen (Anm.: von reichhaltigem Tamariskenwuchs schreibt auch Chao Tzu-yun), und auch an vereinzelten anderen Stellen in der Nähe des Gebirges kämpft etwas Vegetation um ihr kümmerliches Dasein. Hier aber ist das Land der wilden Kamele. Ihr sollt diese Tiere kennen und lieben lernen, so wie ich sie kenne und liebe, der ich sie viele Male windschnell über die Wüste habe hinjagen sehen und ihnen den Kopf gestreichelt habe, wenn die Kugeln meiner Jäger sie verwundet hatten. Die wilden Kamele leben in Herden von etwa sechs Stück. Das Leitkamel ist ein dunkelbraunes Männchen, die Weibchen sind heller gefärbt (Anm.: heute sind die Bezeichnungen Hengst und Stute allgemein üblich). Ihre Wolle ist so weich und fein, daß es ein wahres Vergnügen ist, mit der Hand darüber hinzustreichen. Oft weiden mehrere Herden oder Familien an derselben Stelle. Sie fressen Schilf und Tamarisken, sind fett und rund, und ihre beiden Höcker enthalten sehr viel Fett. Im Frühling und Sommer können sie acht Tage ohne Wasser aushalten, im Winter vierzehn. Seit unzähligen Generationen wissen sie die Quellen der Wüste zu finden. Die Mütter haben ihre Jungen dorthin geleitet, und als diese erwachsen waren, haben sie wieder ihre eigenen Kinder hingeführt. Sie tranken das Wasser, auch wenn es noch so salzig ist, es bleibt ihnen ja keine Wahl. Aber sie halten sich nie lange an einer Quellweide auf, denn hier ist die Gefahr am größten. Gegen die Gefahr haben sie keine andere Waffe, als ihre scharf entwickelten Sinne. Sie scheuen den Geruch einer Lagerstätte, die sie erkennen, auch wenn der Wind längst die Asche verweht hat. Auch wenn ihnen keine Gefahr droht, bleiben sie nicht lange auf demselben Weideplatz, sie finden ihren Weg ohne Karte und Kompaß und verirren sich nie. In manchen Gegenden sind sie so zahlreich, daß man fast alle zwei Minuten eine Fährte kreuzt. Laufen die Spuren von allen Seiten strahlenförmig in eine Einsenkung zwischen zwei Hügeln zusammen, so kann man gewiß sein, daß dort eine Quelle ist. Als meine zahmen Kamele einmal elf Tage lang ohne Wasser waren, wurden sie so durch die Fährten ihrer wilden Verwandten gerettet.

Nun denke man sich eine aus sechs wilden Kamelen bestehende Herde, deren Spur Kameljäger aus den ‚dürren Bergen' nachstellen. Der Führer ist ein altes Männchen, das dreißig Jahre in der Wüste gelebt hat und allen Gefahren entronnen ist. Es liegt wiederkäuend auf seinen vier Knien inmitten seiner drei Weibchen und zweier jüngerer Männchen. Nur zwei grasen. Der Alte hört plötzlich mit Wiederkäuen auf, reckt seinen Hals empor und bläht die Nüstern auf, um möglichst viel Luft in die Nase zu ziehen und dadurch besser wittern zu können. Dann erhebt er sich, immer den Kopf nach Norden gewendet. Die anderen bleiben noch ruhig liegen, sie verlassen sich auf ihren Führer. Er macht einige Schritte nach Westen, denn er hat irgendeine Gefahr gemerkt. Da kracht von Norden her ein Schuß. Die Liegenden schnellen wie Sprungfedern in die Höhe, und die ganze Herde jagt in einer Staubwolke davon. Bald erscheinen sie durch das Fernglas nur noch wie kleine schwarze Punkte. Sie lauern den ganzen Tag, erst in der Nacht mäßigen sie ihre Schritte und bleiben gelegentlich stehen, um Ausschau zu halten. Da keine Gefahr mehr zu drohen scheint, beruhigen sie sich allmählich und ziehen zusammen wieder zu einer salzhaltigen Quelle am Fuß des Gebirges. Ringsumher wachsen dichte Schilfstauden und Tamarisken. Der Wind kommt von Osten her, und sie ahnen daher nicht die Gefahr, die ihnen von Westen droht. Denn wir sind gegen den Wind an der anderen Seite der Oase angelangt, und zwischen zwei Tamarisken hindurch beobachte ich alle ihre Bewegungen mit dem Fernglas.

Lautlos wie ein Panther schleicht sich mein Jäger am Boden entlang, verbirgt sich in kleinen Einsenkungen und hinter Sträuchern und nähert sich langsam der Herde. Möchten die Kamele ihn doch nur wittern und ihm entrinnen! Regungslos liegt der Schütze in Treffweite hinter einem Strauch — vorsichtig hebt er die Flinte ans Auge und drückt ab. Der Schuß kracht, die Tiere fahren zusammen und fliehen dem Schützen gerade entgegen. Bald aber bemerken sie den Irrtum und machen kehrt, und pfeilschnell jagen sie, in aufgewirbelte Staubwolken gehüllt, ins Gebirge hinauf. Aber es sind ihrer nur fünf, ein Männchen ist zurückgeblieben. Es liegt mit emporgerecktem Hals da und betrachtet uns, die wir näherkommen, mit abwesendem Blick. Es kaut noch an den Schilfblättern, die es gerade zwischen den Zähnen hatte, als die Kugel ihm in den Bauch drang. Es versucht, sich zu erheben, aber die Vorderbeine versagen den Dienst. Nun stehen wir um den Sohn der Wüste herum, er ist zu Tode verwundet und nun von seinen Kameraden verlassen. Sein Blick schweift ruhig und besonnen über den Horizont hin, er nimmt Abschied von der Wüste. Nach einer Minute ist er tot. So sah ich den König der Wüste, das wilde Kamel, das gleich dem Wildesel in leblosen Gebieten daheim ist und auf salziger Heide. Wo nicht einmal eine Eidechse Nahrung findet, und keine Fliege in der Luft summt, wo die Sommersonne den Lehmboden glühend heiß erhitzt, da zieht es seine weiten Königsstraßen, und die Entfernungen sind ihm nichts. Es ist mit ihm wie mit dem Wind, man weiß nicht, woher er kommt und wohin er geht. Das wilde Kamel ist schneller als der afrikanische Strauß und spottet Pferde und Reiter. Ich sah es in seiner grenzenlosen Freiheit weiden und trinken, im Schatten der Tamarisken ruhen und erschreckt der untergehenden Sonne entgegenfliehen. Wenn wir es am wenigsten erwarteten, tauchte es plötzlich in unserer Nähe auf. Es ist etwas Wunderbares, daß so ein gewaltiges, hochgewachsenes Tier in solcher Öde der Erde gedeihen kann. Und doch leben sie hier, vermehren sich und huschen wie Schatten und Gespenster flüchtig vor dem Auge des Reisenden vorüber."

Soweit Sven Hedin über eine der letzten Jagden auf das Wildkamel, die in diesem Jahrhundert noch stattgefunden haben. Aufgrund der Seltenheit und Gefährdung des stolzen Wildkamels sind solche Jagden heute natürlich nicht mehr möglich und derzeit nicht wünschenswert, da in unserer Zeit immer erst der Erhalt und die Vermehrung einer seltenen Art an vorderster Stelle stehen müssen. Dem tragen die Chinesen dadurch Rechnung, indem sie das Wildkamel unter Schutz stellten und eingangs genanntes und andere Schutzgebiete für das zweihöckrige Kamel schufen.

Dennoch finden auch heute noch gelegentlich Jagden auf diese Wildkamele statt, allerdings ohne scharfe Munition! Zoologen und die einheimischen beruflichen Jägergruppen fangen aus den Herden beispielsweise bestellte Exemplare für Zoologische Gärten in China oder zoologische Forschungsaufträge heraus, gelegentlich auch kranke Exemplare, um sie aufzupäppeln und dann später wieder in die Freiheit zu entlassen. Solche Jagden finden zumeist mit Hilfe schneller mongolischer Pferde, die bekanntlich Urwildpferdeblut in ihren Adern haben, statt. Die Tiere werden dabei mit lassoähnlichen Geräten in der Verfolgungsjagd eingefangen.

Hoffen wir, daß das totgeglaubte zweihöckrige Wildkamel für alle Zeiten in der Weite Innerchinas überleben darf. Der Mensch hat auch das Schicksal dieses herrlichen, stolzen und geheimnisvollen Wildes in der Hand.

Chinesischer Flipper

Wer kennt ihn nicht den amerikanischen „Flipper“ von der Mattscheibe her, der gutdressiert die tollsten Kunststücke vollführt und eine Intelligenz zu besitzen scheint, die der des Menschen kaum nachsteht? Den meisten Lesern werden diese Sendungen wohl hinreichend bekannt sein, besonders den jüngeren. Wenige aber werden wissen, daß es einen solchen „Flipper“ sogar im inneren China in einigen Flüssen gibt, vor allem im Yangtsekiang. Es handelt sich dabei um die Art Chinesischer Flußdelphin (Lipotes vexillifer). Anzutreffen ist dieser Delphin vor allem im großen Tungting-See in der Provinz Hunan, tief im Inneren des Reiches der Mitte. Das Tier wird bis zu 2.50 Meter lang und kann 160 Kilogramm schwer werden. Der China-Delphin ist dem Ganges-Delphin in Indien ähnlich, lebt wie jener ausschließlich im Süßwasser! Zumeist hält er sich in Gruppen von drei bis zwölf Tieren auf und ernährt sich von kleinen Fischen und anderem Wassertieren. Ein auffälliger Unterschied zu den übrigen Delphinen besteht in den schnabelförmig verlängerten Schnauzen, die ähnlich wie beim Gavial mit zahlreichen spitzen Zähnen bestückt sind. Beim chinesischen Delphin sind es auf jeder Seite 33 bis 36 Zähne.

Ein derartig geformter „Schnabel“ mit solchen Zähnen eignet sich natürlich hervorragend zum Fang schlüpfriger Kleinfische und dient zugleich dem „Bohren“ nach Fischen und anderem Getier auf dem schlammigen Flußboden. Flußdelphine sind in China überall, wo sie vorkommen, geschützt. Anfang 1980 wurden erstmals in der Geschichte zwei China-Delphine lebend eingefangen.

China-Alligator

In der Nachbarschaft des Chinesischen Flußdelphins lebt ein anderer für diese Breiten ungewöhnlicher Vertreter der Tierwelt, der China-Alligator oder Yangtse-Alligator (Alligator sinensis) — der einzige Alligator, der in Asien vorkommt und in Asien zudem die einzige Krokodilart, die außerhalb der Tropen lebt! Den China-Alligator kann man auch, im Gegensatz zum Delphin, in einigen chinesischen Zoos betrachten. Der China-Alligator ist zahlenmäßig offensichtlich nicht sehr stark vertreten, doch sollen die Bestände in den letzten zehn Jahren teils erheblich zugenommen haben, da man ihm 1977 ein Schutzgebiet einrichtete. Auch siedelte man gefährdete Tiere in unzugängliche Gebiete um, so daß sie von menschlichen Störungen ferngehalten sind. Man kann also davon ausgehen, daß die Art, die in Gefangenschaft bis zu 50 Jahre alt und 150 Zentimeter lang wird, überleben wird. In China kommen auch Echsen vor, die das Aussehen kleiner Krokodile haben, praktisch „Zwergkrokodile" und erst vor wenigen Jahrzehnten entdeckt wurden. Auf sie kann hier nicht eingegangen werden, weil bis heute nähere Beschreibungen fehlen.

Erwähnt werden soll aber noch wegen seiner ungewöhnlichen Größe der Chinesische Riesensalamander, der bis zu 180(!!!) Zentimeter lang wird.

Sein wissenschaftlicher Name: Andrias davidianus. Er bewohnt in Ostchina saubere und kühle Fließgewässer in den dortigen Bergen, wobei er Versteckmöglichkeiten an unterspülten Uferböschungen bevorzugt. Für ihn hat man ein eigenes Schutzgebiet eingerichtet. Seine Oberseite ist von dunkelgraubrauner Farbe, die von unterschiedlicher Intensität ist. Dabei kann Fleckung oder ein gewölktes Muster auftreten. Die schwarzgefleckte Unterseite ist hellgrau, der Körper plump, Kopf und Rumpf sind breit und abgeflacht. Die kleinen lidlosen Augen stehen seitlich an der Kopfoberseite. Das Maul ist weit nach hinten gespalten, vom Schwanzansatz bis hin zum Hinterkopf zieht sich ein fleischiger und faltiger Hautwulst. Vorder- und Hinterglieder sind sehr stark entwickelt. Finger- und Zehen sind durch Hautsäume verbunden. Bemerkenswert am Chinesischen Riesensalamander ist außerdem der muskulöse und wuchtige Schwanz. Dieser mächtige Schwanzlurch, der in Japan einen bis 145 Zentimeter langen Verwandten hat (Japanischer Riesensalamander, Andrias japonensis), lebt von Fischen, Amphibien, Würmern, Krebsen oder auch von Aas. Er kann über 50 Jahre alt werden und ist vermutlich nicht allzu häufig, so daß er ins Washingtoner Artenschutz-Übereinkommen aufgenommen werden mußte. Die jungen Chinesischen Riesensalamander sind frühestens nach fünf Jahren geschlechtsreif. Nachdem die Weibchen zwei Eistränge mit bis zu 500 Eiern gelegt haben, beginnen nach etwa zweieinhalb Monaten die Jungen zu schlüpfen und sind zu diesem Zeitpunkt etwa 3 Zentimeter lang, äußerlich mit Kiemen ausgestattet. Bei einer Größe von 25 Zentimeter sind die Jungen völlig umgewandelt und ohne Kiemen lebensfähig.

Verbreitungskarten

1 Hanma-Hujin Daxinganlin
2 Fenglin
3 Changbaishan
4 Luda Schlangen-Reservat
5 Taibaishan
6 Foping Yueba
7 Shennongja
8 Baishuaijiang
9 Nanping Baihe
10 Nanping Jiuzhaigou
11 Pingwu Wanglang
12 Beichuan
13 Quingehuan Tangjiahe
14 Wuhu Alligator-Reservat
15 Linan Xitianmushan
16 Longquan Fengyangshan
17 Taishan Wuyanlin
18 Kaibua Gutianshan
19 Wuyishan
20 Jianou Wanmulin
21 Sanming Shenkou
22 Nanjing Hexi Dadoushan
23 Quianshan Wuyishan
24 Yifeng Guanshan
25 Longnan Joulianshan
26 Heyuan Xingang
27 Luyuan Wuzhishan Chingjendong
28 Zhaoging Dinghushan
29 Guilin Miaorishan
30 Longsheng Huaping
31 Tongyen Fanjingshan
32 Liangshan Dafengding
33 Ledong Jianfengling
34 Hainan Nanwanling
35 Beisha Bangxi
36 Dongfang Datian
37 Lungzhou
38 Mengla
39 Mengluen
40 Mengyang
41 Qiqihari Zhalong
42 Wenchuan Wolong
43 Baoxing Dachygou
44 Tianguan Labahe
45 Quinghaihu
46 Yuoriqai Tiebu
47 Trampeltier-NSG
48 Schwanenschutzgebiet

Die wichtigsten Naturschutzgebiete in China

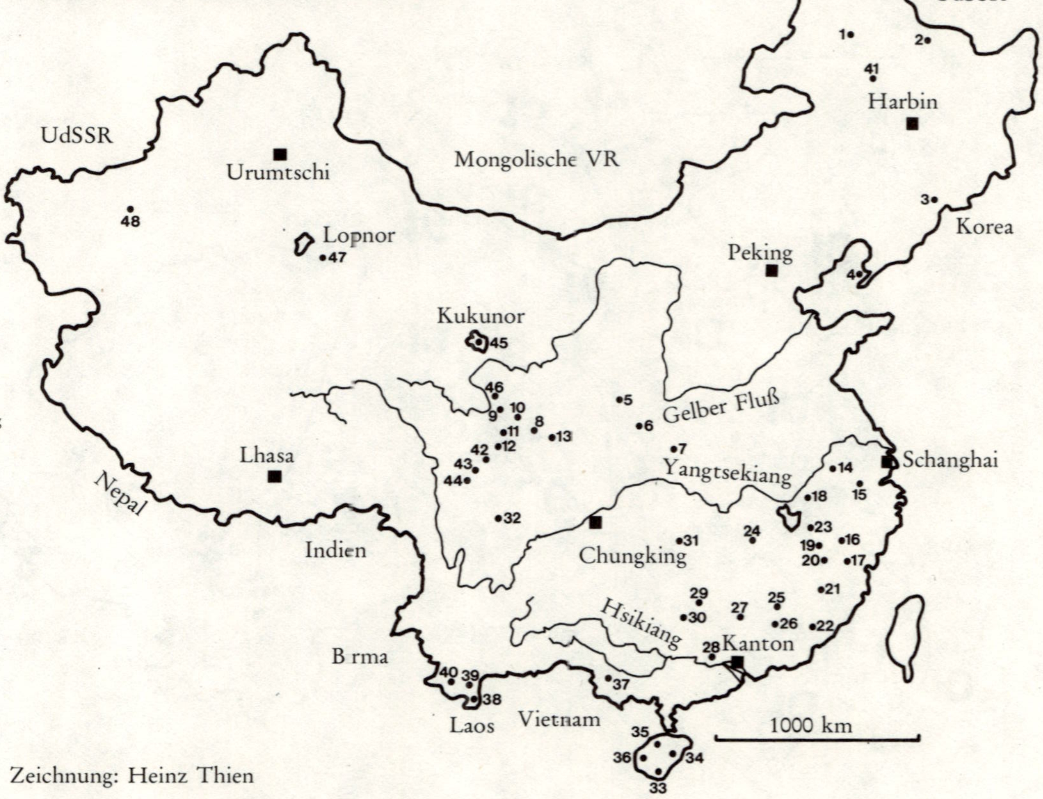

Zeichnung: Heinz Thien

Der Colchicus-Fasan in China

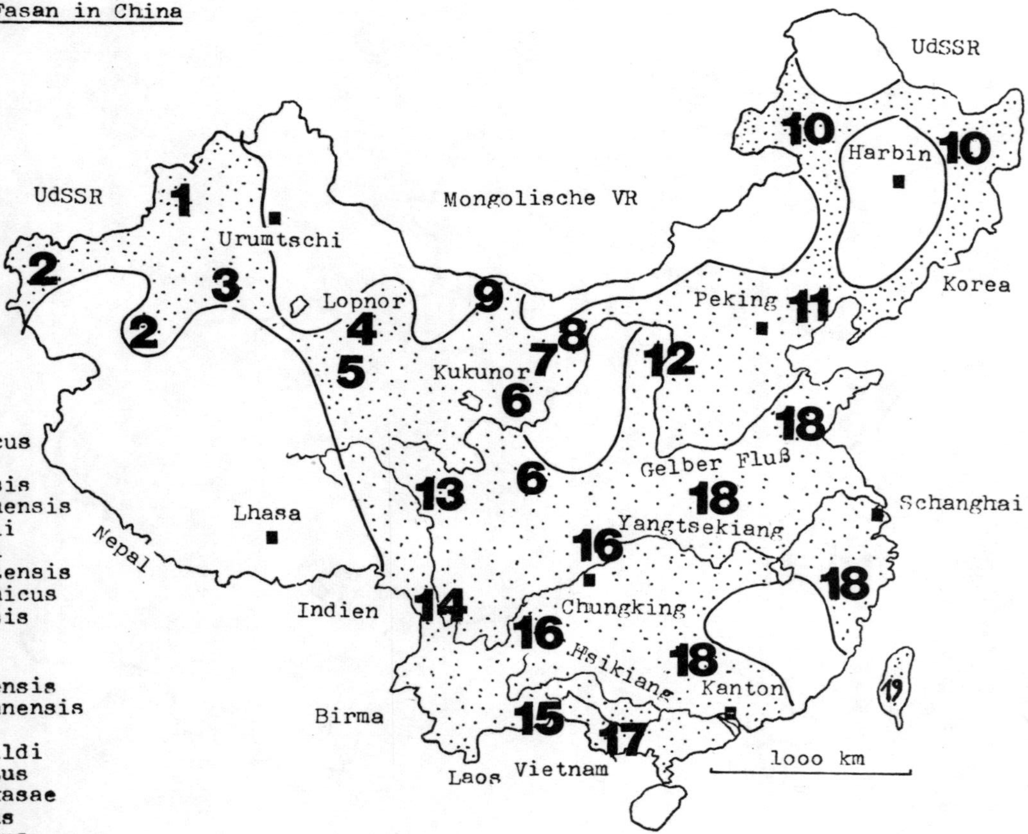

Zeichnung: Heinz Thien

1) P. c. mongolicus
2) P. c. shawii
3) P. c. tarimensis
4) P. c. satscheuensis
5) P. c. vlangalii
6) P. c. strauchi
7) P. c. sohokhotensis
8) P. c. alaschanicus
9) P. c. edzinensis
1o) P. c. pallasi
11) P. c. karpowi
12) P. c. kiangsuensis
13) P. c. süehschanensis
14) P. c. elegans
15) P. c. rothschildi
16) P. c. decollatus
17) P. c. sakatsukasae
18) P. c. torquatus
19) P. c. formosanus

P. c. = Phasianus colchicus

Glanz- und Langschwanzfasanen

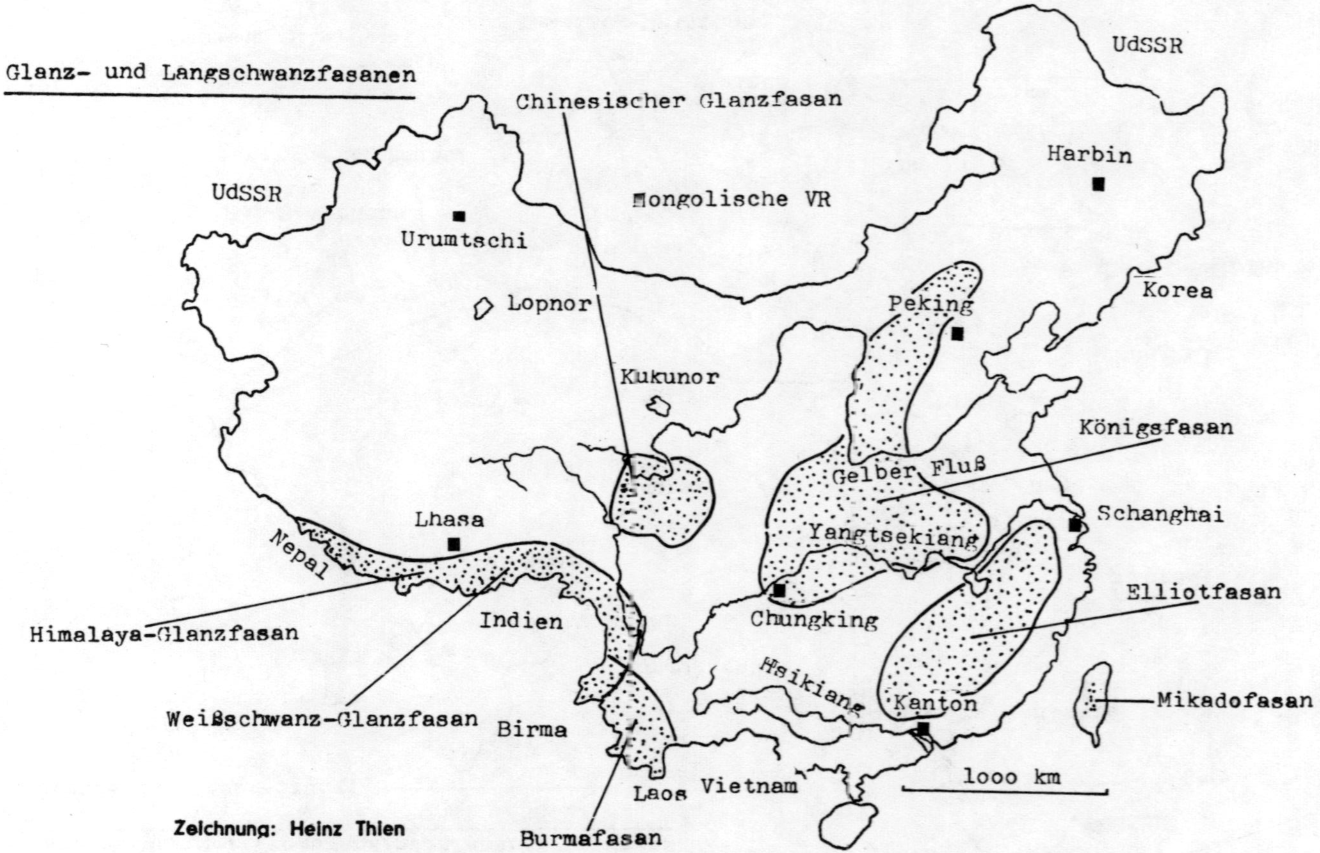

Zeichnung: Heinz Thien

Verbreitung der Tragopane/Hornfasanen in China

Grenze der Verbreitung:

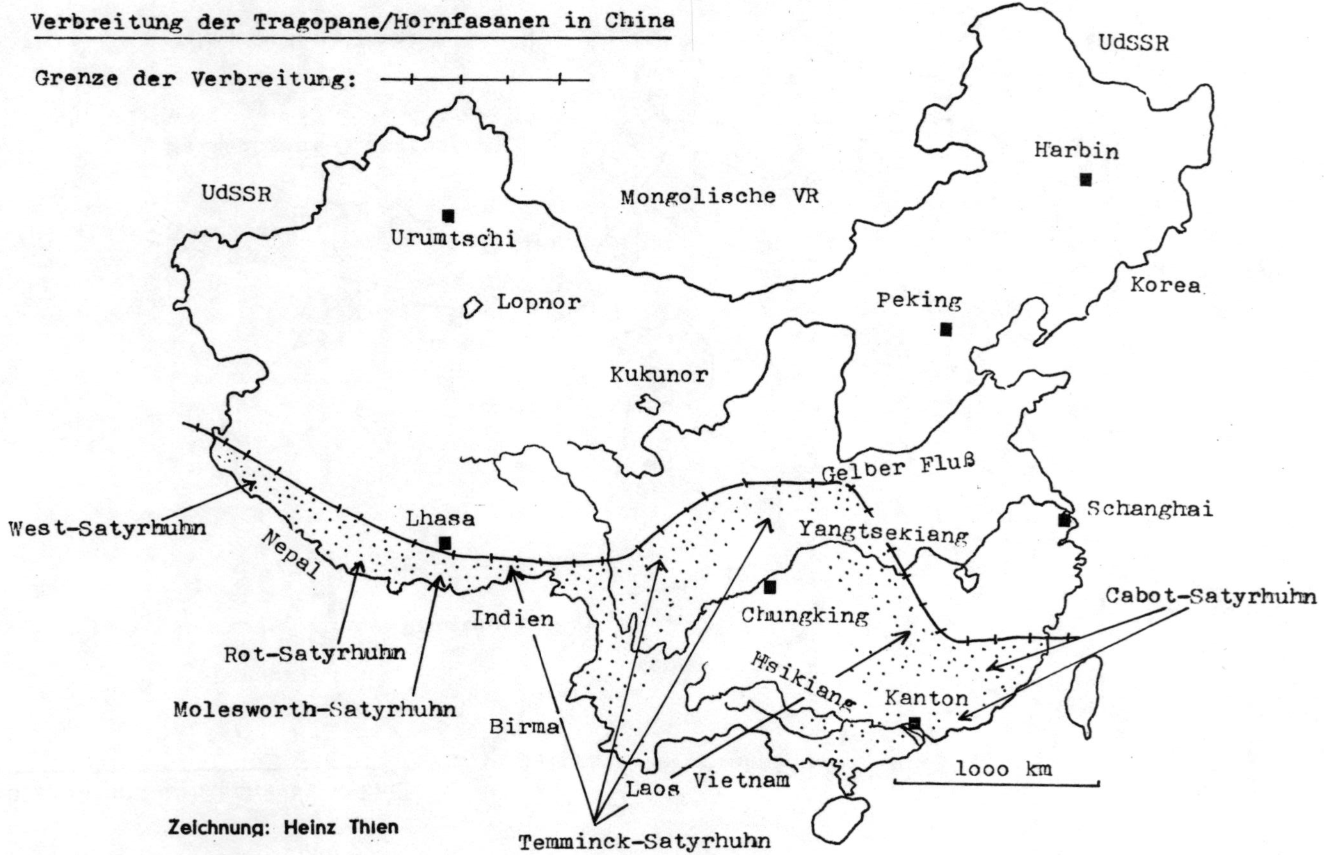

Zeichnung: Heinz Thien

Verbreitung von
Gold- u. Amherstfasan
in China

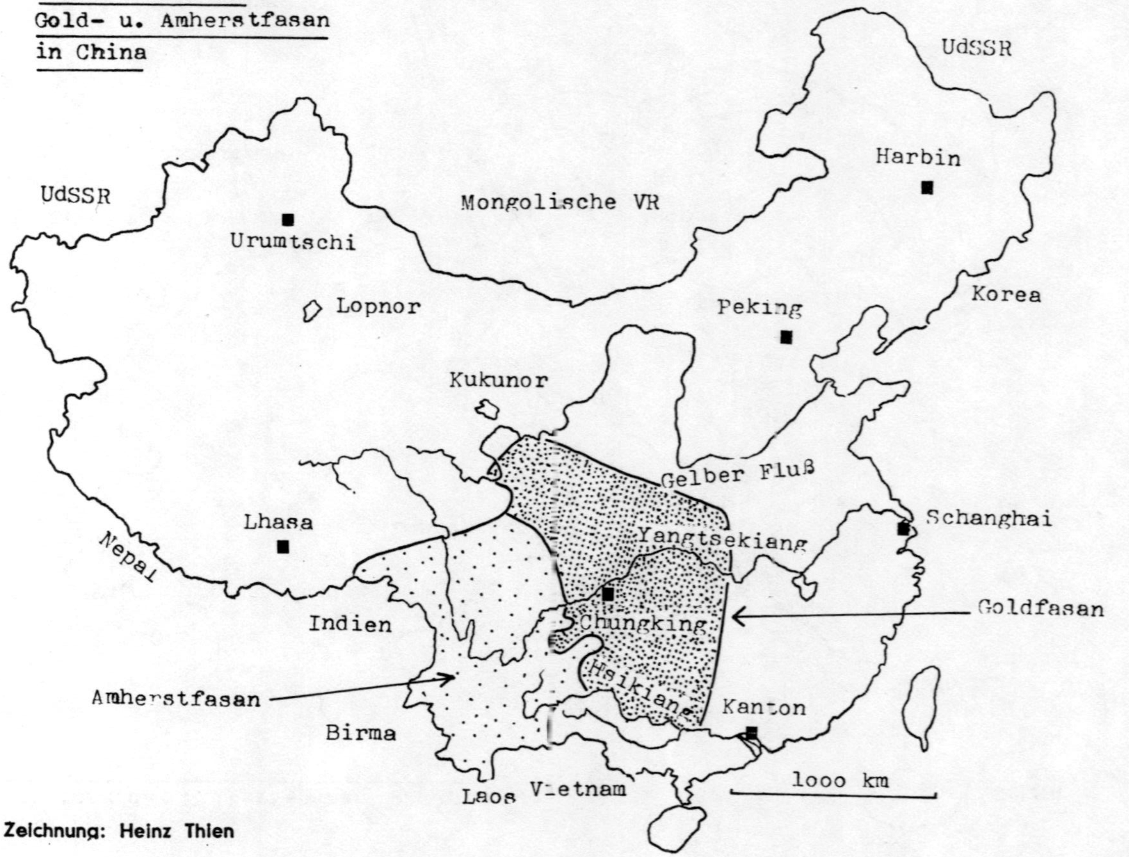

Zeichnung: Heinz Thien

Verbreitung der Silberfasanen in China

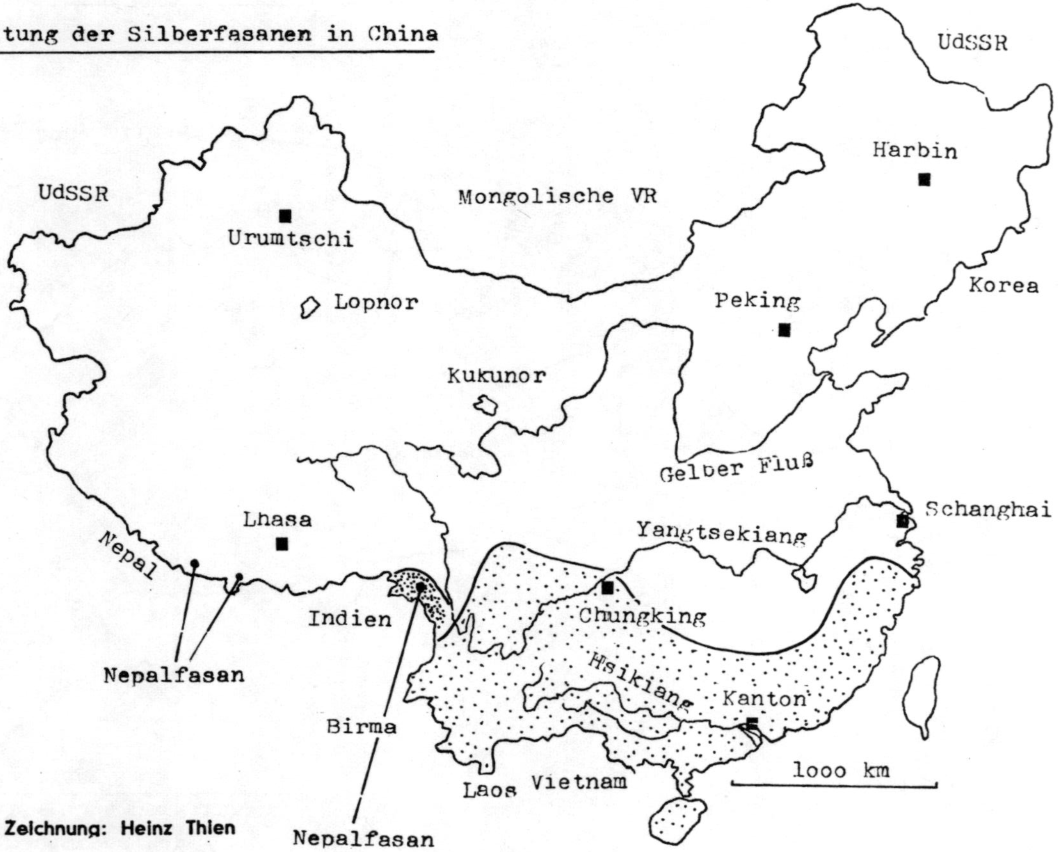

Zeichnung: Heinz Thien

Der Schopf-Fasan in China

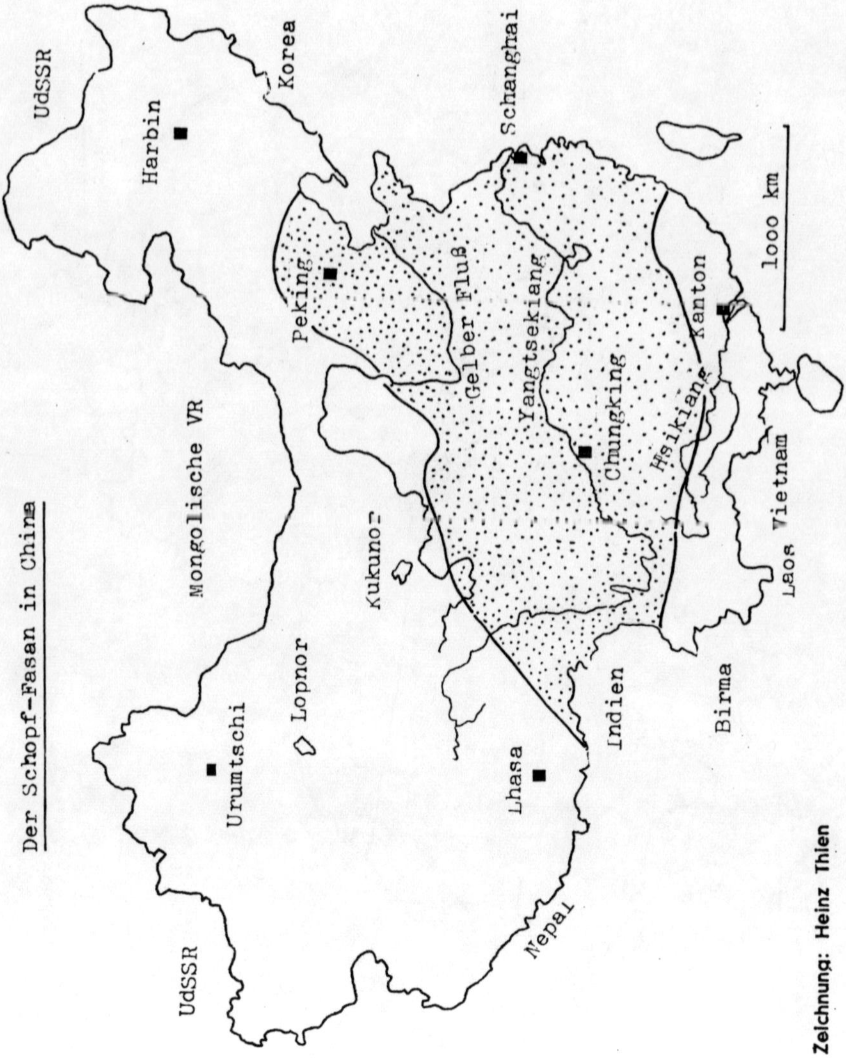

Zeichnung: Heinz Thien

Die Blutfasanen in China

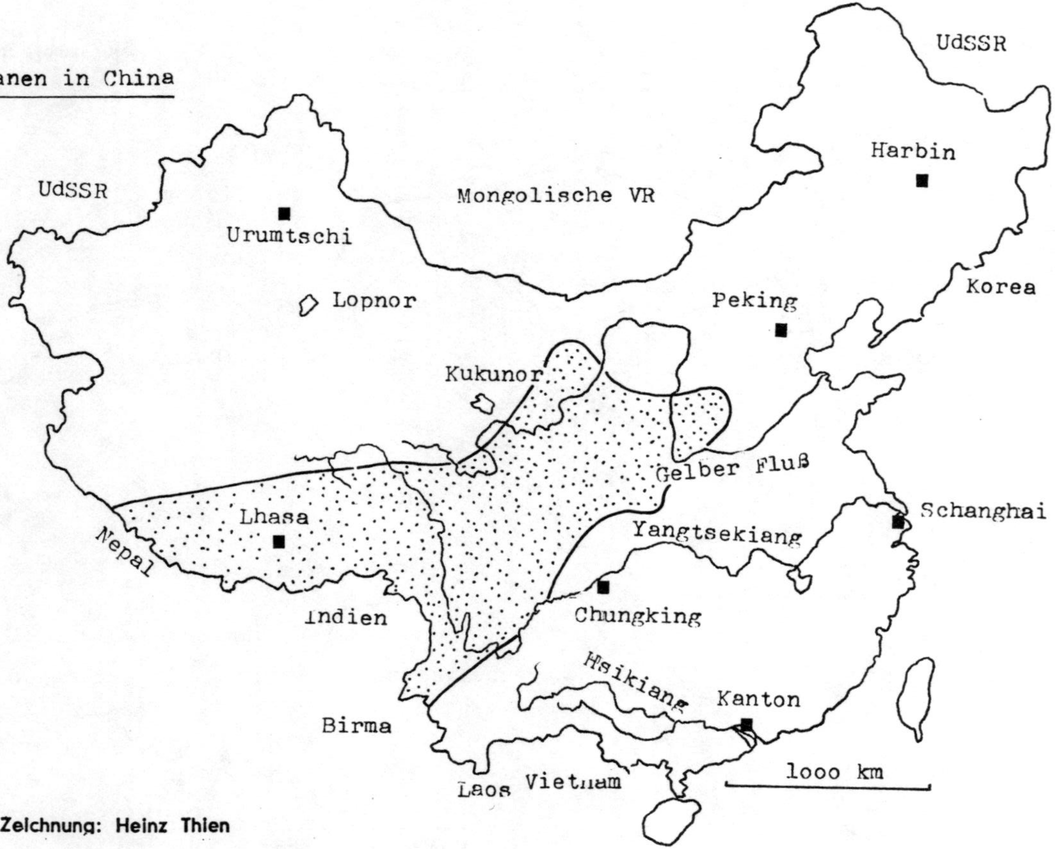

Zeichnung: Heinz Thien

Die Ohrfasanen in China

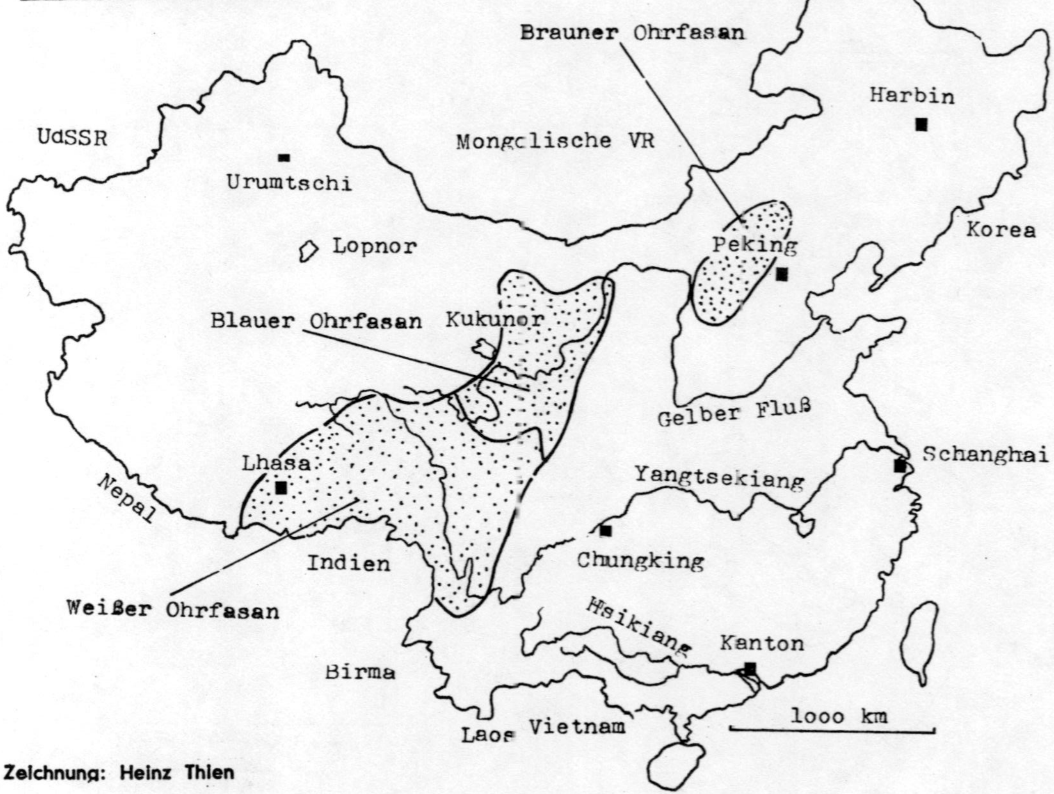

Zeichnung: Heinz Thien

Pfaufasan und

Ährenträgerpfau in China

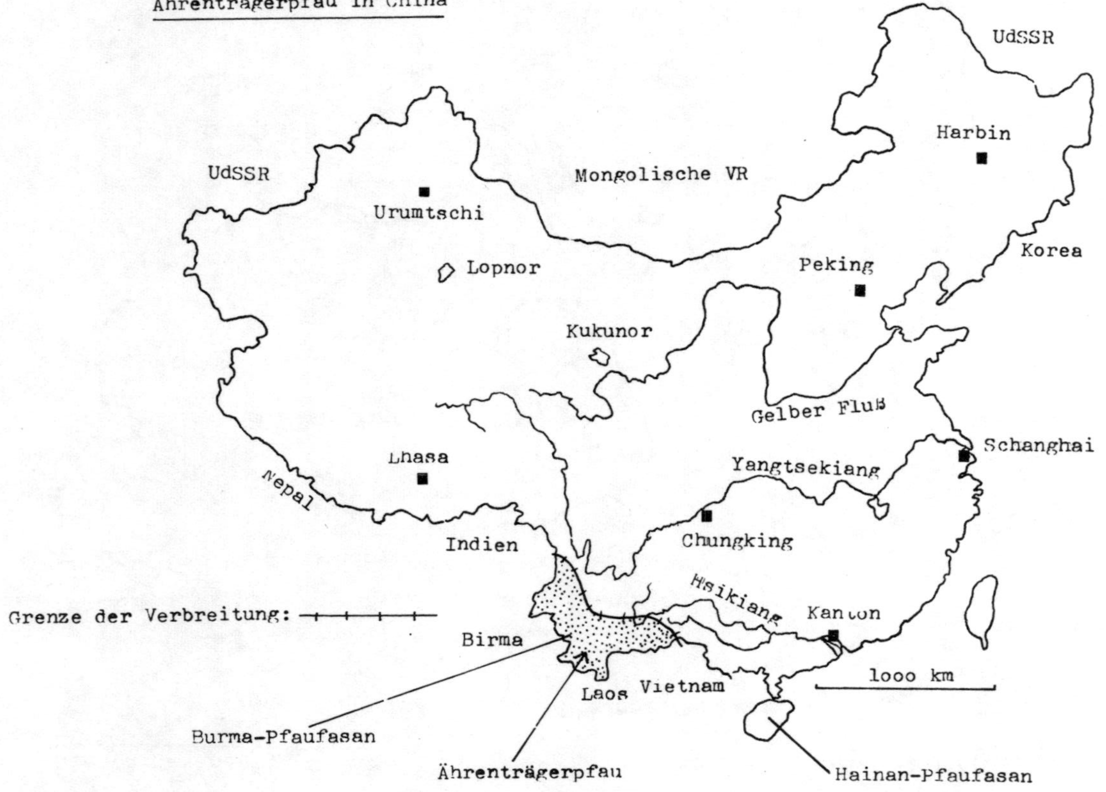

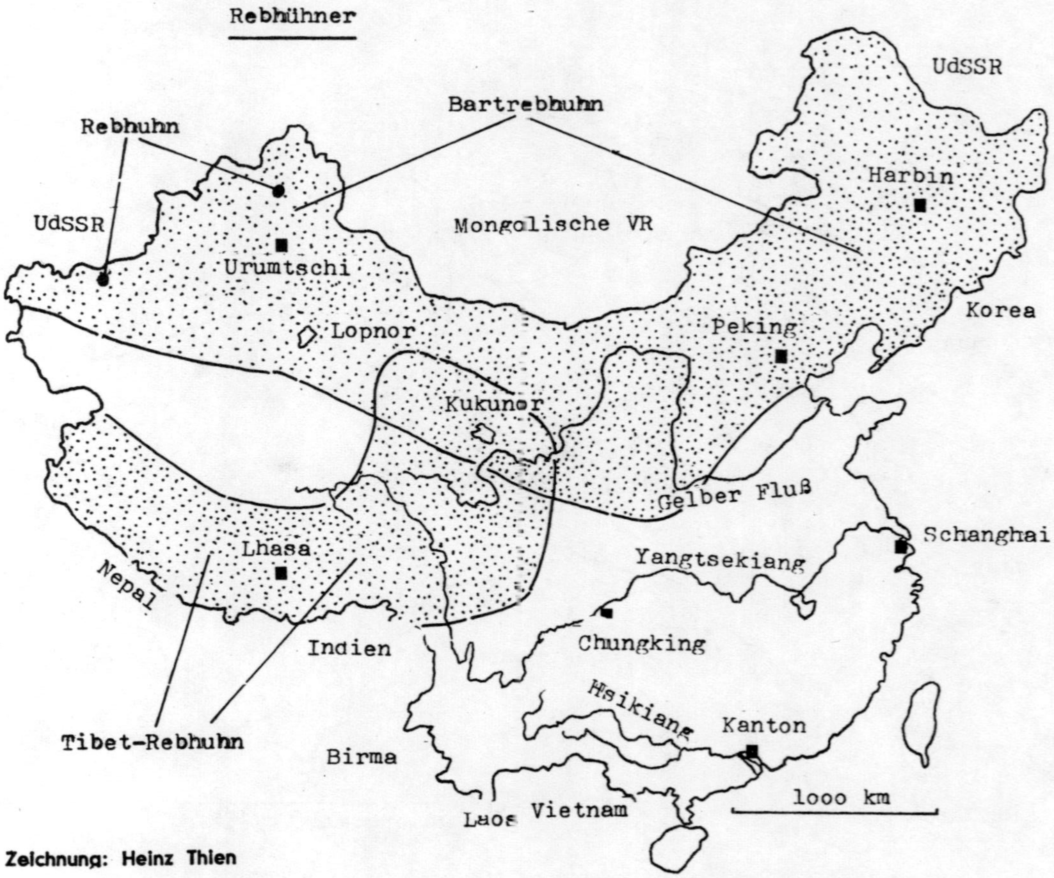

Zeichnung: Heinz Thien

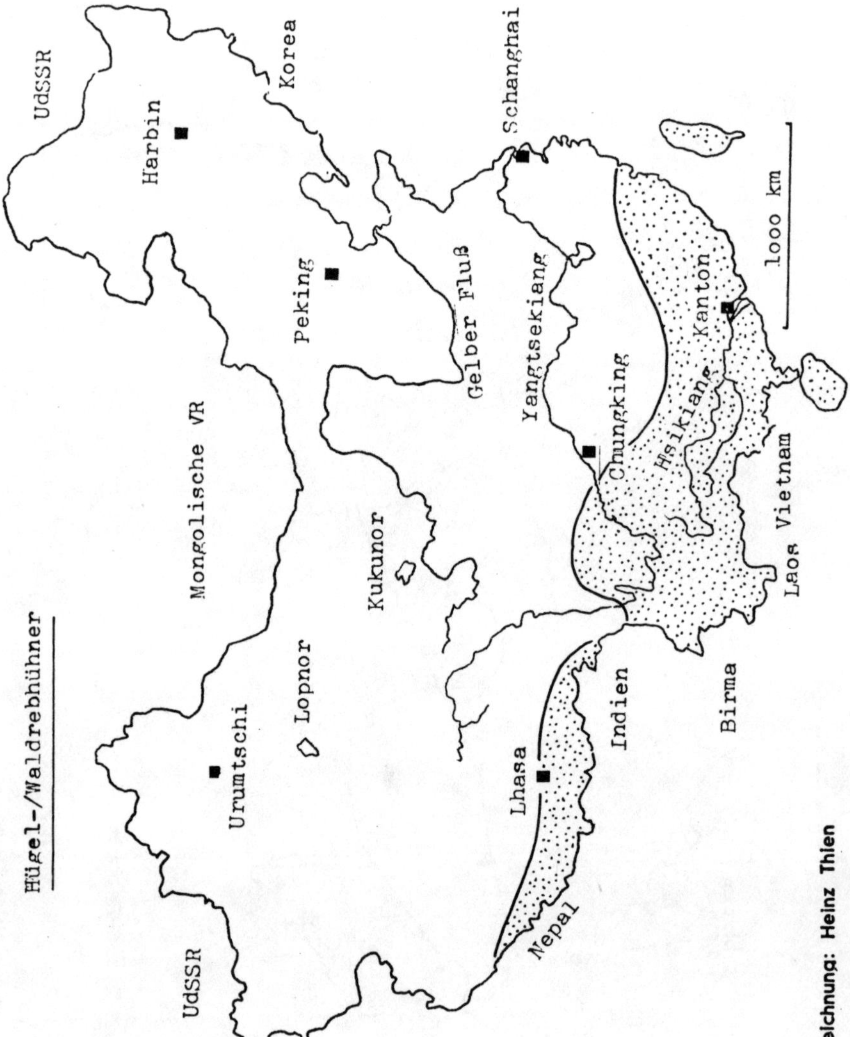

Hügel-/Waldrebhühner

Zeichnung: Heinz Thien

Bankivahühner in China

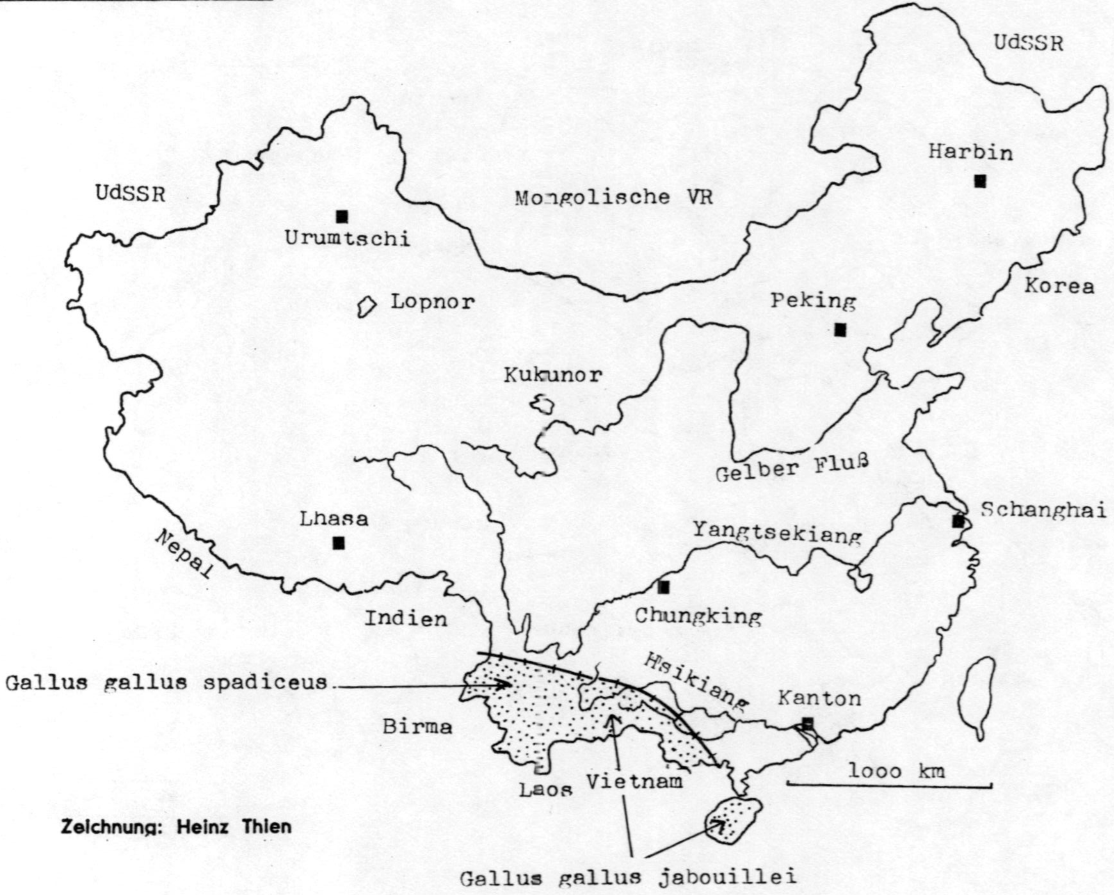

Zeichnung: Heinz Thien

Bambushühner in China

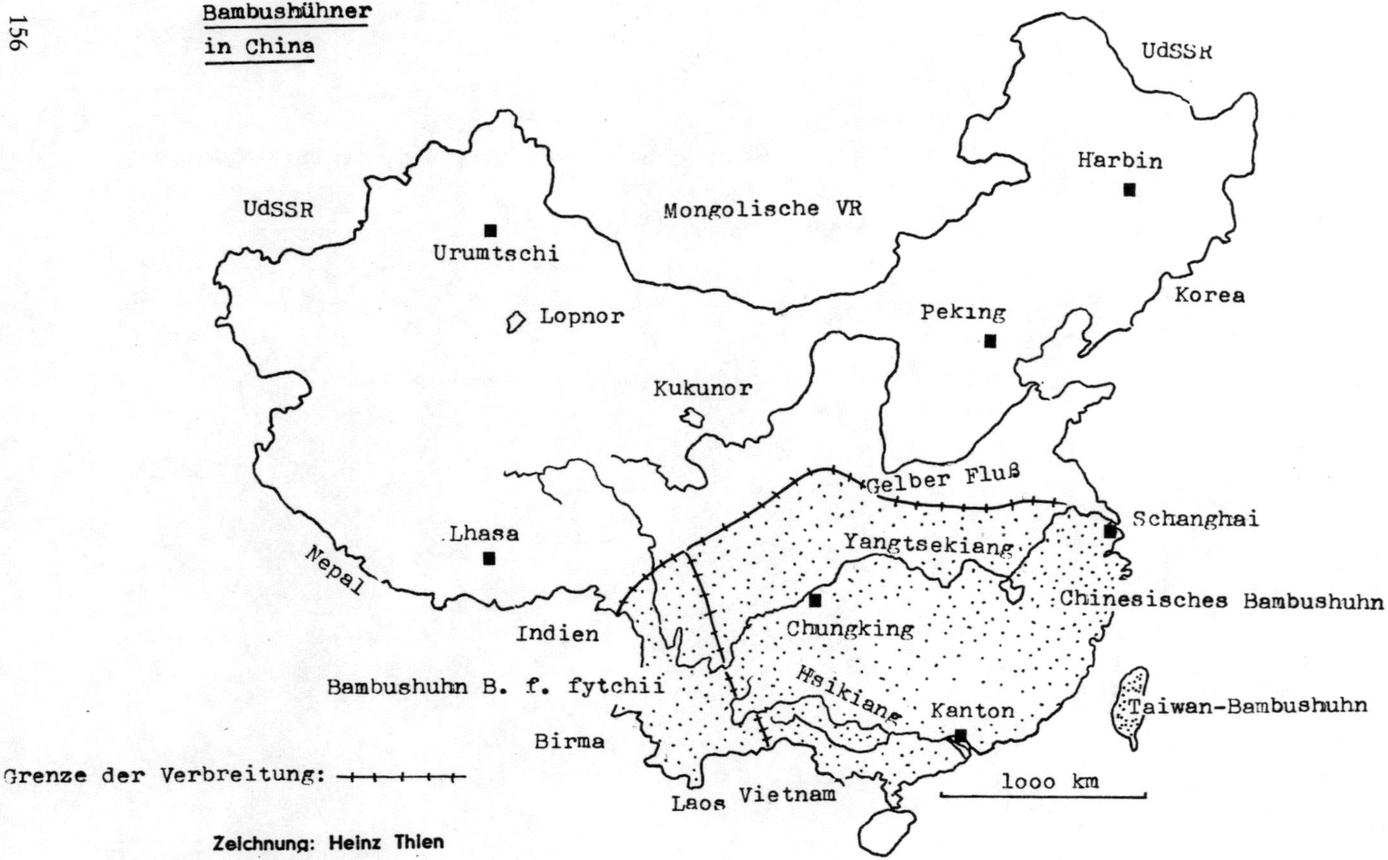

Zeichnung: Heinz Thien

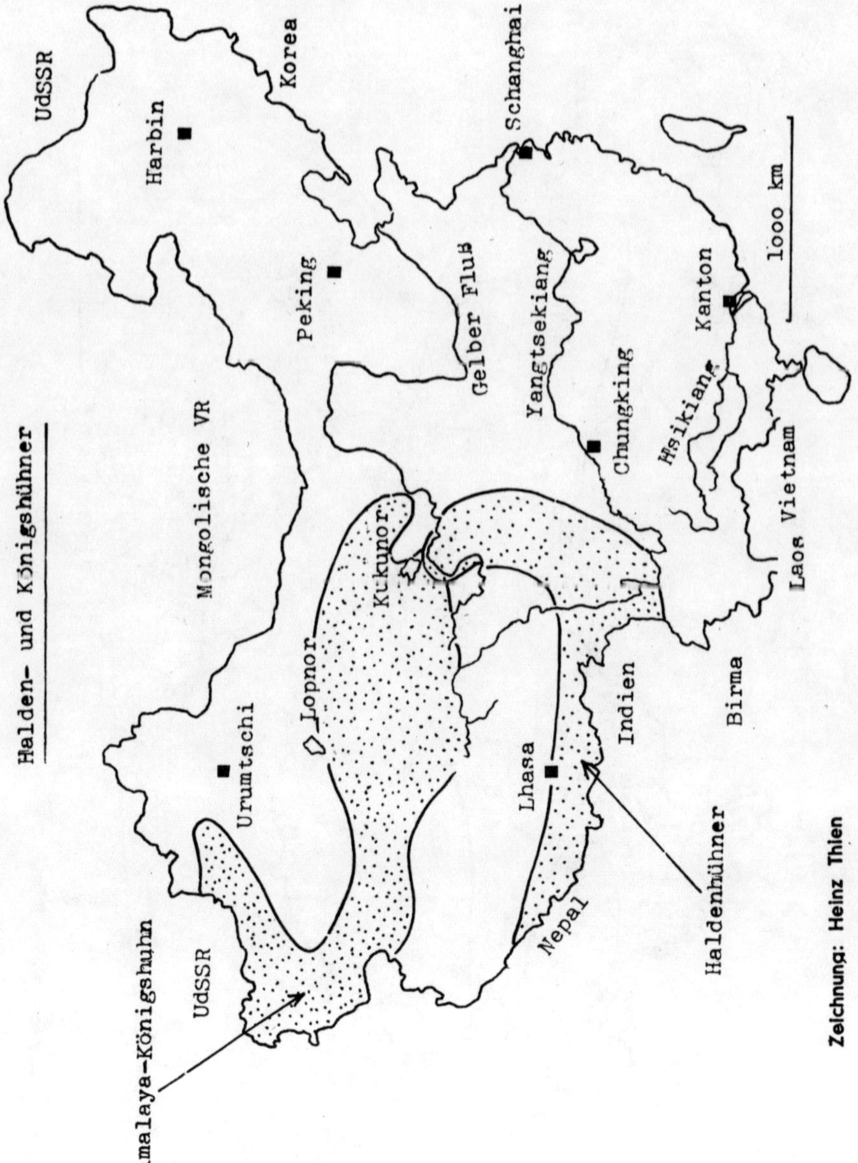

Zeichnung: Heinz Thien

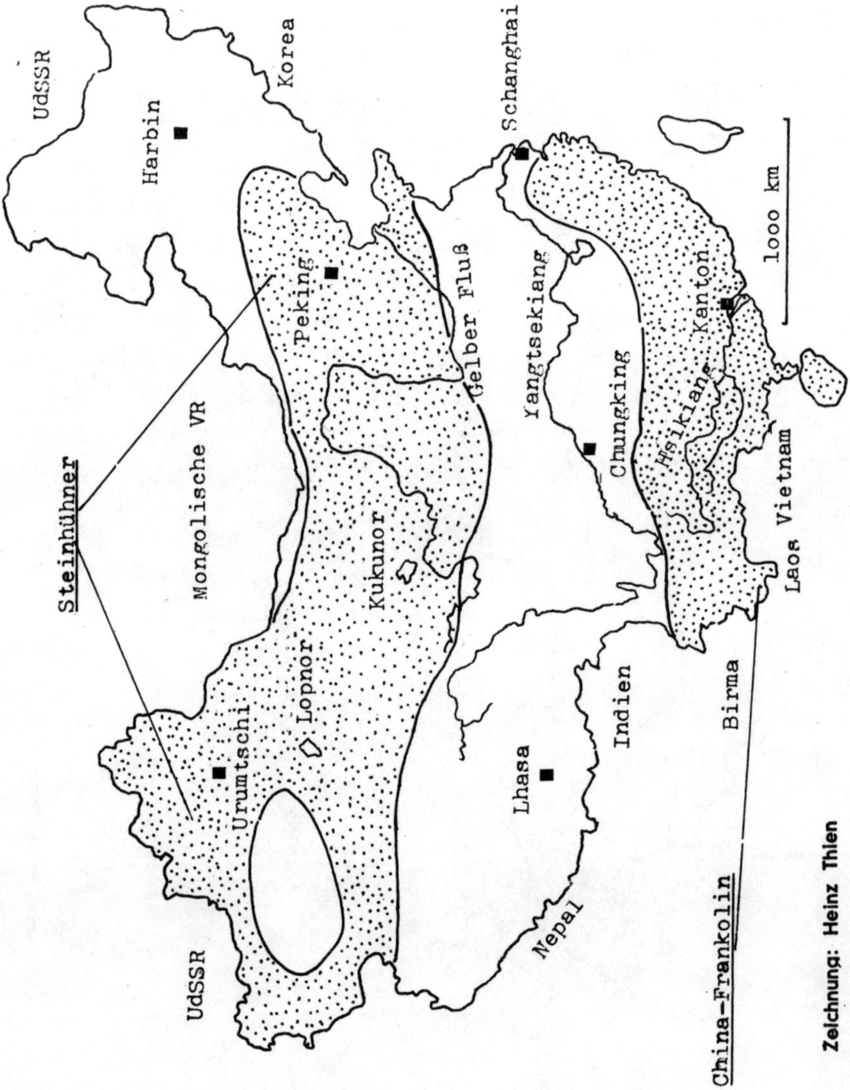

Zeichnung: Heinz Thien

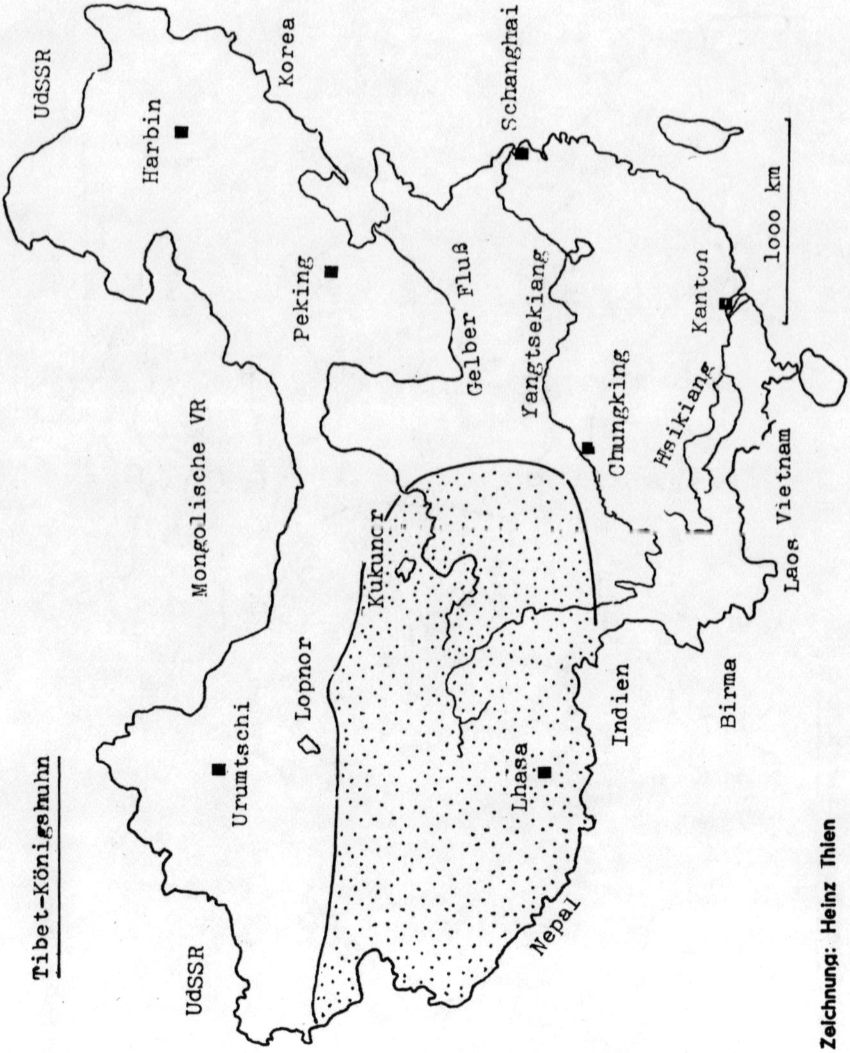

Zeichnung: Heinz Thien

Tibet-Keilschwanzhuhn

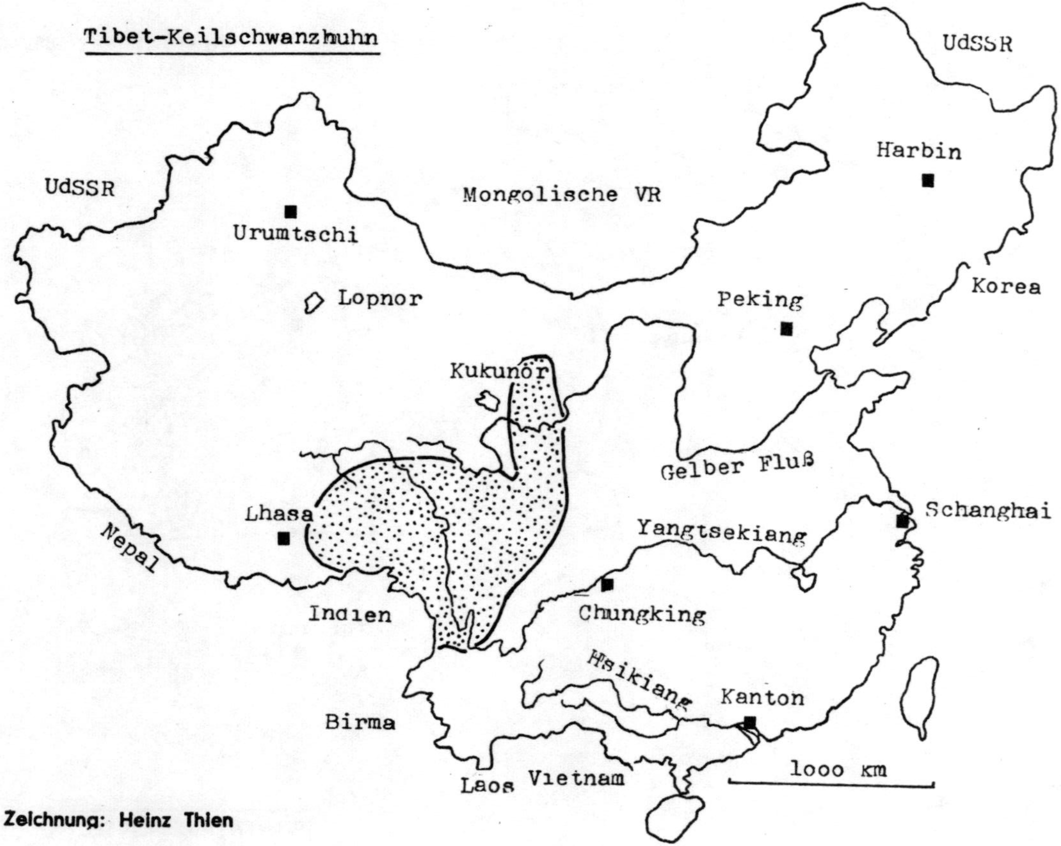

Zeichnung: Heinz Thien

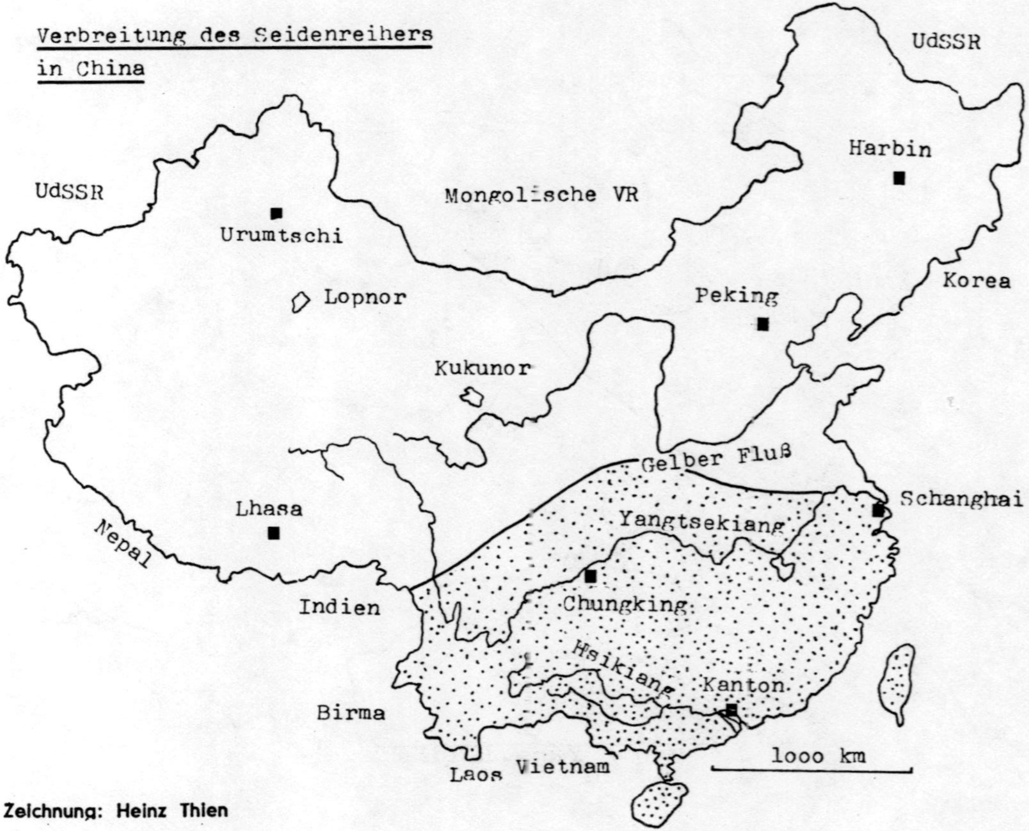

Verbreitung des Seidenreihers in China

Zeichnung: Heinz Thien

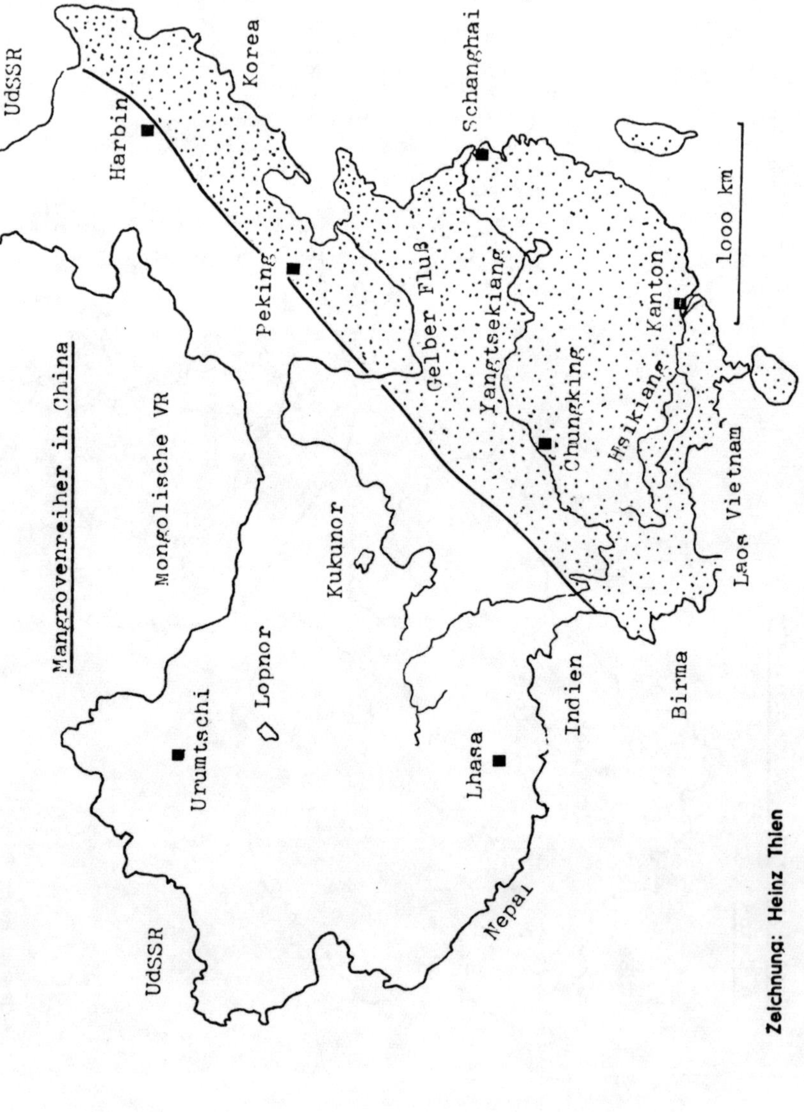

Zeichnung: Heinz Thien

Graureiher in China

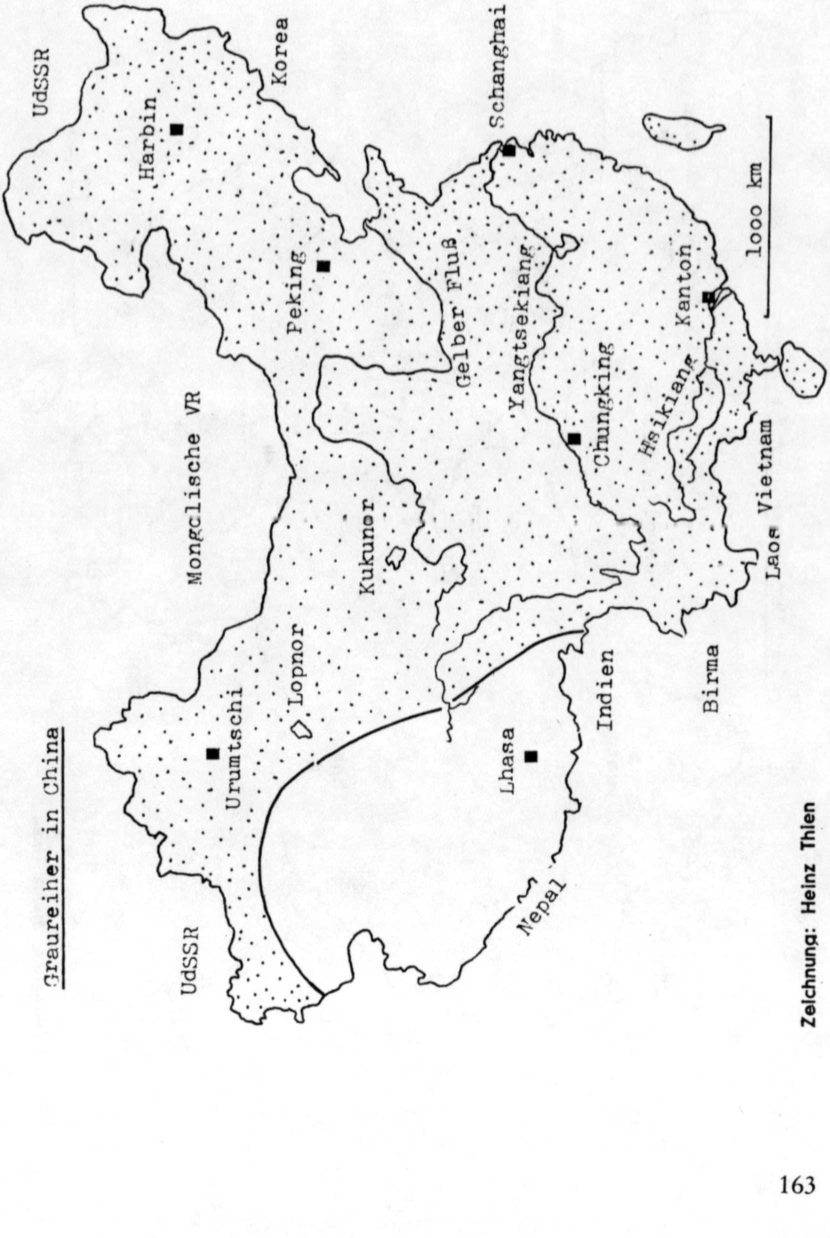

Zeichnung: Heinz Thien

Der Bacchusreiher in China

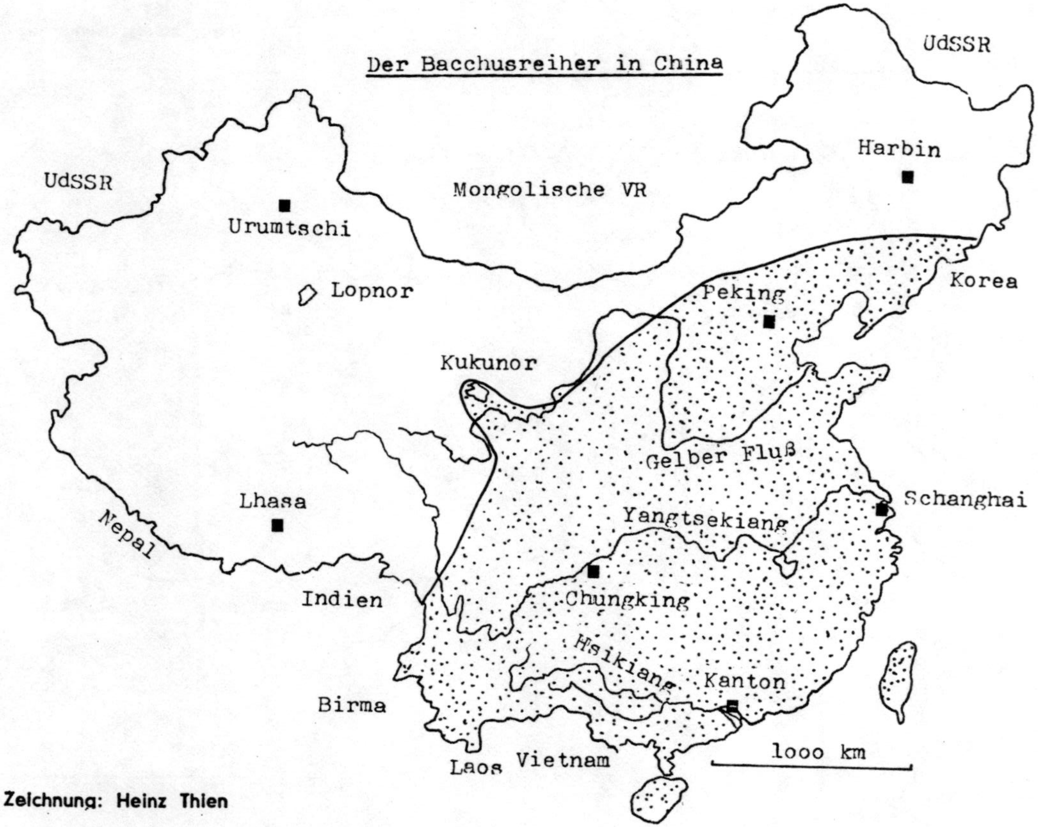

Zeichnung: Heinz Thien

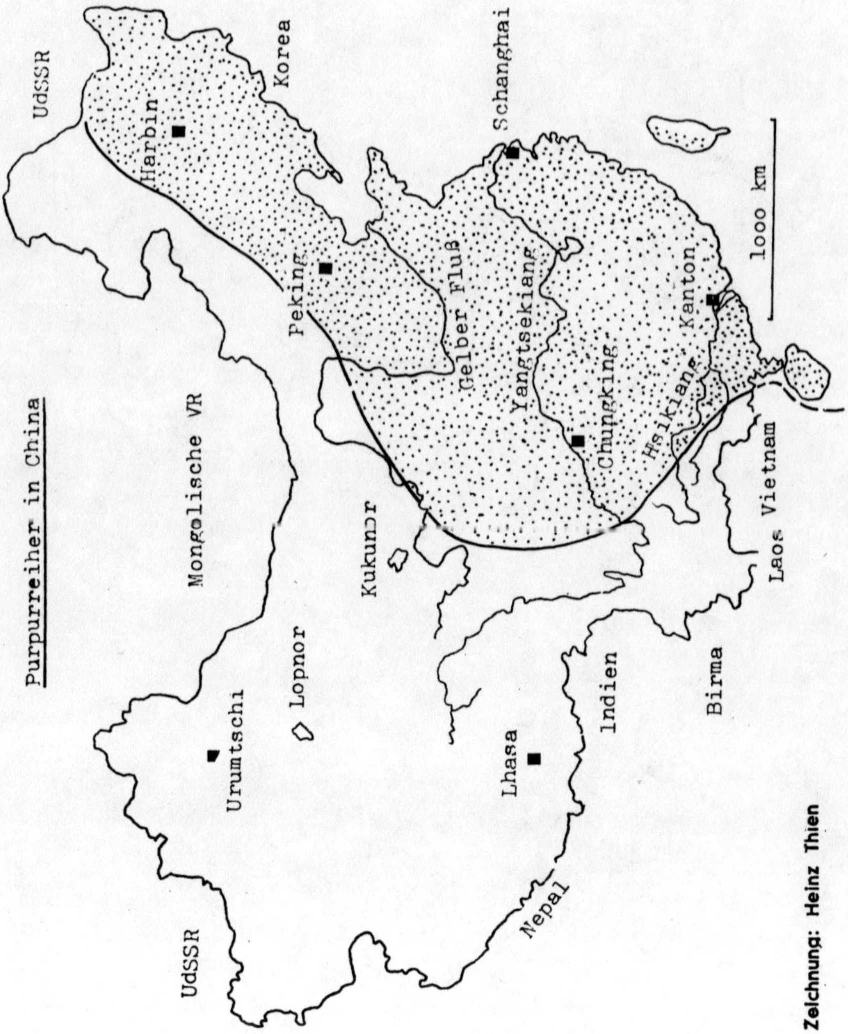

Purpurreiher in China

Zeichnung: Heinz Thien

Birk- und Auerwild in China

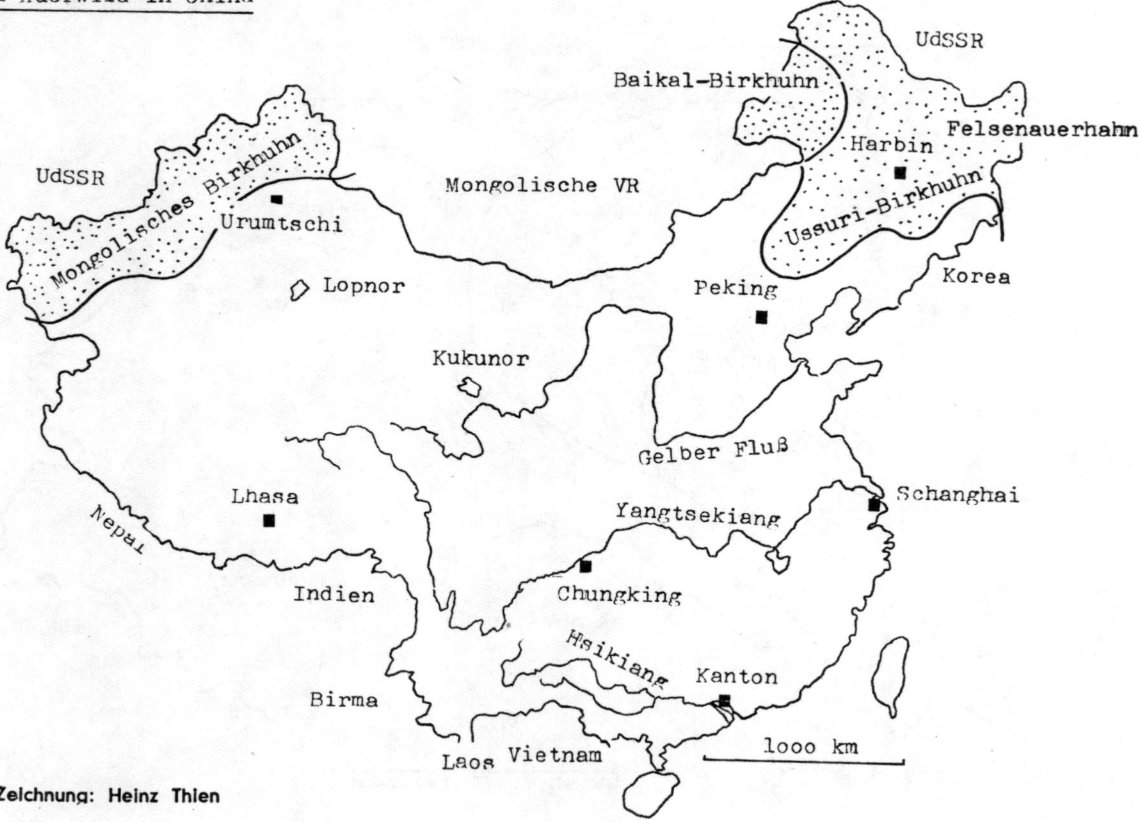

Zeichnung: Heinz Thien

Verbreitung der Stockente in China

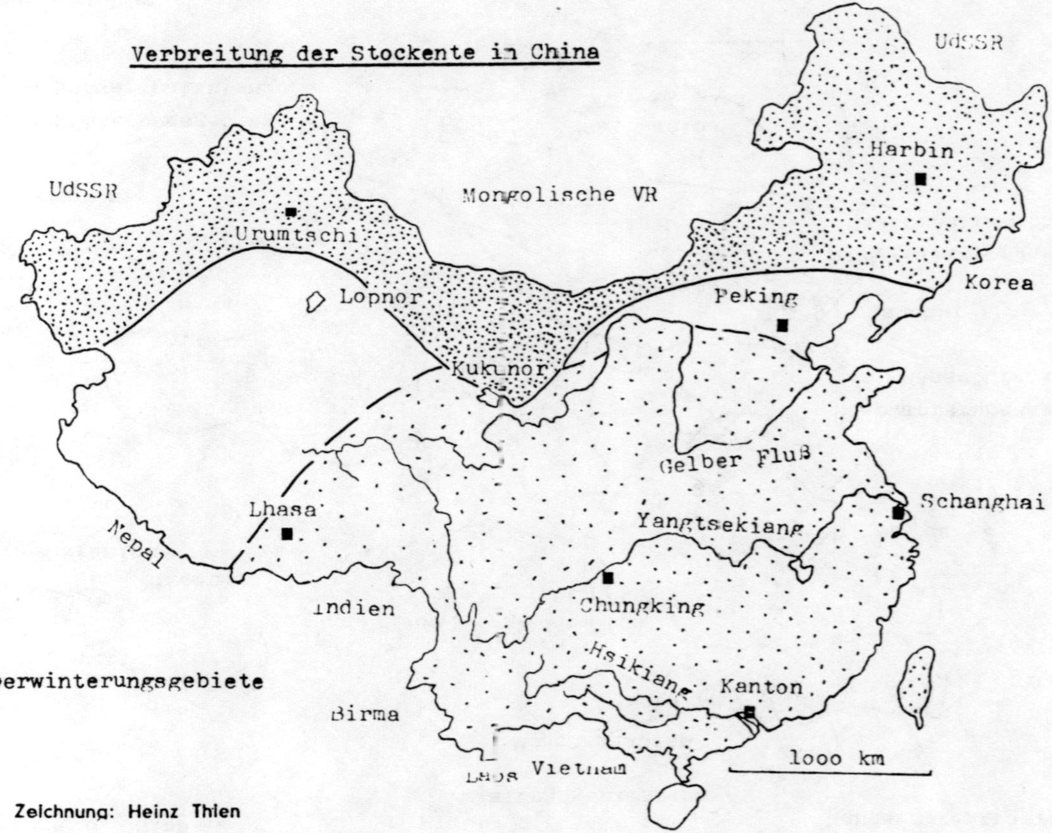

Überwinterungsgebiete

Zeichnung: Heinz Thien

Die Kraniche in China

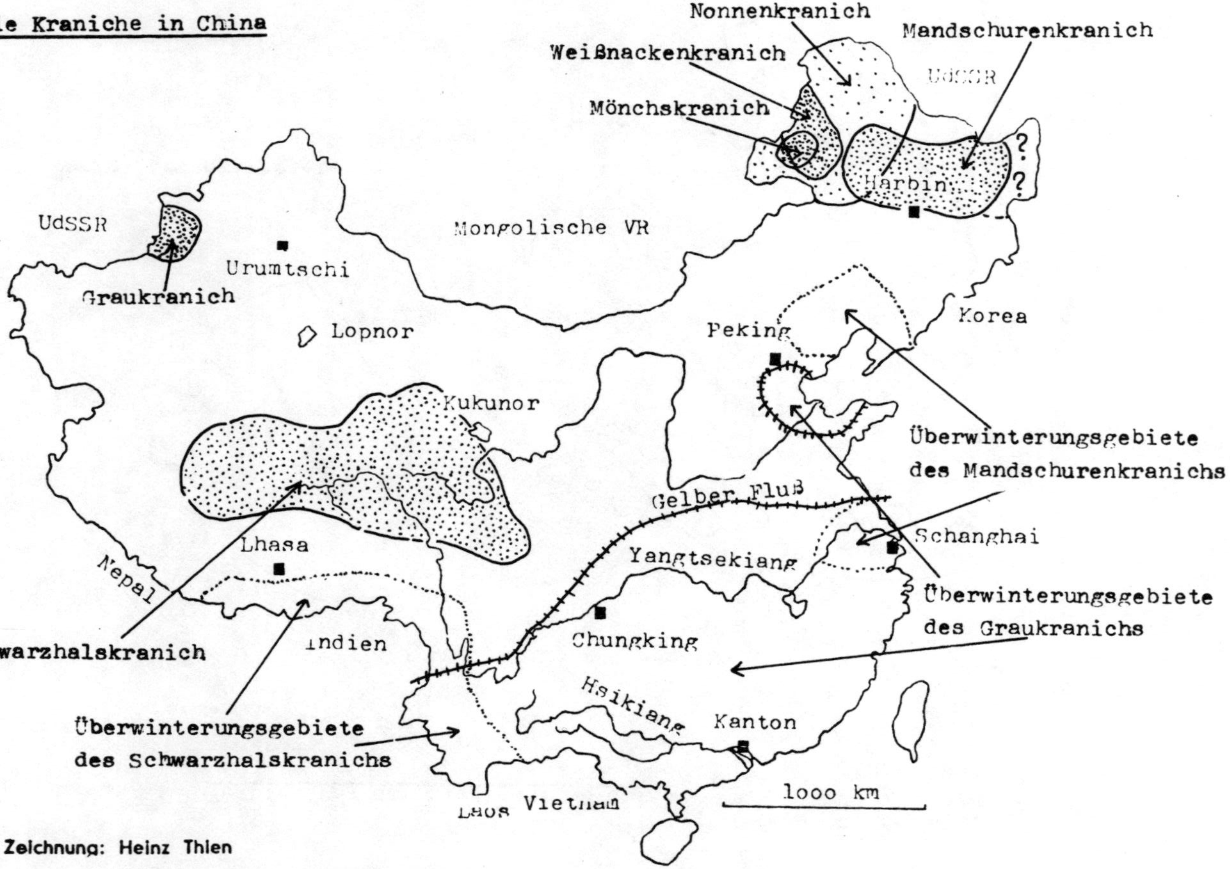

Zeichnung: Heinz Thien

Rostgans in China

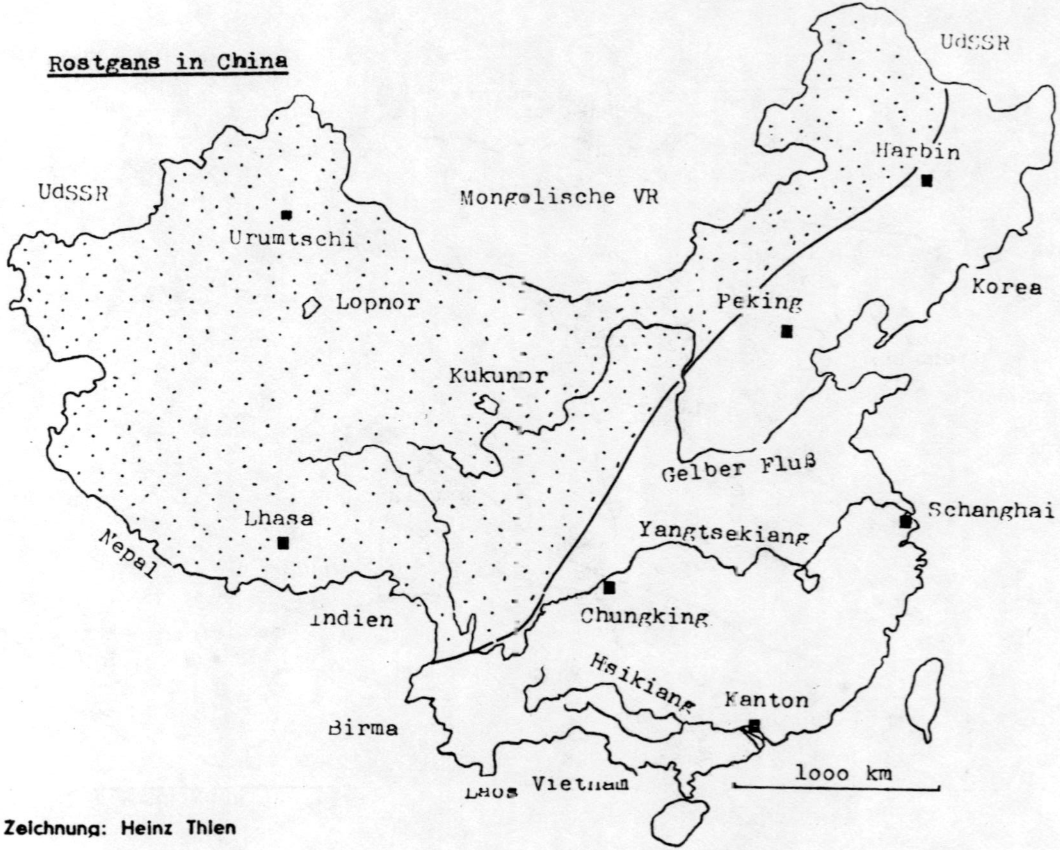

Zeichnung: Heinz Thien

Die Brandgans in China

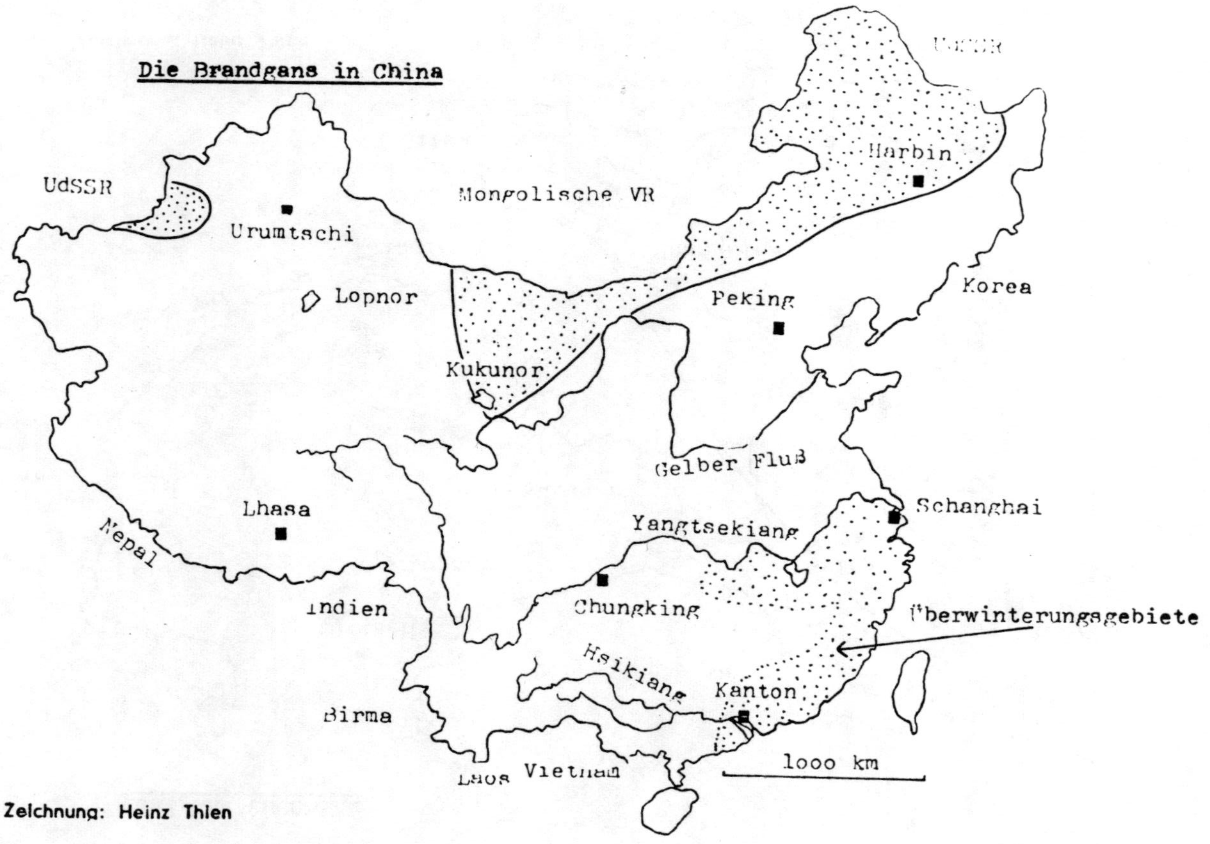

Zeichnung: Heinz Thien

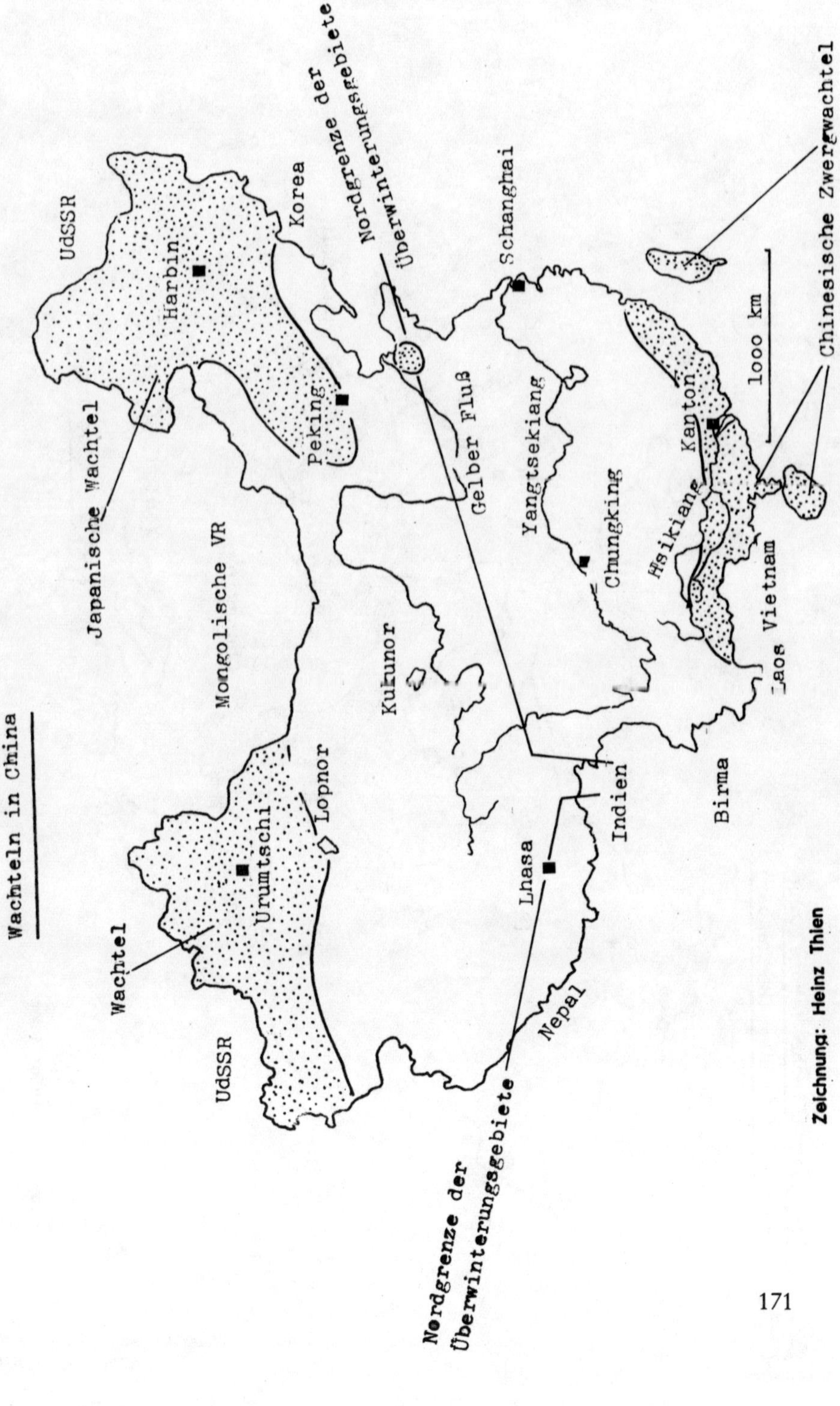

Zeichnung: Heinz Thien

Die geografische Verbreitung des Großen Pandas (Bambusbär)

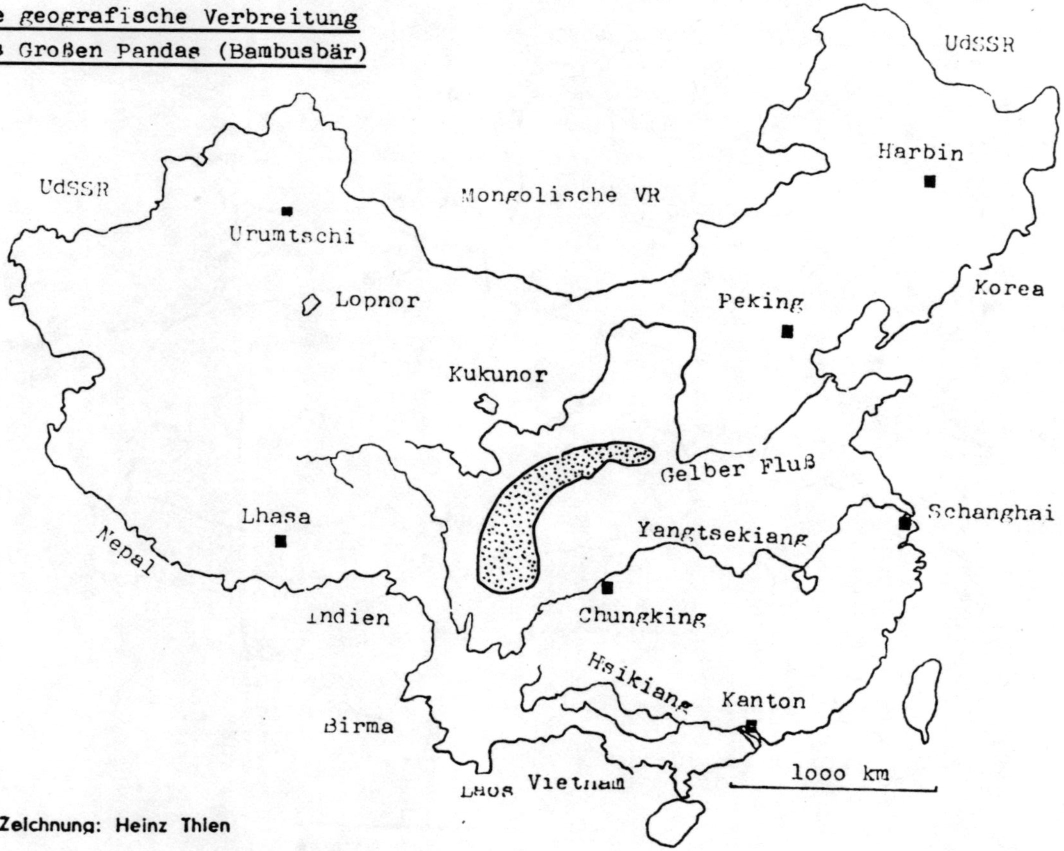

Zeichnung: Heinz Thien

Verbreitung des Braunbären in China

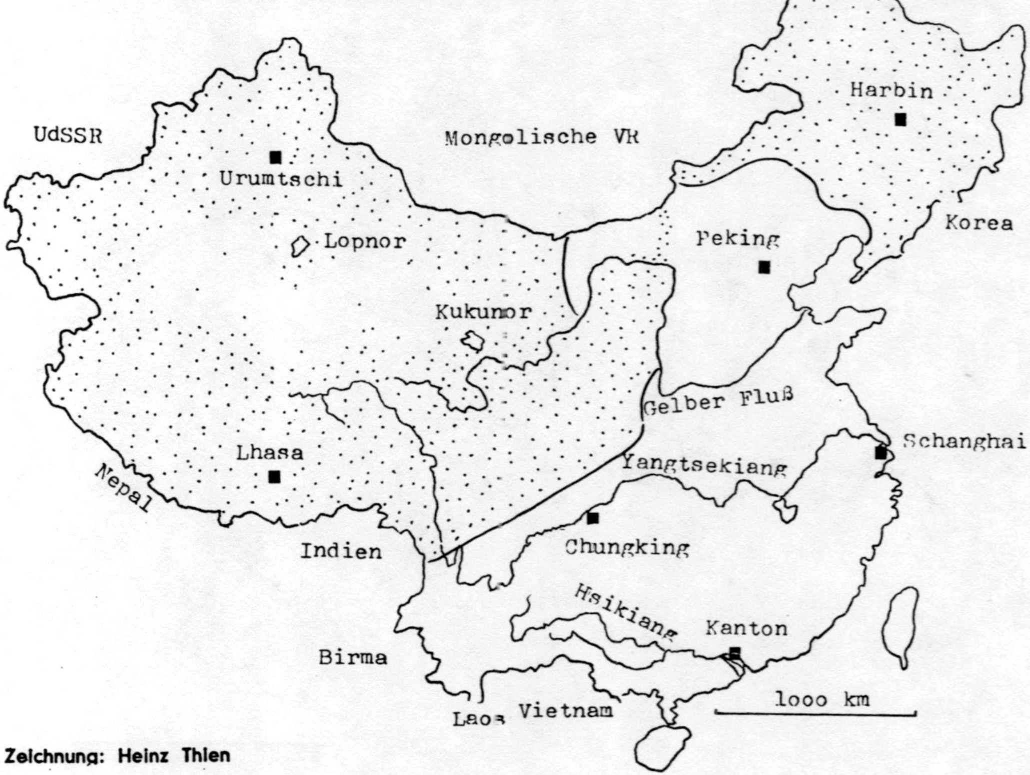

Zeichnung: Heinz Thien

Katzenbär in China

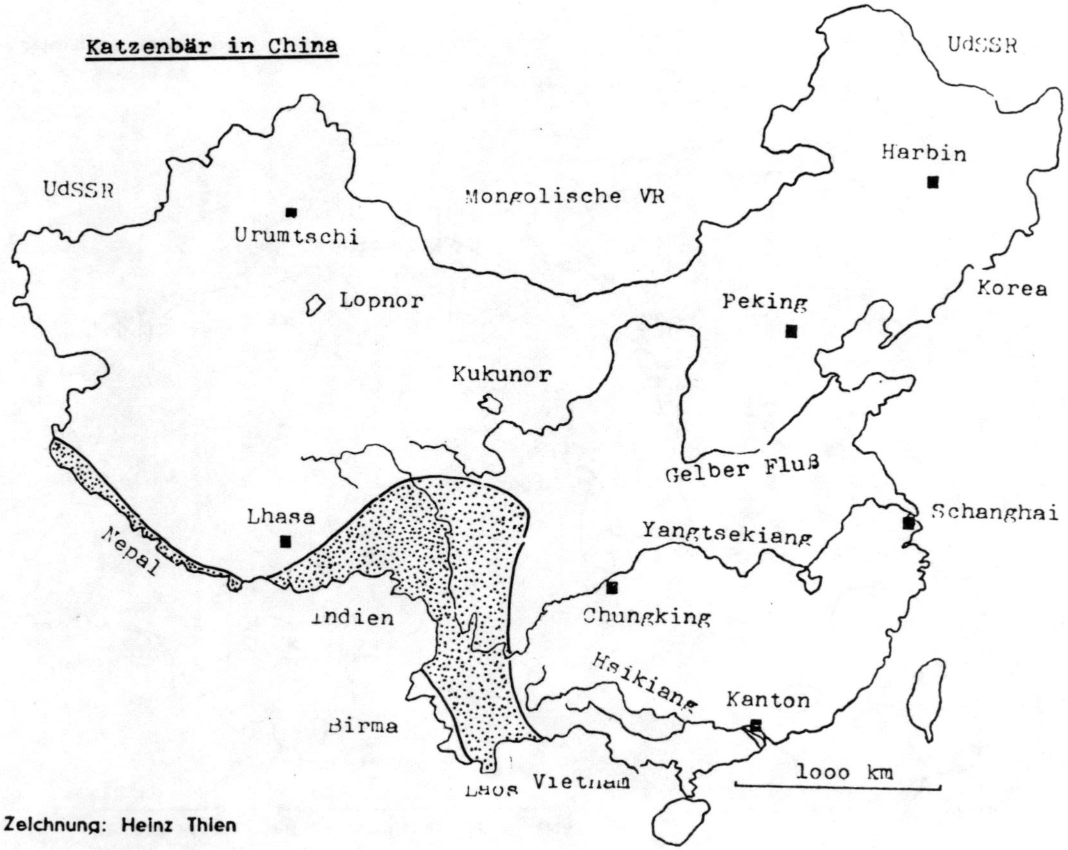

Zeichnung: Heinz Thien

Verbreitung des Rehwildes in China

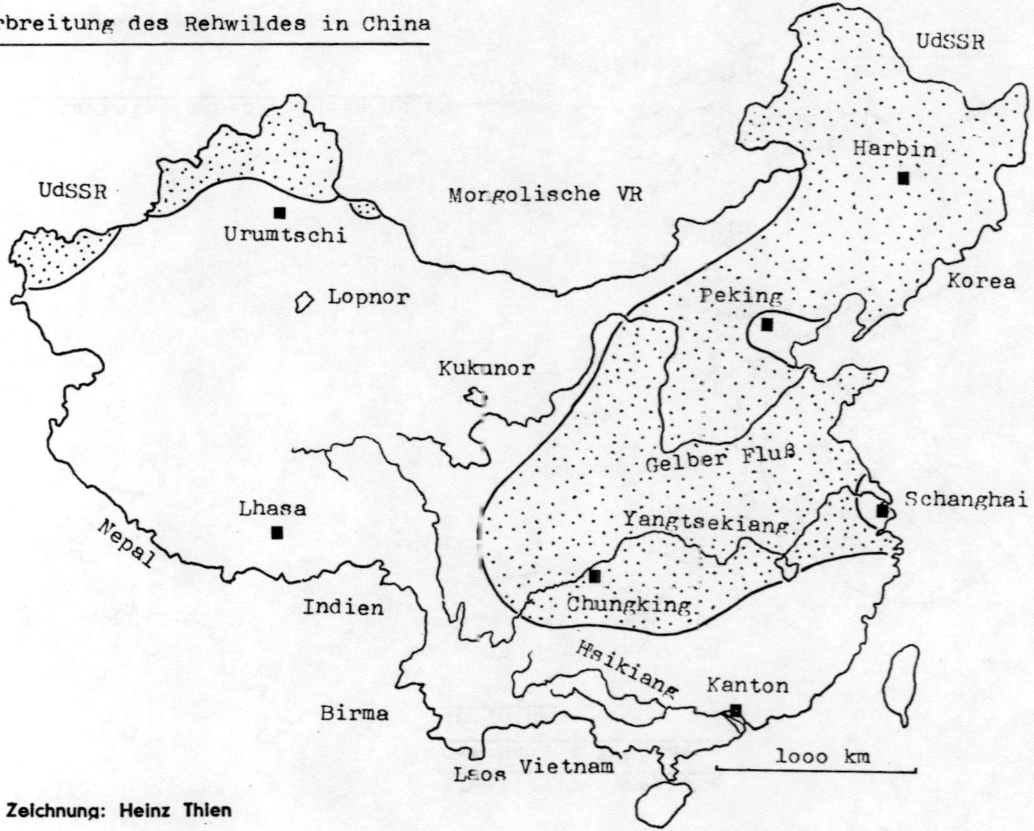

Zeichnung: Heinz Thien

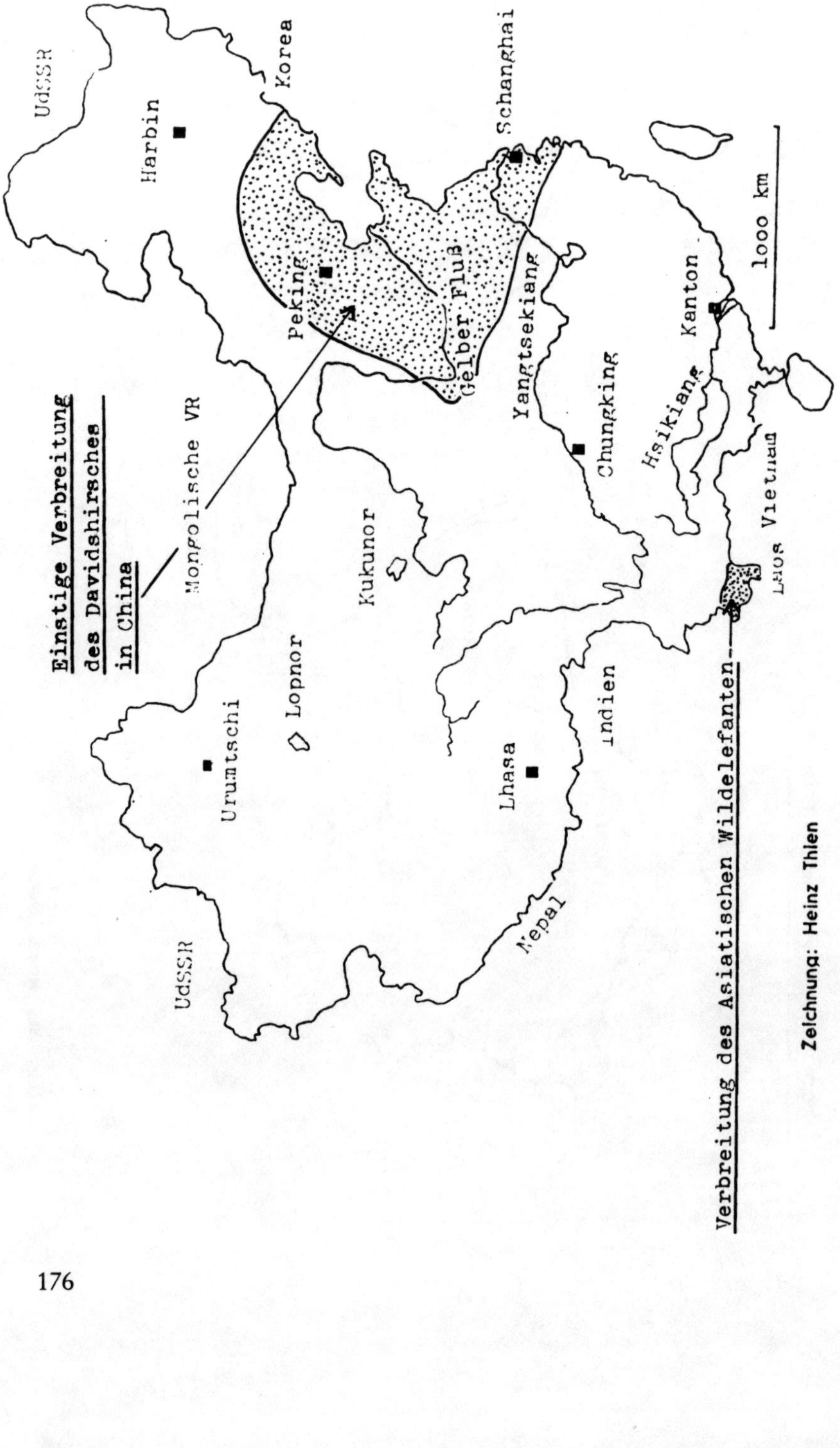

Zeichnung: Heinz Thien

Zwerg-Muntjak (Zwerg-Hirsch)

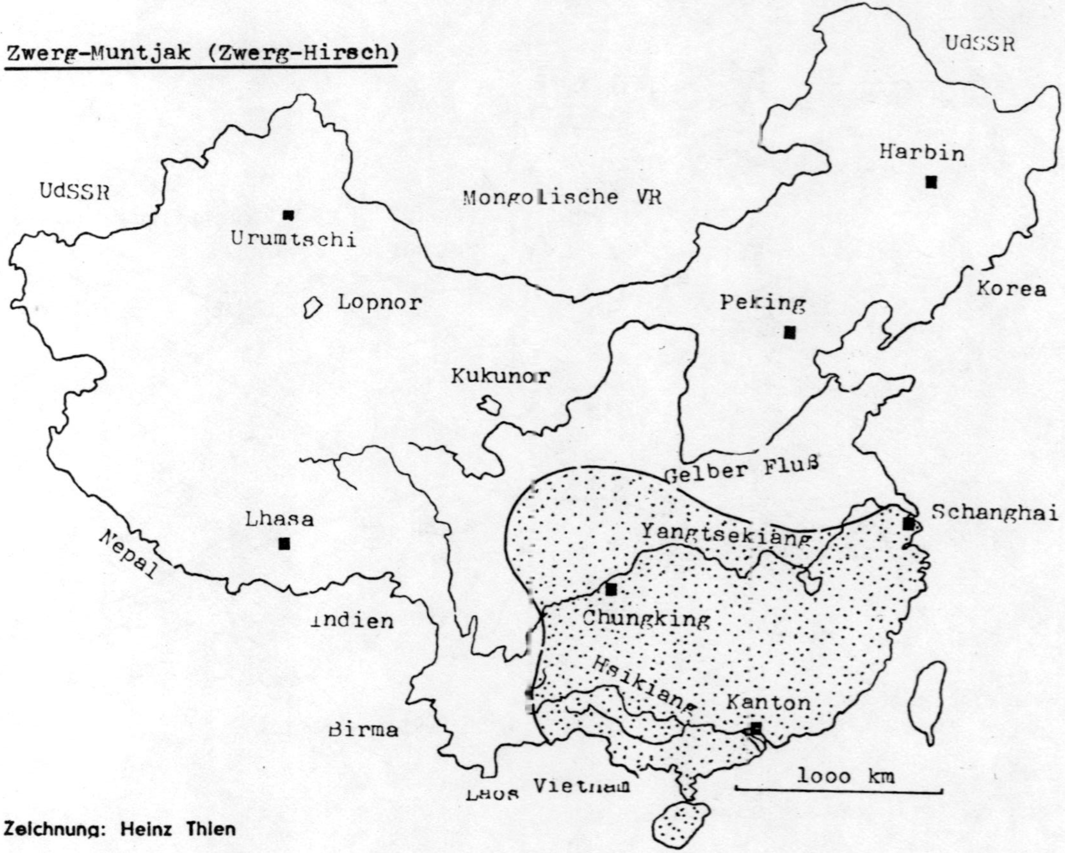

Zeichnung: Heinz Thien

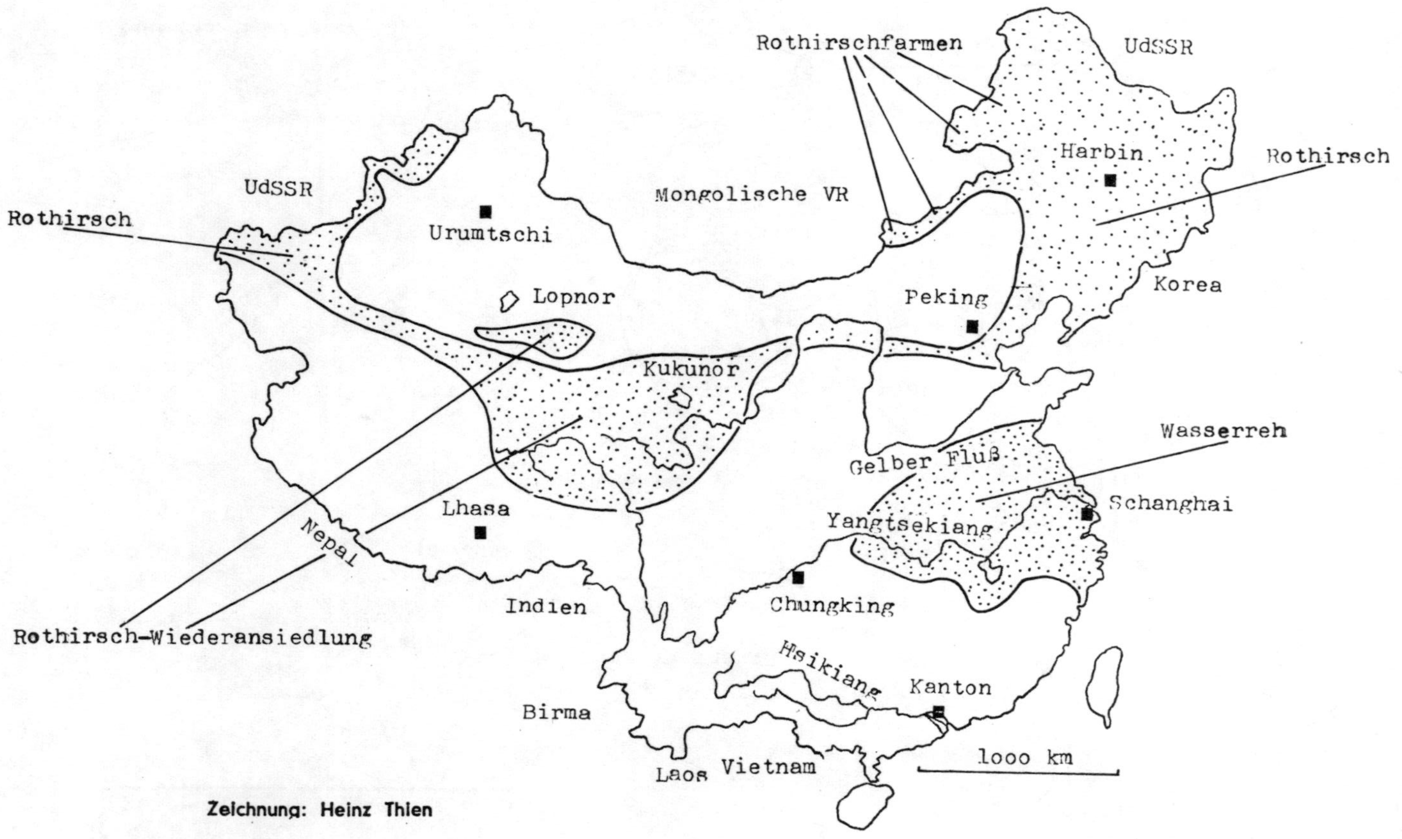

Zeichnung: Heinz Thien

Die geografische Verbreitung der Kropfgazelle in China

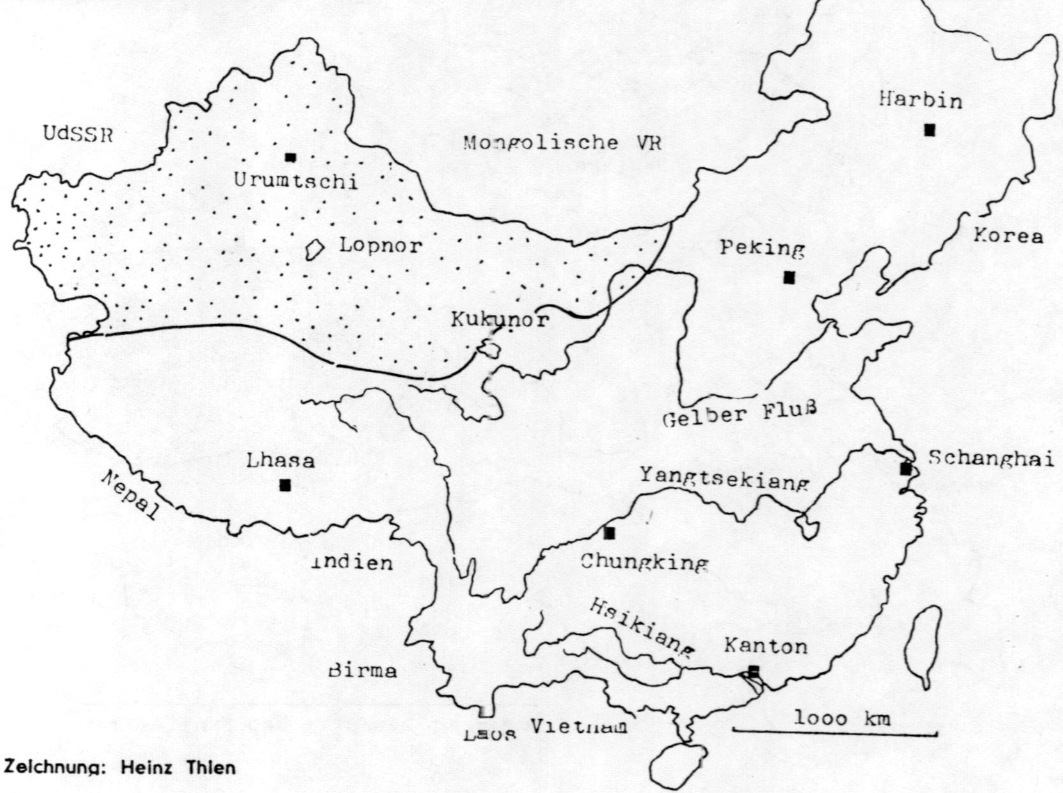

Zeichnung: Heinz Thien

Verbreitung des Wildyaks in China

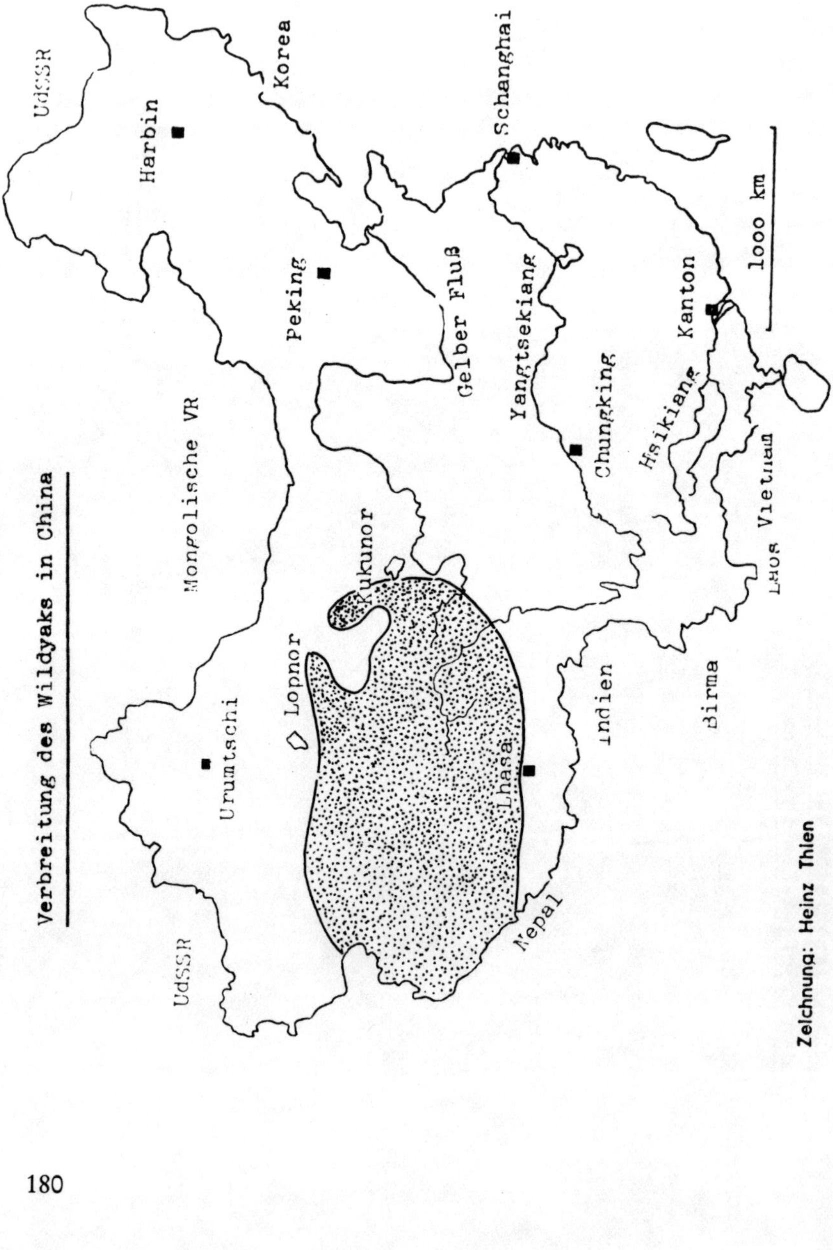

Zeichnung: Heinz Thien

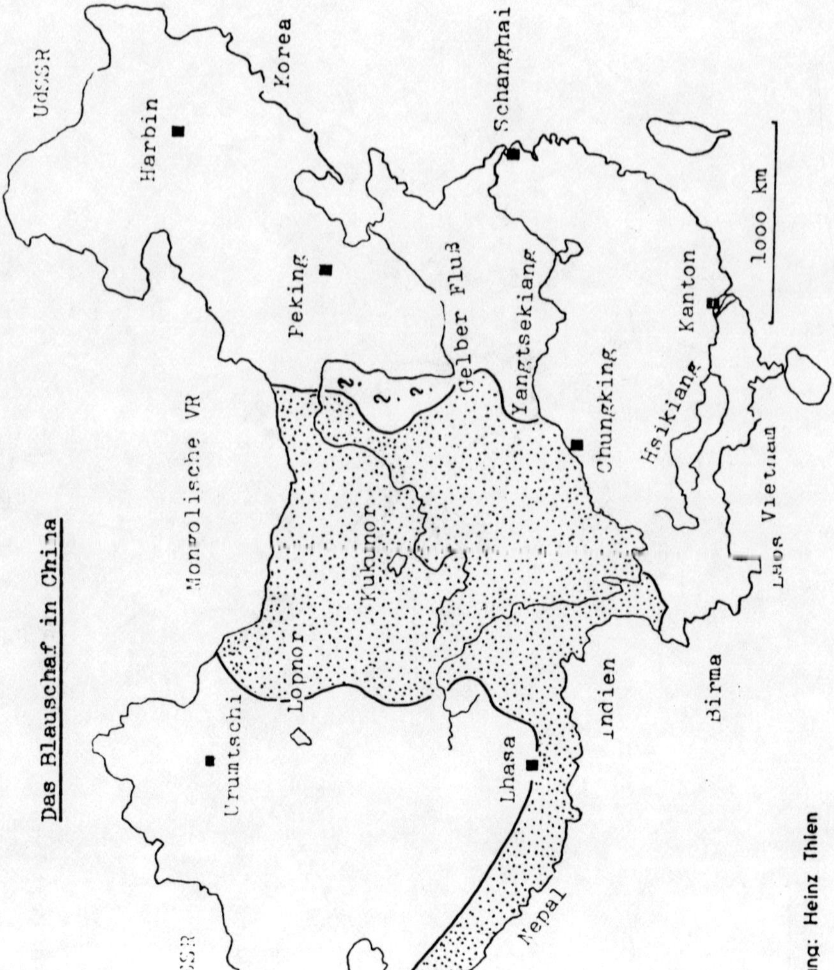

Das Blauschaf in China

Zeichnung: Heinz Thien

Affen in China

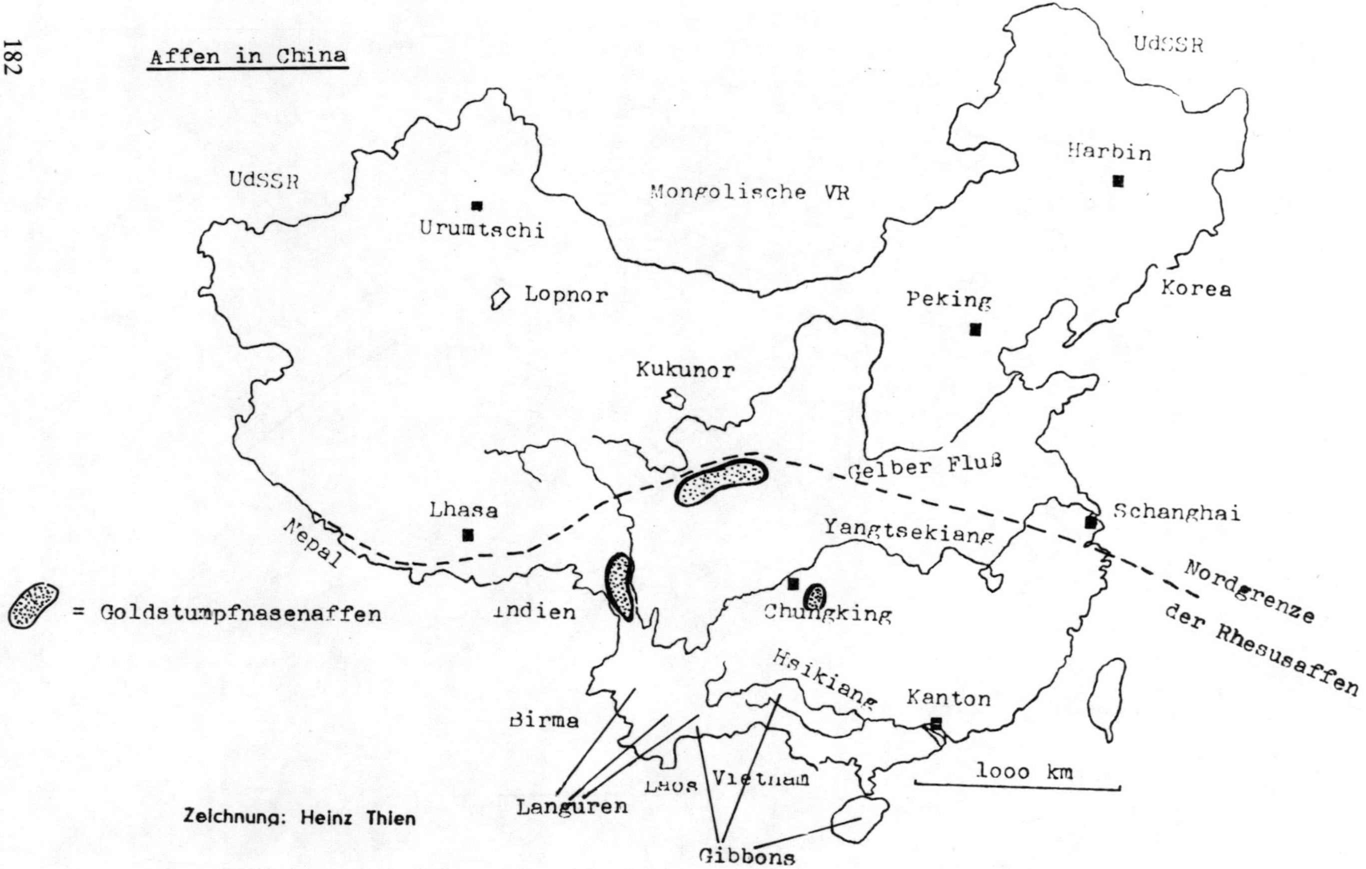

Zeichnung: Heinz Thien

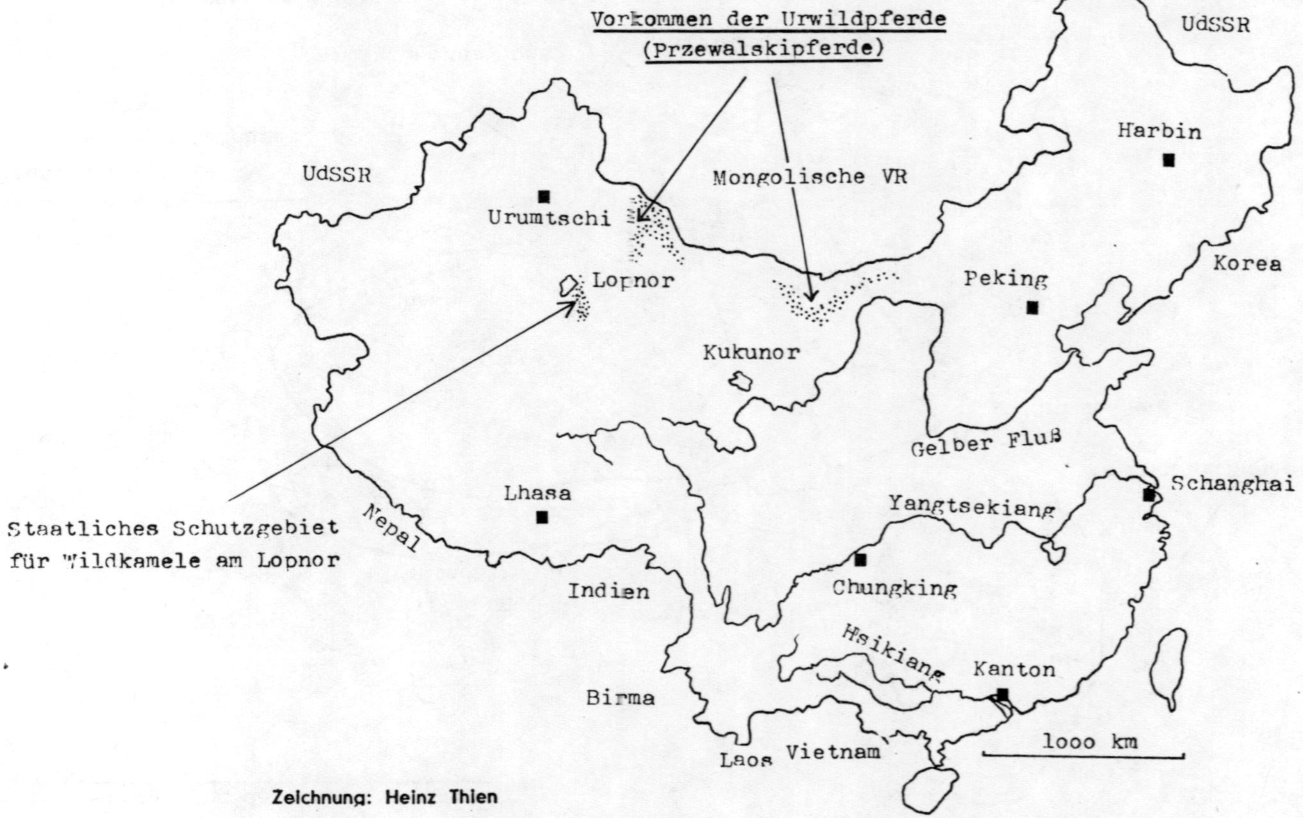

Zeichnung: Heinz Thien

Die Verbreitung der Hasen in China

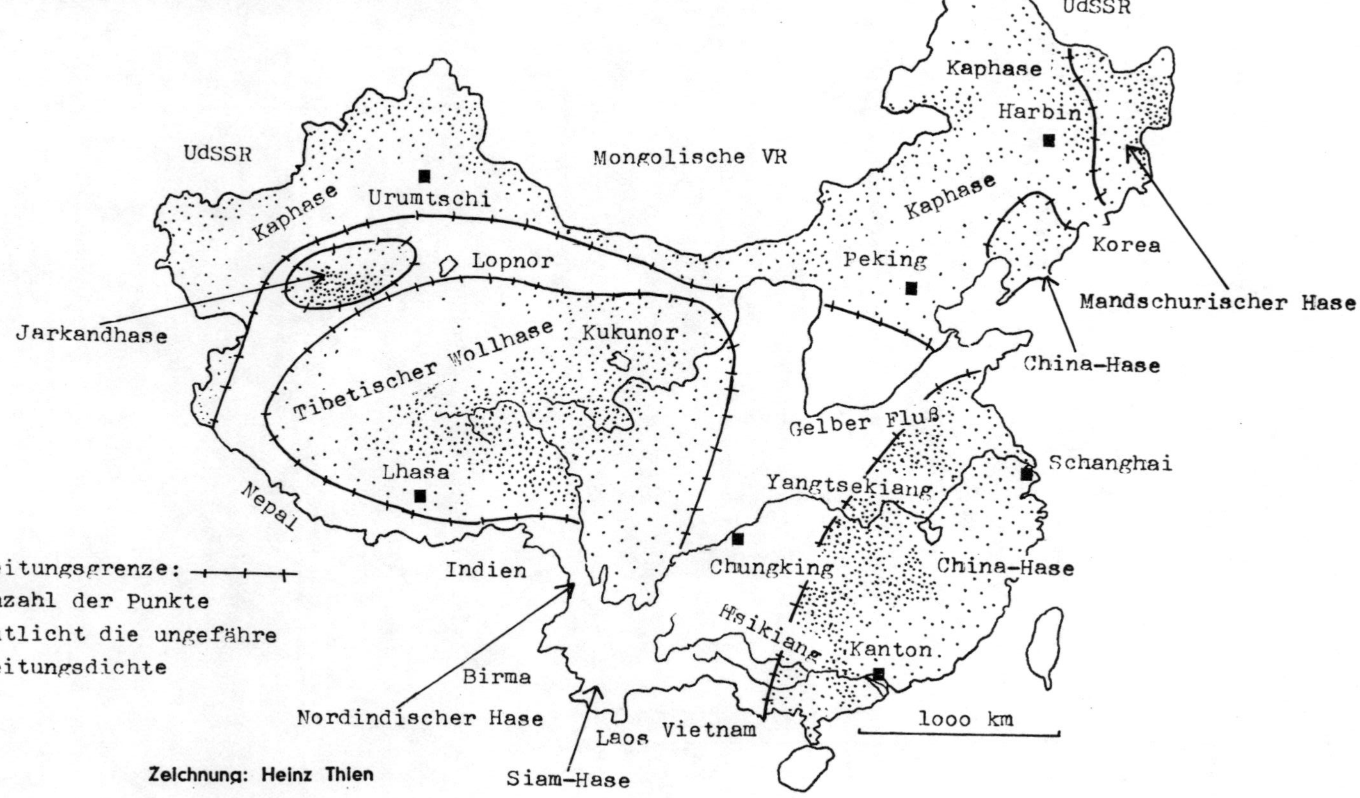

Verbreitungsgrenze: —+—+—+—
Die Anzahl der Punkte
verdeutlicht die ungefähre
Verbreitungsdichte

Zeichnung: Heinz Thien

Geographie und Klima

Ein Blick auf die physikalische Karte Chinas läßt die Vielfalt der Landschaftsformen erkennen, unter denen wiederum die Gebirge und Hochländer besonders ins Auge fallen. Im zentralasiatischen Teil Chinas liegen einige der höchsten Erhebungen der Erde überhaupt.

Das teils vergletscherte Altaigebirge an der chinesisch-russisch-mongolischen Grenze mit Erhebungen über 3000 Meter, das Tiänschan als mächtiges Kettengebirge mit Bergspitzen bis über 7000 Meter, das in der nordwestchinesischen Provinz Sinkiang liegt, der Kunlun, ein 3500 Kilometer langes und bis etwa 1000 Kilometer breites Kettengebirge, das sich vom Pamir bis Mittelchina erstreckt, der Karakorum, ein stark vergletschertes Faltengebirge, das sich vom südwestlichen Ende der Provinz Sinkiang bis ins nördliche Tibet erstreckt — das zweithöchste Gebirge der Erde mit Gipfeln über 6000 Metern, der Himalaja mit mehreren Riesen von über 8000 Metern. Der größere Teil dieses gewaltigen und höchsten Gebirges der Erde liegt in der Volksrepublik China. Der höchste Berg, der 8882 Meter hohe Mt. Everest (Tscholmolungma), befindet sich auf der Grenze zwischen China und Nepal. Der Himalaja bildet eine scharfe und ausgeprägte Klima-, Pflanzen- und Tier- bzw. auch Völkerscheide zwischen Inner- und Südasien. Die gewaltigen Mauern dieser Hochgebirge schließen teils ausgedehnte Beckenlandschaften oder weiträumige Hochebenen ein. In erster Linie ist das Hochland von Tibet zu nennen, das durchschnittlich etwa 4000 bis 5000 Meter hoch ist. Die Hochländer nördlich dieses Gebirgsmassives sind von geringerer Ausdehnung. Das Becken des Tschinghaisees und des Tsaidasumpfes liegen etwa 2700 Meter hoch, das Tarimbecken nur 1000 Meter. Das Becken der Dsungarei im Nordwesten Chinas befindet sich auf einer durchschnittlichen Höhe von 5000 Metern.

Es ist außerdem das meerentfernteste Gebiet der Erde! Das wirtschaftlich bedeutendste Becken Chinas ist das „Rote Becken“, in dessen Umgebung, wie in anderen Teilen dieses Buches berichtet, einige der seltensten Tiere der Welt (Bambusbär, Goldhaariger Affe, Gold-Takin, Goldhaariger Kleiner Panda etc.) bis heute überlebt haben. Dieses Becken ist eine große Senke vor dem Ostrand der Gebirgswälder Tibets (das Rote Becken ist ein gutes Fasanengebiet!). Für das ostasiatische China ist kennzeichnend, daß es in mehreren Stufen zu den Tiefseegräben am Rande des Stillen Ozeans abfällt. Die meeresnahen Provinzen sind zum Teil Tiefland, das sich in Gestalt von Ebenen an den großen Flüssen ausdehnt. Allgemein liegen diese Ebenen kaum 200 Meter über dem Meeresspiegel. Relative Höhe hier: 50 Meter. Mit einer Fläche von etwa 107 Millionen Hektar bebauten Ackerlandes stellen die Ebenen die Kornkammer Chinas dar. Die drei größten Ebenen sind die Nordost-Chinesische Ebene, Chinas Hauptproduzent für Sorghum und Sojabohnen, die Nord-Chinesische Ebene, die das Gebiet um Peking und den Mündungsbereich des Gelben Flusses umfaßt und Chinas älteste Kulturfläche ist, die Ebene des mittleren und unteren Yangtsekiang, die sich von der Stadt Ichang im Westen bis Schanghai erstreckt und von zahlreichen Flüssen, Kanälen und dem großen Yangtsekiang durchkreuzt wird. Hier befinden sich auch besonders ertragreiche Wasserwildreviere. Die Ebene des Perlflußdeltas in Südchina hat eine besondere ökonomische Bedeutung für China, da diese Landschaft das ganze Jahr über frostfrei ist. Hier findet man eine herrliche subtropische und tropische Flora und Fauna und kann in der Landschaft mehrere Ernten pro Jahr einfahren.

Die größten Flüsse Chinas fließen bekanntlich in westöstlicher Richtung und münden in den Stillen Ozean. Es sind dies: Yangtsekiang (6300 Kilometer lang), der Perlfluß und das Flußsystem des Gelben Flusses. Der Brahmaputra (Yalutsanpo) und der Nukiang im südlichen China bringen ihre Wasser in den Indischen Ozean. Der Irtysch im Norden findet seinen Weg, vereint mit dem Ob, ins nördliche Eismeer. Die Flüsse der trockenen Hochländer münden in abflußlose Seen, kleinere versickern gar im trockenen Steppen- oder Wüstenboden. Der bekannteste unter ihnen ist der 2000 Kilometer lange Tarim, der in den Lopnor mündet.

Die größten Binnenseen sind der Tungtingsee, in dem der chinesische Flußdelphin, wie an anderer Stelle berichtet, noch vorkommt, der Poyangsee und der Tschinghaisee. Letzterer ist der größte Binnensee Chinas. Auf die zahlreichen anderen Seen und auch die künstlichen Seen hier einzugehen, würde zu weit führen. Für den leidenschaftlichen Angler sei jedoch vermerkt, daß es in China 20 Millionen Hektar Süßwasseroberfläche gibt, von denen 7 Millionen Hektar für die Fischzucht genutzt werden. Zu den häufigsten Süßwasserfischen gehören: Karpfen, Gold- und Silberkarpfen, Chinesischer Nerfling, Brachse und Drachenkopf. Da es auch vor den Küsten ertragreiche Fischgründe gibt, gehört China heute zu den wichtigsten Fischereiländern der Welt.

Die heißeste Stelle Chinas ist die Oasenstadt Turfan am Südfuße des Tiänschangebirges. Die Durchschnittstemperatur liegt hier im Juli bei 33,7 Grad Celsius, die Höchsttemperatur bei 47,8 Grad Celsius. Die kälteste Stelle Chinas ist bei Mïänduho/Hulun Boir in der Nordprovinz Heilungkiang. Hier beträgt die Durchschnittstemperatur im Januar bei — 27 Grad Celsius, kann aber weit über — 50 Grad Celsius absinken. Der niederschlagsreichste Ort ist nicht auf dem Festland, sondern bei der Stadt Djilung in Taiwan, der heutigen Republik China. Der Niederschlag beträgt dort jährlich durchschnittlich 6707 Millimeter. Die trockenste Stelle Chinas befindet sich bei Juotjiang in Sinkiang, wo jährlich im Durchschnitt nur 4,5 Millimeter zu verzeichnen sind.

In dem von gewaltigen Gebirgen, weiten Wüsten und Meeren umschlossenen China konnte sich in Jahrtausenden nicht nur eine beispiellose Kultur entwickeln und erhalten, die geographische Lage schützte auch eine vielfältige Tierwelt, schuf besonders klimatische Verschiedenheiten, die wiederum eine artenreiche Flora hervorbrachte.

Die Nähe der Steppen, Wüsten, Gebirge, Urwälder, Sümpfe und Seen und Meere bewirkt, daß China Treffpunkt von Tieren ist, die ihre Heimat in den unterschiedlichsten Gebieten haben. Wie das Klima nun aussieht, in dem sich die vielfältigste Tierwelt zusammengefunden hat, so, wie man sie in wohl keinem anderen Land der Erde findet? Chinas Lage im südöstlichen Teil des asiatischen Festlandes mit dem Stillen Ozean im Osten bringt für die meisten Teile des Landes zwei einander diametral entgegengesetzte Richtungen der Luftströmungen im Winter und im Sommer mit sich. Im Winter bläst der Wind in der Regel vom Norden her, im Sommer vom Süden. Auf diese Weise gibt es saisonbedingte, einander ablösende Winde während des Jahres — die Monsune. Das Reich der Mitte ist deswegen eines der Länder, wo die Monsune am deutlichsten ihre Wirkung zeigen. Der Wintermonsun bläst von Sibirien und von der Mongolischen Volksrepublik her, wo die Winternächte lang sind und die Sonne ein schräges Licht wirft. Die Luftmassen über diesem Gebiet sind eiskalt und trocken. Zu bestimmten Zeiten brechen diese angesammelten eiskalten Luftmassen in südlicher Richtung aus, also in Richtung China. Da dann der Großteil des Landes von solchen Kältewellen beeinflußt wird, sind die Winter allgemein kalt und trocken, weit kälter als in anderen Teilen der Welt auf dem gleichen Breitengrad! So liegt der Kreis Huma in Heilungkiang auf demselben

Breitengrad wie London, hat jedoch eine Durchschnittstemperatur von —29 Grad Celsius, während London nur —4 Grad erreicht. Die Sommermonsune teilen sich in südöstliche und südwestliche. Der südöstliche Monsun kommt vom Stillen Ozean her und macht sich vorrangig in Ostchina bemerkbar. Der südwestliche Monsun kommt vom Indischen Ozean her und beeinflußt Südwestchina. Die über weite Meeresflächen streichenden Sommermonsune bringen dem Festland reichliche Niederschläge. Ein Grund, weswegen sich in den meisten Teilen des Landes die Regenperiode auf Mai bis September beschränkt. In einem normalen Jahr schiebt sich beim südöstlichen Sommermonsun die Regenzone ins Gebiet nördlich des Huiaflusses, womit in weiten Gebieten Nordchinas die Saison starker Niederschläge eingeleitet wird. Anomalien im Ablauf der Monsune können in ausgedehnten Gebieten Dürre oder (und) Überschwemmungen hervorrufen!

Das Mohogebiet im Norden Chinas in der Provinz Heilungkiang liegt nördlich des 53. Breitengrades und gehört zur kaltgemäßigten Zone. In Chinas südlichster Gegend jedoch, auf den Dsengmubänken, etwa 400 Kilometer vom Äquator entfernt, herrscht ein äquatoriales Klima. In den Weiten Chinas gibt es viele 7000 oder 8000 Meter hohe Gipfel ebenso wie mehr als 100 Meter unter dem Meeresspiegel (!!!) liegende Niederungen. China besitzt endlos scheinende Ebenen und dicht aneinanderliegende Berggebiete, also eine komplizierte Topographie, die das Klima äußerst unterschiedlich gestaltet. Ost-westlich verlaufende Gebirgsketten wie Tjingling und Nanling schirmen gegen die Kälte von Norden her ab und behindern deren Vordringen, so daß die Gebiete südlich davon im Winter wärmer sind! Der Himalaja und nordost-südwestlich verlaufende Gebirge wie Tschangbai, die große Hsingankette und Taihang verhindern das Eindringen der feuchtwarmen Sommermonsune ins Landesinnere, wodurch die Regengüsse hauptsächlich auf die dem Wind zugewandten Hänge niedergehen, während die Niederschlagsmenge auf der anderen Seite äußerst gering ist. Es gibt also zahlreiche Gebiete, in denen auf der jeweils anderen Seite eines Berges oder einer Bergkette unterschiedliche Tierarten existieren.

In allen Teilen des Landes variiert die Temperatur je nach der Jahreszeit bedeutend. Im Winter ist der Norden in Schnee und Eis gehüllt und in der Provinz Heilungkiang dauert der strenge Winter sogar sieben Monate an. Dagegen sind während dieser Zeit die südlichen Provinzen Kwangtung und Yünnan sowie Kwangsi in üppiges Grün getaucht. Hier gedeihen sogar Öl- und Kokospalmen. Eine typisch tropische Tierwelt ist anzutreffen. Im Stromgebiet des Gelben Flusses und Yangtsekiang im mittleren Teil Chinas unterscheiden sich dagegen die vier Jahreszeiten ganz genau voneinander. Das südwestliche Hochland von Yünnan-Kweitschou ist durch milde Winter und angenehm warme Sommer gekennzeichnet.

In Kunming, der Hauptstadt von Yünnan, sieht man das ganze Jahr über Blütenknospen, womit die Stadt sich auch ihren Namen „Stadt des Frühlings" verdiente. Auf der nordtibetischen Hochebene jedoch, 4000 bis 5000 Meter über dem Meeresspiegel, gibt es das ganze Jahr hindurch Eis und Schnee. Die Niederschlagsmenge ist hier je nach geographischer Lage stark unterschiedlich. Im Südosten zum Beispiel kann sie bis 1000 oder gar 2000 Millimeter erreichen, manchmal auch mehr. Andere Gebiete auf dem chinesischen Festland haben nur 100 bis 200 Millimeter Niederschlag, manchmal das ganze Jahr über gar keinen Regen. Die Gebiete am Mittel- und Unterlauf des Yangtsekiang sind im Frühling naß und im Sommer trocken, während Nordchina, Nordostchina und Südwestchina im Frühjahr trocken und im Sommer naß sind. Im Nordwesten scheint fast stets die Sonne, während Szetchuan und Kweitschou oft unter bewölktem Himmel mit sehr häufigen Regenschauern liegen.

Seit gut einem Jahrhundert schenkt man in China Klimaschwankungen in verschiedenen Geschichtsperioden Beachtung und erforscht diese systematisch. Die Studien darüber wurden und werden in erster Linie von der Chinesischen Akademie der Wissenschaften durchgeführt. Die Untersuchungen, die auch im Ausland große Beachtung finden, beweisen, daß im Großteil der Zeit vor drei Jahrtausenden das Klima im Einzugsgebiet des Gelben Flusses so warm war wie heute im Einzugsgebiet des südlichen Yangtsekiang. Archäologische Funde bewiesen, daß damals am Gelben Fluß Tiere der Tropen und Subtropen wie Wasserbüffel, Bambusratten und Tapire lebten, ebenso Elefanten (heute noch in Südchina!). Nach dem jetzigen Stand der Wissenschaft hat es in China oftmalige Schwankungen der Temperaturen gegeben. Die niedrigsten Temperaturen wurden zu folgenden Zeiten verzeichnet: 1000 vor Christi, im Jahre 1200 nach Christi und im Jahre 1700. Alle 400 bis 800 Jahre gab es einen kleinen Zyklus von 50 bis 100 Jahren, in denen sich die Temperaturschwankungen zwischen 0,1 und 1 Grad Celsius bewegten. Es gab sogar Zeiten, da in Sian auf der Höhe des Gelben Flusses Zitrusfrüchte gediehen. Um 1100 war es in Südchina so kalt, daß der Taihu-See zufror, so daß er mit schweren Pferdefuhrwerken befahren werden konnte, und der noch weiter südlich befindliche Dungting-See in Hunan fror ebenfalls zu. Das 17. Jahrhundert und das 19. Jahrhundert hatten die bislang kältesten Winter zu verzeichnen und 1967 kam das Schanghaier Winterklima der Kleinen Eiszeit nahe ... Die Chinesen sind der Meinung, daß diese Klimaschwankungen mit all ihren Folgen für Mensch und Tier weltweite Bedeutung zukommt. Wahrscheinlich ergibt sich der Kälteumschwung nämlich zuerst an der Westküste des Stillen Ozeans und greift dann über Japan und Ostchina allmählich westwärts über bis Westeuropa!

Das sollten Sie wissen, bevor Sie nach China reisen

Zum Zeitpunkt, da ich dieses Buch beende, erreicht mich gerade die Nachricht aus China, daß die Staatsverantwortlichen von nun an auch ausländischen Jägern die chinesischen Reviere öffnen wollen. Deswegen sehe ich mich erfreulicherweise gezwungen, einige Passagen im Manuskript entsprechend zu verändern und füge hier dem Buch außerdem gerne ein Kapitel an, in dem wichtige Reisetips und sonstige praktische Hinweise gegeben werden.

Für die **Einreise** nach China ist heute ein gültiger Reisepaß und ein Visum erforderlich. Die Anträge für ein Visum sind an die Konsularabteilung der Chinesischen Botschaft in 5307 Wachtberg-Niederbachem, Konrad-Adenauer-Straße 104 (Telefon 02221/345051-54) zu richten. Fast immer ist das Vorliegen einer Einladung aus China Voraussetzung für die Erteilung des Visums.

Staatsangehörige der Bundesrepublik Deutschland benötigen kein Transitvisum, wenn der Aufenthalt in China nicht länger als 24 Stunden dauert und das Flughafengelände nicht verlassen wird. Wegen einer solchen Einladung können Sie sich an das staatliche chinesische Reisebüro LÜXINGSHE, Östliche Tschangan-Straße in Peking/China wenden. In solchen Gesuchen sind Name, Staatsangehörigkeit, Geschlecht, Beruf, Alter, Zahl der Mitreisenden, gewünschte Reiseroute, Zielorte, besondere Wünsche, Aufenthaltsdauer, Einreiseort, Verkehrsmittel und gesprochene Sprachen anzugeben. Ist das Gesuch von LÜXINGSHE genehmigt worden, sollte auch angegeben werden, welche Dinge man in China konkret zu unternehmen gedenkt. Man muß da vorerst noch Eigeninitiative entwickeln, da von Reisebüros organisierte Jagdreisen derzeit wohl noch etwas auf sich warten lassen. Man kann, wenn man in Hongkong ist, auch von dort aus einreisen und mit dem dortigen China Travel Service, 77 Queens Road, Victoria, Hongkong Kontakt aufnehmen. Beim derzeitigen Stand erscheint es aber angebracht, zuvor von Deutschland aus Erkundigungen über Möglichkeiten von Jagdreisen einzuziehen, möglichst bei dem vorgenannten LÜXINGSHE in Peking oder auch bei der Chinesischen Botschaft im eigenen Lande. Man erkundige sich auch bei Reisebüros über den Stand der Dinge.

Klima und Kleidung. Da China sich über mehrere Klimazonen erstreckt, findet man im Norden gemäßigtes Kontinentalklima vor, im Süden tropisches, dazwischen subtropisches bis gemäßigtes Klima. Je nach Reisezeit genügen auch im Norden während des Sommers leichte Kleidung, für den Spätherbst und Winter wird jedoch wetterfeste und warme Kleidung empfohlen.

In Südchina kommt man eigentlich immer zu allen Jahreszeiten mit leichter Kleidung aus. Bei Jagdreisen werden Sie sich natürlich mit der notwendigen Kleidung zusätzlich ausrüsten müssen. Hier sollten Sie bei LÜXINGSHE unbedingt nachfragen, welche Ausrüstung und Kleidung für den Zielort zwingend zu empfehlen ist. Warme Kleidung kann aber auch sehr preiswert in China eingekauft werden!

Im Norden sind die Winter sehr kalt, die Sommer sehr warm. Regenzeit von Juli bis August. Das Frühjahr und der Herbst sind die besten Reisezeiten.

In Mittelchina ist der Winter sehr kühl, der Sommer außerordentlich heiß. Während des gesamten Jahres sind hohe Luftfeuchtigkeiten zu verzeichnen.

In Südchina sind die Winter milde, die Sommer sehr heiß mit hoher Luftfeuchtigkeit.

In Westchina herrschen weit verbreitet extreme Hochgebirgs-, Wüsten- und Halbwüsten-Bedingungen.

Juli-Durchschnittstemperaturen:

Kanton: 29 Grad Celsius, Wuhan: 29,7 Grad Celsius, Schanghai: 26,8 Grad Celsius, Peking: 26 Grad Celsius. In der Mandschurei liegen die mittleren Januar-Temperaturen bei —10 bis —20 Grad Celsius. Die Niederschlagsmengen nehmen von Süden nach Norden hin ab.

Impfungen: Pockenschutzimpfung ist vorgeschrieben, Choleraimpfung angeraten. Bei Aufenthalten außerhalb der großen chinesischen Städte ist eine Malaria-Prophylaxe anzuraten. Seuchengebiete gibt es in China nicht.

Geld: Die Ein- und Ausfuhr chinesischer Banknoten und Münzen ist nicht erlaubt. Gegen einige Münzen und kleine Scheine als „Souvenir“ ist nichts einzuwenden. Erkundigen Sie sich aber wegen der Höhe bei dem chinesischen Reisebüro oder ihrem Begleiter. In den Hotels sind

Schalter der Bank of China täglich, außer sonntags, geöffnet. DM-Reiseschecks werden eingelöst.

Einkaufsmöglichkeiten gibt es in den sogenannten Freundschaftsläden mit Öffnungszeiten von 9 bis 19 Uhr. Touristen können aber auch in jedem anderen chinesischen Laden einkaufen.

Fotografiert werden darf alles, soweit Sie nicht ausdrücklich auf ein Verbot hingewiesen werden. Gerüchte, daß weder Brücken, besondere Straßen, Blicke aus Hochhausfenster und dergleichen mehr nicht aufgenommen werden dürfen, sind Spinnereien. Fotografieren Sie Chinesen in ihren Privatbereichen, sollten Sie höflicherweise deren Erlaubnis erbitten, da dies erwartet wird.

Chinesische Feiertage sind am 1. Januar, 1. und 2. Oktober. Das bekannte Frühlingsfest findet zu Beginn eines jeden neuen Mondjahres statt. Die **Hotels** sind sehr sauber, jedoch unterschiedlich eingerichtet. Sie können aber durchwegs mittleren Komfort erwarten. Jäger werden im Landesinneren natürlich mit einfacheren Unterbringungen vorliebnehmen müssen. In den Hotels kann in der Regel zwischen chinesischen und westlichen **Mahlzeiten** gewählt werden. Statt Stäbchen werden überall auch Löffel, Gabel und Messer gereicht. Die Teesorten sind sehr gut, Kaffee von unterschiedlicher Qualität, alkoholische Getränke aus China bestehen jeden Vergleich mit westlichen. Zu den Mahlzeiten wird oft Kuchen-Nachtisch gereicht.

Die **Stromspannung** beträgt 220 Volt Wechselstrom, Zwischenstecker sind meist nicht erforderlich. **Postdienste, Telefon,** gibt es in allen größeren Hotels. Ferngespräche mit Deutschland können zu jeder Tages- und Nachtzeit geführt werden. **Telex**verbindung über das zentrale Telegraphenamt. **Bürostunden** sind von 8 bis 12 Uhr und von 14 bis 18 Uhr, außer sonntags. **Trinkgelder** sind in China nirgendwo üblich. Die chinesische **Währung** (Renmibi) ist unterteilt in Yuan, Jiao und Fen. Ein Yuan sind zehn Jiao. Ein Jiao sind zehn Fen. Im Umlauf sind 1-, 2-, 5- und 10-Yuan-Noten sowie Scheine zu 1, 2 und 5 Jiao. Münzen gibt es zu 1, 2 und 5 Fen. **Zeit:** Ihre Uhr müssen Sie (MEZ) um sieben Stunden vorstellen.

Der Zoll: Zollfrei eingeführt werden können: Gegenstände des persönlichen Bedarfs. Darunter fallen auch Armbanduhr, Radio, Fotoapparat mit Filmen oder Kamera mit Filmen, Reiseschreibmaschine, 200 Zigaretten, zwei Flaschen Spirituosen.

Die Bedingungen für **Jagdwaffen,** Munition usw. sind noch nicht veröffentlicht worden. Hier sind die jeweils bestehenden Vorschriften bei LÜXINGSHE abzufragen oder bei den Botschaften im eigenen Lande. Die Ausfuhr von Antiquitäten ist mit Genehmigung erlaubt. Im übrigen werden die Bestimmungen großzügiger als in vielen anderen Ostländern gehandhabt.

Wichtige Anschriften für Kontakte:

Botschaft der Volksrepublik China
Konrad-Adenauer-Straße 104
5307 Wachtberg-Niederbachem
Telefon: 02221/34 50 51-54

Handelsbüro:

Bonndorfer Straße 3 A
5307 Wachtberg-Niederbachem
Telefon: 02221/34 50 59

Botschaft der Bundesrepublik Deutschland
5, Dongzhimenwai Street
Chaoyang District
Peking Municipality
Peking

Peoples Republik of China
Telefon: Peking 52 21 61-65

Weitere Telefonnummern:
Peking-Zoo: 89 1620
Peking-Bahnhof: 55 4866
Taxi: 55 7661
Telegraphenbüro: 66 4900
Freundschaftsläden: 55 1510
Peking-Hotel: 55 2231
Nationalitäten-Hotel: 66 8541
Überseechinesen-Hotel: 55 8851
Friedenshotel: 55 5131
Hsichiao-Hotel: 55 7731

Chinesische Botschaften im deutschsprachigen Ausland:

Schweiz: CH-3000 Bern, Kalcheggweg 10
Österreich: A-1031 Wien, Metternichgasse 7

Die neue phonetische Lautumschrift zum besseren Verständnis

Seit dem 1. Januar 1979 verwendet man in China die phonetische Lautumschrift Hanyu Pinyin, um die Transkription chinesischer Namen und Orte zu standardisieren. In meinem Buch habe ich diese Lautumschrift noch nicht verwendet, weil sie heute in noch keinem fachlichen Werk üblich ist und deswegen bei ihrer Verwendung hier zu viele Mißverständnisse entstünden. Auch wären dann meine Angaben nur schwer und teils gar nicht mit denen in anderen Werken, beispielsweise Atlanten, zu vergleichen. Auch hat sich die chinesische Schreibweise bis heute nicht in der Allgemeinliteratur und auch nicht in der deutschen Presse durchgesetzt.

Um aber dem Leser Vergleiche mit der neueren chinesischen Literatur zu ermöglichen, sind die geographischen Namen nachstehend in neuer und alter Schreibweise angeführt:

Alte Schreibweise	**Neue Schreibweise**
Peking	Beijing
Schanghai	Shanghai
Tientsin	Tianjin
Hofeh	Hefei
Pengpu	Bengbu
Fudschou	Fuzhou
Hsiamen oder Amoy	Xiamen
Landschou	Lanzhou
Kanton oder Guangdschou	Guangzhou
Nanning	Nanning
Guilin	Guilin
Kueiyang	Guiyang
Tangschan	Tangshan
Harbin	Harbin
Datjing	Daqing
Dschengdschou	Zhengzhou
Loyang	Luoyang
Wuhan	Wuhan

Tschangscha	Changsha
Nanking	Nanjing
Sudschou	Suzhou
Wuhsi	Wuxi
Nantschang	Nanchang
Tschangtschun	Changchun
Schenyang	Shenyang
Anschan	Anshan
Huhehot	Hohhot
Yintschuan	Yinchuan
Sining	Xining
Sian	Xian
Yenan	Yanan
Tsingtao	Qingdao
Dadschai	Dazhai
Tschengdu	Chengdu
Tschungking	Chongqing
Taipeh	Taibei
Urumtschi	Urumqi
Lhasa	Lhasa
Kunming	Kunming
Dali	Dali
Hangdschou	Hangzhou

Provinzen und Autonome Gebiete:

Anhui	Anhui
Fukien	Fujian
Kansu	Gansu
Kwangtung	Guangdong
Kwangsi	Guangxi
Kweitschou	Guizhou
Hopeh	Hebei
Heilungkiang	Heilongjiang
Honan	Henan
Hupeh	Hubei
Hunan	Hunan
Kiangsu	Jiangsu

Kiangsi	Jiangxi
Kirin	Jilin
Liaoning	Liaoning
Innere Mongolei	Nei Monggol
Ningsia	Ningxia
Tschinghai	Quinghai
Schensi	Shaanxi
Schantung	Shandong
Schansi	Shanxi
Szetchuan	Sichuan
Taiwan	Taiwan
Sinkiang	Xinjiang Uygur
Tibet	Xizang
Yünnan	Yunnan
Tschekiang	Zhejiang

Literaturverzeichnis:

Grzimeks Tierleben
Die letzten Paradiese, Bertelsmann-Verlag, Eugen Schuhmacher
Die Tierwelt der Erde, Jugend und Volk Verlag, U. Sedlag
Neue Brehm-Bücherei
China, Reiseführer, Mai's Reiseführer Verlag, Heinz Thien
Die Fasanenvielfalt in China, Geflügel-Börse Nr. 15/1979 von H. Thien
Zoologische Gärten im heutigen China, Geflügel-Börse Nr. 1/1977 von H. Thien
Die Jagd im heutigen China, Der Deutsche Jäger, 1973, von H. Thien
Das Tier in der chinesischen Kunst heute, Geflügel-Börse Nr. 4/1976 von H. Thien
Auf den Spuren der Kraniche, Geflügel-Börse Nr. 14/1977, von H. Thien
Mehr Pandababys?, Sielmanns Tierwelt Nr. 8/1979, von H. Thien
Chinesische Naturschutzgebiete, Geflügel-Börse Nr. 19/1978, von H. Thien
Wildkamele in China, Geflügel-Börse, Nr. 11/1976, von H. Thien
Tiere in chinesischer Kunst, Die Tierwelt/Schweiz, Nr. 30/1977 von H. Thien
Tragopan, von R. R. P. van der Mark, 1979
Temminck-Tragopane, in Tragopan/Holland, von H. Thien
Zoo Peking mit 40.000, in Das Tier, Nr. 6/1973, von H. Thien
Das Federwild des chinesischen Jägers, in Die Pirsch/Der Deutsche Jäger, 1979, von H. Thien
Fasanen und andere Hühnervögel, Verlag Neumann-Neudamm, Melsungen, von Dr. H. S. Raethel, 1976
Die Vogelwelt Chinas, Prof. Cheng, Peking
Mehr Naturschutzgebiete, H. Thien, Wild und Hund 11/1980
Naturschutz in China, H. Thien, Nationalpark 2/1980.
Wenchuan-Wolong-Nationalpark i. China, Das Tier, Nr. 1/1980, von H. Thien.

Stichwortverzeichnis

Aaskrähe 95, 98
Achang 12
Adler 10, 12, 31, 32, 89, 92
Affenmensch 41
Afrikanischer Elefant 34
Ährenträgerpfau 62
Ailao 14
Akademie der Wissenschaften 42
Akupressur 37
Akupunktur 37
Alaschan-Fasan 53, 54
Alligator 140
Alpendohlen 98
Alpenfahnwicke 32
Alpenkrähen 98
Alpenmohn 32
Amherst-Fasan 10, 47, 56
Annam-Silberfasan 60
Antilopen 10, 35, 40
Archäologen 10
Argali 11
Artenschutz 9, 141
Artenschutzübereinkommen 141
Asiatischer Elefant 10, 34
Astralgottheit 48
Ausgrabungen 40
Aufforstung 23
Axis-Hirsch 13, 35, 107

Bären 10, 29
Bambus 25
Bambusbär 10, 29, 33, 40, 127
Bambusdschungel 30
Bambushühner 64
Bambuskäfige 56
Bambusratten 29, 30
Bankivahuhn 11, 34, 61
Barfußarzt 37
Barfußjournalisten 18
Bartrebhuhn 65
Bengalkatze 10, 34, 122
Beos 31
Bergente 70
Bergpony 14
Betelnußpalme 25
Bienenzucht 14, 109
Bigfoot 50
Bindenschwanzfasan 62
Bindenwaran 11
Biologische Bekämpfung 28
Biotopveränderungen 18
Birkwald 67
Birma 30
Bläßgans 71
Blauer Ohrfasan 59
Blauheide 32, 112
Blauschafe 10, 29
Blutfasane 66
Botaniker 31
Brandgans 71
Brauner Ohrfasan 59
Burma-Fasan 62
Bussarde 32, 93

Cheng, Professor 55
Chiang 12
China-Alligator 34, 140
China-Delphin 140
China-Leopard 34
China-Nachtigall 43, 105
China-Sittich 102, 103, 104, 105
China-Tiger 34, 118
Chinesische Goldlärche 25
Chinesische Hasen 11
Chinesische Jäger 18
Chinesische Kiefer 25
Chinesische Küche 38
Chinesische Medizin 18
Chinesischer Glanzfasan 29, 58
Chinesischer Ringfasan 46, 50, 51, 54
Ching 12
Chingpo 12
Chuang 12
Colonel Howard 49

Dachse 10, 41
Davidshirsch 35, 106
Delphine 140
Diamant-Fasan 47, 55
Dinosaurier 42
Dinosaurier Dsungarei 42
Djiänfengling 25
Dohlen 10, 98
Dommeln 73
Drachenknochenhügel 40
Dschoukoudiän 41
Du Chung-tsang 34
Duftrehe 110
Durant 22

Echsen 10, 30
Edelfasan 46
Eisente 70
Elche 13, 32, 35, 40
Elefanten 31, 34, 40
Elefantenfossil 43
Elliotfasan 62
Elstern 97
Entenfarmen 45
Enok 32, 43
Enten, wilde 67
Eulen 99, 100, 101

Fachzeitschriften 17
Falken 31, 32
Falknerei 89
Fasanenarten 34, 50, 58
Fasanendieb 16
Fasanenvielfalt 31, 50
Faulaffe 10, 11
Federwild 50
Felsenauerhahn 67
Fischkatze 122
Fischotter 32
Fischuhus 99
Fleckschnabelente 69
Flugechse 42
Formosa-Fasan 53, 54
Fossile 40
Frankolin 65
Fraser, Louis 104
Frösche 31
Füchse 10, 13, 32, 35, 48
Funktionärsjägerschaft 9

Gänsesäger 71
Gaoligung 30
Garnelenfett 38
Gazellen 10
Geflügelzucht 14
Geier 10, 94, 95
Gelbe Urrasse 42
Gelbschwänziger Glanzfasan 57
Geographie 185
Gibbon 10, 11
Ginkgo 25
Ginseng 32
Ginsterkatze 122
Glanzente 70
Gluckente 68
Gobi-Ringfasan 53, 54
Goldfasan 10, 47, 54
Goldhaariger Affe 10, 29
Goldkatze 122
Gold-Takin 10, 27, 29, 114, 115
Graugans 71
Graukranich 35
Grauwölfe 10, 117
Greifvögel 89, 90, 91, 92, 93, 94, 95
Großer Hsingan 13, 24
Großer Panda 10, 27, 33, 36
Große Zibetkatze 10
Großtrappe 32, 67
Grüne Mauer 23
Grünschwänziger Glanzfasan 58
Gungbi 22
Gutsbesitzer 16

Habichte 93
Häher 95, 97
Hainan 25
Haldenhühner 64
Hampe, A. 102, 103, 104
Han-Chinesen 12
Han-Epoche 12

Hangtschou 35
Hani 12
Harbin 35
Harmann-Ohrfasan 59
Haselhühner 67
Hasen 10, 13
Haushühner 61
Hemlocktanne 26
Hengduan 30
Herzog von Bedford 105
Himalaja-Glanzfasan 57
Hirsche 11, 12, 29, 31
Hirschzuchten 18
Historisches Institut 49
Hobbymaler 21
Hoche 12
Höckerschwan 71
Hödschui 43
Höhlenbären 40
Hsiäyi 22
Hsichuanbanna 11
Hsingan 28
Hsü Bei-hung 20
Huai-Fluß 25
Huangti 89
Huang-Tjiuan 21
Hügelhühner 63
Hühnervögel 29, 43
Hui 12
Hunan-Tiger 118
Hunnen 44

Illustrierte 17
Indochinesischer Ährenträgerpfau 10, 62
Industrieansiedlungen 18
Insekten 30

Jagdfasan 10, 29, 46, 51
Jagdforscher 40
Jagdgegner 19
Jagdmalerei 19, 21
Jagdstrecken 9
Jagdvorkommen
Jagdzeitschriften 17
Jägergruppen 9, 30, 31
Japanische Rote Kiefer 32
Jarkandhasen 11
Javapfeifgans 71
Jungfernkranich 75

Käuze 99, 100, 101
Kaffebaum 25
Kaiser Kanhi 38
Kaiser Karl 46
Kampferbaum 25
Kanton 35
Kaoshan 12
Kasachen 12
Katzenbär 34
Kaukasus-Fasan 51
Kautschuk 25
Keilschwanz-Fasan 61
Kelao 12
Khalkhas 12
Kiang 34
Kittas 95
Kleiner Hsingan 24
Kleiner Panda 10, 31, 34
Kleinhunderassen 45
Kleinvögel 30
Klima 185
Kloster 49
Knäkente 69
Königsfasan 10, 46, 61
Königshühner 64
Koklas-Fasan 61
Kokos 25
Kolbenente 69
Kolchischer Fasan 46
Kolkraben 98
Kollektiveinkünfte 9
Kolonialzeit 31
Koo Wai-ioo 49
Koreaner 12
Koreakiefer 24, 32
Korealärche 32
Korea-Ringfasan 53, 54
Korea-Tiger 34, 118
Kormorane 10, 12, 32
Krähen 10, 95, 98
Kräuselfeder-Ohrfasan 59

Kragenbären 10, 32
Kragenente 70
Kragenfasanen 55
Kraniche 74, 75
Krickente 68
Krokodile 42
Krokodileidechse 10
Künstler 19
Kulturministerium 19
Kunstakademie 22
Kunstausstellungen 22
Kunstkalender 20
Kutsung 14, 40
Kweitschou-Fasan 53, 54

Lahu 12
Lehrgänge 14
Leierhirsch 108
Leoparden 13, 31, 32, 34, 120
Leopardenkatze 31
Li 12
Linde 24
Lisu 12
Loba 12
Löffelente 69
Lord Derby 104
Lord Rothschild 104
Luchse 122
Lurche 31
Lu Xingqi 36

Märchen 47
Mandarin 16
Mandarinente 45, 67
Mandschu 12
Manschurenkranich 10, 27, 35, 36, 74, 75
Mandschurische Esche 24
Mandschurischer Ringfasan 52, 54
Mandschurische Tanne 32
Mandschurischer Tiger 32, 34
Mandschurische Walnuß 24
Maonan 12
Mao Tse-tung 51
Marco Polo 32, 62, 89
Marderhunde 10, 35, 43
Markhor 113
Marmorkatze 122
Meierhöfe 46
Mekong-Ohrfasan 59
Miao 12
Mikado-Fasan 62
Milane 94
Milus 106
Mittelsäger 71
Mönche 49
Mönchskranich 75
Möwen 10, 81, 82, 83, 84
Monba 12
Mongolen 12, 44
Mongolisch 18
Mongolischer Fasan 54
Mongolischer Ringfasan 46, 52, 54
Moorente 69
Morgenländischer Lebensbaum 25
Moschustiere 10, 32, 35, 110, 111
Mt.Everest-Expedition 49
Mulao 12
Mungo 122
Muntjak 10, 11, 108
Murmeltiere 11
Mythen 47

Nahsi 12
Nanking 35
Nanling 25
Nashornvögel 10, 11
Nationale Minderheiten 12
Naturschutzgebiete 27,28,29,30,31,32
Naturschutzparkverordnung 31
Nebelparder 34, 121
Nebengewerbe 9
Nichtchinesen
Nilgans 71
Nonnenkranich 35, 75
Nordindischer Hase 11
Nordost-Tiger 10, 13, 27, 117
Nu 12

Ochse 48
Öl 38
Ölpalme 25
Ohrfasan 10, 47, 58, 59, 60

Oluntschun 12, 13, 14, 40
Ornithologen 31
Otter 10, 11
Owenken 12, 14, 15

Pater Armand David 105
Patrick, Dr. 104
Pai 12
Paoan 12
Palmhütten
Palastmuseum 21
Park der Intelligenz 33
Pfauen 11
Pfeilbambus 25, 29
Pferdemaler 20
Pfeifente 69
Pfeffergemüse 38
Pfeffersoße 38
Pfauen-Mädchen-Märchen 48
Pfau-Fasan 11, 62
Phönix 48
Pekingente 45, 67
Pekinesen 44
Peking-Mensch 40
Phönix im Neste 38
Pekinger Zoo 33
Pelzfarmen 18
Pelztierjäger 15
Pingwu 28
Puyi 12
Penglung 12
Przewalski-Pferd 10, 27, 122, 123, 124, 125, 126
Produktionsbrigaden 9
Presse 17
Porree 38
Pulang 12
Pumi 12

Raben 10, 95
Ratte 44
Rauhfußhühner 10
Rebhühner 10, 66
Rehe 10, 12, 13, 32, 35, 112
Reiher 10, 72, 73, 74
Reiherente 70
Reiswein 38
Reisweinsoße 38
Ren 35
Restaurants 38
Rhesusaffen 31
Rhododendron 32
Riesenbiber 42
Riesenhirsch 40, 42
Riesennashorn 43
Riesenpanda 29
Riesensalamander 10, 141
Ringelgans 71
Römer 46
Rohrkatze 122
Rostgans 71
Rotfichte 28
Rothalsgans 71
Rothirsche 10, 13, 32, 109
Rothschild-Fasan 53, 54
Rotwölfe 10, 30, 35, 115
Russen 12

Saatgans 71
Säbelzahntiger 40
Saiga 10, 35
Sala 12
Sambar 107
Samenstation 28
Samtente 70
Sandflughühner
Sanmen-Pferde 40
Saruskranich 75
Satschu-Fasan 52, 54
Satyrhuhn 66
Schakal 35
Schanghai 35
Schansi-Fasan 53, 54
Scheckente 70
Schellente 70
Schikra 93
Schlangen 30, 31
Schleichkatzen 10, 122
Schnatterente 69
Schneeaffen 29

Schneegans 71
Schneeleopard 11, 34, 119
Schopf-Fasanen 61
Schopfhirsch 35
Schuppensäger 71
Schwäne 10
Schwanengans 71
Schwarzbären 10, 13, 32, 34
Schwarzfasanen 60
Schwarzhalskranich 35, 75
Schwarzkopf-Moorente 70
Schwarzschnabelstorch 10, 36
Schwarzstörche
Schweinshirsch 35
Seefuchs
Seeschwalben 82, 83
Serau 10, 29
Sheh 12
Shui 12
Siamhase 11
Sibo 12
Sichelente 68
Sika 10, 32, 35, 108
Silberfasanen 10, 46, 60
Singschwan 71
Singvögel 35
Sohokhoto-Fasan 52, 54
Sojabohnenpaste 38
Sonnenvogel 7, 11, 29, 31, 43, 105
Sperber 93
Spießente 68
Sprenkelkopfwildgans 12
Steinbock 10, 11
Steinhühner 65
Steinwerkzeuge 42
Steinzeitjäger 14, 15
Steppenhühner 84
Stockente 68
Störche 34
Stone-Fasan 53, 54
Strauch-Fasan 53, 54
Strauße 43
Streifengans 71
Subtropische Wälder 25
Sudschou 35
Sungpan-Fasan 53, 54
Sven Hedin 19
Tafelente 69
Tag des Baumes 24
Tageszeitungen 17
Tahur 12
Tai 12
Tajik 12
Takin 10, 24, 114, 115
Taklamakan 27
Tannin 24
Tarim-Fasan 53, 54
Taschenbücher 17
Tataren 12
Tauben 84, 85, 86, 87, 88
Teng Chao-kuei 21
Thar 114
Tiänschau 11
Tibet-Antilope
Tibeter 12
Tibet-Hirsch 108
Tibetisch 18
Tibet-Keilschwanzhuhn 65
Tibet-Wollhase 11
Tierfilme 38
Tierpfleger 35
Tiger 10, 31, 117, 118, 119
Tjinling 25
Todesstrafe 16
Tolaihasen 11
Tomaten 38
Tomur 11
Tonkin-Ringfasan 53, 54
Tragopane 10, 66
Trampeltiere 34
Trappen 10
Trauerente 70
Tschangbai 27, 31
Tschango 35
Tschengtu 28
Tschingbai 24
Tschinghaisee 12, 32, 55
Tschu-Dynastie 33
Tschungking 35
Tsaidam-Fasan 53, 54
Tsingtau 35
Tu 12
Tuchia 12
Tulung 12

Tung 12
Tunghsiang 12

Uhu 99
Uighuren 12
Uighurisch 18
Ungeziefervertilgungsstation 28
Urknochenfisch 43
Urwälder 24, 26, 28
Urwildpferd 10, 27, 122
Usbeken 12

Viehhaltung 14
Vogelforscher 30
Vogelinsel 12
Volierenzüchter 47
Volksmaler 19

Wa 12
Wachteln 10, 63
Waldbaubrigaden 26
Waldrebhühner 63
Wandzeitungen 15
Wanglang 28, 29, 30, 34
Wapiti 35, 108
Wasserbüffel 40, 42, 69
Wasserrehe 13, 35
Watvögel 10, 32, 75, 76, 77, 78, 79, 80, 81
Weihen 94
Weißbauch-Zwerggans 70
Weißer Ohrfasan 59
Weißkopfruderente 70
Weißlippenhirsch 10, 35, 107
Weißnackenkranich 75
Weißschwanzglanzfasan 56
Wei wei 36
Westliches Paradies 48
Wildenten 10
Wilderei 15
Wildesel 34
Wildgeflügel 38
Wildgerichte 38
Wildkamel 10, 27, 43, 134
Wildkatzen 10, 29, 32, 122
Wildressourcen 19
Wildreviere 10
Wildrinder 10, 11
Wildschädlinge 18
Wildschafe 10
Wildschweinbraten 38
Wildschweine 10, 12, 13, 31, 40
Wildyak 10, 34
Wildziegen 10, 113
Wirbeltierfossilien 42
Wissenschaftler 18
Woche des Waldes 24
Wölfe 11, 32
Wolfsbeize 92
Wollhandkrabbe 44
Wu Dsuo-jen 21
Wüstenfüchse 10
Wüstengecko 135
Wüstenluchse 122, 155
Wüstenwaran 135
Wuhan 35

Yangtse-Alligator 10
Yangtse-Delphin 140
Yao 12
Yarkand-Fasan 53, 54
Yeti 49
Yitschen 28
Yuku 12

Zentralregierung 13
Zentrum des Ursprungs 42
Zibetkatze 10, 11, 34, 121, 122
Zobel 10, 32
Zoologe 18
Zoologische Gärten 33
Zoologisches Institut 30
Zwergbläßgans 71
Zwergböckchen 10, 11
Zwergkrokodil 141
Zwergsäger 70
Zwergtrappe 67
Zwergwachtel 63

Inhaltsverzeichnis

Vorwort 5
Allgemeinbetrachtung 8
Die meisten Jäger sind Nicht-Chinesen 12
Wilderei 15
Die chinesische Presse zur Jagd 17
Jagdgegner 19
Jagd- und Tiermalerei 19
Begrünt das Vaterland 23
Chinesische Naturschutzgebiete 27
Zoologische Gärten im heutigen China 33
Akupunktur-Anästhesie auch bei Tieren 37
Wild in der chinesischen Küche 38
Tierfilme aus China 38
Der Jäger vom Drachenknochenhügel und der Säbelzahntiger .. 40
Chinesische Tiere, die bei uns „heimisch" wurden 43
Chinesische Fasanen in europäischen Revieren 45
Das Tier in chinesischen Mythen und Märchen 47
Der Yeti 48
Die größte Fasanenvielfalt 50
Entenvögel 67
Reiherbeize 72
Kraniche — in China Symbole ewigen Lebens 74
Watvögel 75
Die Möwen 81
Taubenjagd 84
Greifvögel und Falknerei 89
Von der Aaskrähe bis zum Weißschwanz-Wüstenhäher 95
Eulen und Käuze 99
Wie der China-Sittich nach Europa kam 102
Die Hirschvielfalt in den Weiten Chinas 105
Rothirsche in chinesischer Wüste 109
„Duftrehe" 110
Rehe 112
Blauschafe 112

Wildziegen 113
Himalaja-Thare 114
Der ungewöhnliche Takin 114
Der sagenhafte Rotwolf und andere Wölfe 115
Chinas Tiger 117
Schneeleopard oder Irbis 119
Leoparden 120
Geschmeidiger Nebelparder 121
Die duftende Zibetkatze 121
„Je-ma", das Urwildpferd lebt 122
Der schwarzweiße Bambusbär 127
Auch heute noch: Jagd auf Wildkamele in Innerchina 134
Chinesischer Flipper 140
China-Alligator 140
Verbreitungskarten 142
Geographie und Klima 185
Das sollten Sie wissen, bevor Sie nach China reisen 191
Die neue phonetische Lautumschrift zum besseren Verständnis 195
Literaturverzeichnis 198
Stichwortverzeichnis 199